智启未来：科技赋能制造系列丛书
中原工学院学术专著出版基金资助

无人机
智能规划与跟踪控制

WURENJI ZHINENG GUIHUA YU
GENZONG KONGZHI

柴旭朝　瞿博阳 ◎ 著

中国纺织出版社有限公司

内 容 提 要

本书深入探讨了智能优化算法在无人机路径规划与跟踪控制中的前沿应用，重点介绍了人工蜂群算法等新兴智能优化方法在无人机自主路径规划中的卓越表现，探讨了多种群体策略、动态约束调整和自适应控制在不同算法中的创新应用和协同效果。通过对建模方法的研究及实验对比分析，以及对军事侦察、紧急救援、物流配送等多种实际应用场景的分析，体现了无人机技术在跨领域应用中的广阔前景和战略价值。

本书内容翔实、针对性强，不仅为相关学术研究提供了前瞻性理论支持，也为无人机行业的发展提供了重要的技术指引和创新思路借鉴，适合高等院校自动化、航空类等专业的师生使用，也可供相关工程领域的技术人员学习参考。

图书在版编目（CIP）数据

无人机智能规划与跟踪控制 / 柴旭朝，瞿博阳著. --
北京：中国纺织出版社有限公司，2025.5. --（智启未来：科技赋能制造系列丛书）. -- ISBN 978-7-5229
-2621-6

Ⅰ．V279

中国国家版本馆CIP数据核字第2025RY8181号

责任编辑：施 琦　　责任校对：高 涵　　责任印制：王艳丽

中国纺织出版社有限公司出版发行
地址：北京市朝阳区百子湾东里A407号楼　邮政编码：100124
销售电话：010—67004422　传真：010—87155801
http://www.c-textilep.com
中国纺织出版社天猫旗舰店
官方微博 http://weibo.com/2119887771
三河市宏盛印务有限公司印刷　各地新华书店经销
2025年5月第1版第1次印刷
开本：787×1092　1/16　印张：12.5
字数：320千字　定价：98.00元

凡购本书，如有缺页、倒页、脱页，由本社图书营销中心调换

前　　言

　　无人系统（Unmanned Systems，US）是自动化技术发展的产物，代表了现代科技在替代人类执行任务方面的最新成就。无人系统的自主能力，反映了自动化技术的成熟度。自动化（Automation）广义上是指机器替代人类进行信息获取、处理、决策和控制的能力，这一技术涵盖了从日常生活中的自动化设备到如高铁自动驾驶这样的高端应用。随着技术的进步，人类已逐渐享受到自动化带来的便利。自动化不仅减轻了工作负担，还提高了工作效率。在系统设计中，自动化往往被视为人类操作员的"助手"，可以独立完成部分任务，并通过互动减轻操作员的工作负荷和增强态势感知能力。尽管自动化系统在很多场景下发挥了巨大作用，但它仍然不够完美。当系统遇到意外或任务变化时，现有的自动化往往无法作出有效的应对，这是因为现有的自动化技术仅具备设计者赋予的有限能力，无法真正"思考"。为了应对这一挑战，无人系统正逐步向自主化方向发展，即在复杂且不确定的条件下，不依赖人为干预，系统可以自主感知环境、处理信息、作出决策并执行任务，这一过程需要强大的人工智能（Artificial Intelligence，AI）支持。完全自主地实现目标不仅能极大地提高系统性能，还能进一步减轻操作员的工作负担，让系统在复杂环境下表现得更为灵活、智能和可靠。

　　无人系统由无人平台、任务载荷和指挥控制系统构成，广泛应用于各种领域，从军事到民用领域都发挥了重要的作用。无人系统的设计者旨在通过提高自动化水平来减轻操作员的负担，同时实现更高的系统精度和更优的性能。然而，自动化并非万全之策，当系统遭遇意外故障或面临复杂任务时，仍需操作员介入。这些自动化系统通常可分为两大类：一类是设计者预先编程好的"静态自动化"（Static Automation，SA），主要是依靠预先设定的规则进行操作；另一类是"自适应自动化"（Adaptive Automation，AA），它会根据环境变化作出动态调整，如根据操作员的意图、状态以及外部环境事件来调整。然而，自适应自动化只有在特定事件发生时才会启动，这使它在某些关键时刻可能无法及时反应。为了解决这些问题，无人系统必须具备更高的自主能力，也就是在不依赖人类的情况下独立应对各种复杂场景。这种自主能力的实现离不开人工智能技术的支持。随着无人系统自主能力的提升，它们能够更加高效地完成任务，并逐步向全自动化方向发展。全自动化系统不仅能够独立执行复杂任务，还能够根据任务需求实时调整，从而减轻操作员的负担，提高系统的信赖度和适应性。

根据使用环境，无人系统大致可以分为无人机（Unmanned Aerial Vehicle，UAV）、地面无人平台（Unmanned Ground Vehicle，UGV）、无人潜航器（Unmanned Undersea Vehicle，UUV）和无人水面艇（Unmanned Surface Vehicle，USV），它们统称为 UxV 系统。其中，无人机系统是无人系统中发展最早、应用最广泛、技术最成熟的领域。无人机系统以其高机动性和灵活性，能够执行"枯燥、危险、恶劣、纵深"（Dull，Dangerous，Dirty，Deep，4D）任务，代替人类在恶劣或危险的环境中工作。无人机系统具有无人员伤亡风险、制造和维护成本低等优点，逐渐从保障型平台向作战型平台发展。此外，随着科技的发展，无人机系统的应用模式也从单一平台逐渐转变为多平台协同作战模式，包括有人/无人、无人/无人以及无人集群的协同操作。这种多平台协同方式，使无人机能在更加复杂、分布性强的环境中灵活应对各种任务需求，极大提高了系统的作战效能。然而，这种多平台协同操作也带来了新的挑战，如控制的复杂性、多智能体的一致性问题，以及异构平台之间的通信与合作问题。因此，如何在复杂环境下实现多无人机的协同控制，成为当前无人机研究领域的核心问题之一。

近年来，国内外学术界和工业界在多无人机自主协同控制领域进行了大量研究，取得了丰硕的成果。研究内容涵盖了系统架构设计、任务分配、航迹规划、编队控制、信息融合和多智能体一致性等多个方面。在国内，国防科技大学、西北工业大学、北京航空航天大学、南京航空航天大学等院校在多无人机协同作战任务的研究上取得了显著进展，尤其是在多无人机的协同任务分配、航迹规划和编队控制等领域，完成了从理论研究到数字仿真再到飞行验证的全过程。研究成果不仅在国内外核心期刊上发表，并被广泛引用，还成功应用于现役或在研的无人机系统，推动了我国无人机作战能力的提升。在教学领域，目前国内还没有专门针对多无人机自主协同控制的课程，相关内容大多分散在"人工智能""智能系统""机器人控制"等课程中。随着无人系统领域的快速发展，一些高校已开始将无人机系统作为独立课程开设，并计划开设相关专业。这种趋势表明，多无人机自主协同控制领域的理论和方法体系化迫在眉睫。形成完整的学科体系不仅有助于相关专业的教学工作开展，还能为该领域的研究提供重要的参考，推动这一研究方向进一步发展。因此，本书结合当前科研前沿和实际应用，深入探讨了多无人机协同控制的理论与关键技术，力求为学术界和工业界提供系统化的理论支持。本书共分为6章，按照OODA（Observation-Orientation-Decision-Action，观察—判断—决策—执行）组织，具体内容安排如下。

第1章"无人机技术"概述了无人机技术的发展历程及其在路径规划、跟踪控制和多无人机协同中的应用进展。根据任务需求，无人机分为多种类型，如固定翼和多旋翼无人机，展现出不同的适应性。本章深入探讨了无人机在全局和局部路径规划中的应用，通过对传统优化方法与智能算法的对比分析，揭示了无人机技术在复杂环境下执行任务时的优势与挑战，为后续章节的深入研究提供了理论基础。

第2章"优化方法"研究了传统优化方法与智能优化方法的原理与差异，重点探讨了智能优化方法在处理复杂、非线性、多目标问题时的显著优势。相比于传统优化方法，智能优化方法通过模拟生物群体行为或自然现象，展现出自适应、自学习的能力，能更加高效地搜索全局最优解，特别适合于动态和不确定的环境。

第3章"基于目标攻击的单无人机路径规划方法"研究了单无人机执行任务过程中的路径规划问题。首先，研究了将无人机航迹规划问题转化为无约束优化问题，将多目标优化变成单目标优化；其次，研究了基于集成约束处理技术的单无人机路径规划；最后，研究了高维单无人机路径规划问题。

第4章"基于目标攻击的多无人机路径规划方法"研究了多无人机协同任务下的航迹规划问题。通过改进蜂群与蚁群算法混合的方法，异构综合学习粒子群优化算法，在复杂环境下提升了多无人机协同航迹规划的效率。

第5章"多区域多无人机协同搜救覆盖路径规划方法"研究了多无人机在复杂三维城市环境中的协同搜救路径规划问题，重点解决了多区域覆盖任务中的能量优化与路径规划难题。本章提出了基于改进蚁群算法的路径规划方法，融合了Q-learning自适应策略、精英选择策略及不均匀初始化策略，显著提高了算法的搜索效率与能量利用率。通过仿真实验验证，该方法在多无人机协同任务中的表现优异，特别是在复杂场景下的应用效果突出。

第6章"面向地面移动目标无人机跟踪控制方法"研究了目标跟踪过程中因地形约束和自身性能约束而导致跟踪效率较低的问题。构建多无人机协同目标跟踪模型，提出了基于模型预测控制和改进鲸鱼算法相结合的多无人机协同目标跟踪方法，开展了仿真实验。结果表明，本书所提方法相比其他方法具有更好的跟踪性能。

  本书包含了近几年中原工学院电子信息学院（现为自动化与电气工程学院）十多名硕士研究生的工作，他们是郑志帅、周游、王昊昱、孙航、李晓康、周冠豪、赵永恒、芦一鸣等，在此对于他们作出的贡献表示衷心感谢！本书由作者柴旭朝，瞿博阳共同编写，其中，柴旭朝负责编写第3、第4、第5、第6章，瞿博阳负责编写第1章、第2章。在本书编写期间，马家俊、任立杰、徐卓彤、李铎等不辞辛苦地完成有关章节的整理和校对工作，在此一并表示感谢。

  由于编者水平的限制，书中难免存在一些问题和不足，欢迎读者批评指正。

著 者
2024年10月于郑州

目 录

第1章 无人机技术 ··· 1
　1.1 无人机技术特点与应用背景 ··· 1
　1.2 无人机路径规划 ·· 3
　1.3 无人机跟踪控制 ·· 5
　1.4 多无人机协同技术 ·· 7
　参考文献 ·· 11

第2章 优化方法 ··· 16
　2.1 传统优化方法 ·· 16
　　2.1.1 A*算法 ·· 16
　　2.1.2 D*算法 ·· 16
　　2.1.3 快速搜索随机树算法 ·· 17
　　2.1.4 人工势场算法 ·· 17
　2.2 智能优化方法 ·· 17
　　2.2.1 差分算法 ·· 18
　　2.2.2 蚁群算法 ·· 19
　　2.2.3 粒子群算法 ··· 21
　　2.2.4 蜂群算法 ·· 22
　2.3 约束策略 ·· 24
　　2.3.1 罚函数 ··· 24
　　2.3.2 可行性准则 ··· 24
　　2.3.3 ε约束处理法 ··· 24
　参考文献 ·· 25

第3章 基于目标攻击的单无人机路径规划方法 ··· 27
　3.1 基于改进差分算法的无人机路径规划方法 ··· 27
　　3.1.1 问题描述与模型构建 ·· 27
　　3.1.2 基于改进差分算法的规划方法 ··· 34
　　3.1.3 结果与分析 ··· 38

3.2 基于集成约束的多策略融合差分无人机路径规划方法 ……………… 51
　　3.2.1 问题描述与模型构建 ………………………………………… 51
　　3.2.2 基于集成约束的多策略融合差分规划方法 ………………… 52
　　3.2.3 结果与分析 …………………………………………………… 57
3.3 基于改进人工蜂群算法的无人机路径规划方法 ……………………… 62
　　3.3.1 问题描述与模型构建 ………………………………………… 62
　　3.3.2 基于改进人工蜂群算法的规划方法 ………………………… 67
　　3.3.3 结果与分析 …………………………………………………… 74
3.4 本章小结 ………………………………………………………………… 81
参考文献 ………………………………………………………………………… 81
附　录 …………………………………………………………………………… 83

第 4 章　基于目标攻击的多无人机路径规划方法 …………………………… 85
4.1 基于蜂群与蚁群算法混合的多无人机路径规划方法 ………………… 85
　　4.1.1 问题描述与模型构建 ………………………………………… 85
　　4.1.2 基于改进蜂群与蚁群算法混合的规划方法 ………………… 86
　　4.1.3 结果与分析 …………………………………………………… 88
4.2 基于改进异构综合学习粒子群算法的多无人机路径规划方法 ……… 92
　　4.2.1 问题描述与模型构建 ………………………………………… 92
　　4.2.2 基于改进异构综合学习粒子群算法的规划方法 …………… 100
　　4.2.3 结果与分析 …………………………………………………… 104
4.3 基于异构自适应综合学习动态多种群粒子群算法多无人机路径规划方法 … 108
　　4.3.1 问题描述与模型构建 ………………………………………… 108
　　4.3.2 基于异构自适应综合学习动态多种群粒子群算法的规划方法 … 108
　　4.3.3 结果与分析 …………………………………………………… 114
4.4 本章小结 ………………………………………………………………… 120
参考文献 ………………………………………………………………………… 120
附　录 …………………………………………………………………………… 121

第 5 章　多区域多无人机协同搜救覆盖路径规划方法 ……………………… 124
5.1 基于改进蚁群算法的多无人机覆盖路径规划 ………………………… 124
　　5.1.1 问题描述与模型构建 ………………………………………… 124
　　5.1.2 基于改进蚁群算法的规划方法 ……………………………… 130
　　5.1.3 结果与分析 …………………………………………………… 133
5.2 考虑区域优先级的多无人机协同搜救覆盖路径规划 ………………… 141

5.2.1　问题描述与模型构建 …………………………………………………… 141
　　　5.2.2　基于区域优先级的多目标蚁群规划方法 ………………………………… 145
　　　5.2.3　结果与分析 …………………………………………………………… 146
　5.3　本章小结 …………………………………………………………………… 149
　参考文献 ………………………………………………………………………… 149
　附　　录 ………………………………………………………………………… 151

第6章　面向地面移动目标无人机跟踪控制方法 …………………………………… 154
　6.1　基于模型预测控制与鲸鱼算法混合的单目标多机协同跟踪 ………………… 154
　　　6.1.1　问题描述与模型构建 …………………………………………………… 154
　　　6.1.2　基于改进鲸鱼算法的单目标跟踪控制方法 ……………………………… 162
　　　6.1.3　结果与分析 …………………………………………………………… 166
　6.2　基于混沌拉普拉斯策略的多目标多无人机协同跟踪控制 …………………… 175
　　　6.2.1　问题描述与模型构建 …………………………………………………… 175
　　　6.2.2　基于改进鲸鱼算法的多目标跟踪控制方法 ……………………………… 176
　　　6.2.3　结果与分析 …………………………………………………………… 179
　6.3　本章小结 …………………………………………………………………… 184
　参考文献 ………………………………………………………………………… 184
　附　　录 ………………………………………………………………………… 186

第 1 章　无人机技术

1.1　无人机技术特点与应用背景

无人驾驶飞行器（Unmanned Aerial Vehicle，UAV）简称无人机，是一种无须操作员，能被远程操控或通过自主行为规划操作的飞行器[1]，其类型包括固定翼式无人机、多旋翼式无人机、扑翼式无人机等。无人机凭借体积小、重量轻、燃料成本低、适用性强等优势，已被广泛应用于军事和民用领域。无人机因其无需机组成员的特点，可以有效节省用于维持人员生命活动所需设备的重量与占用空间，使飞行器可以向增强续航能力、搭载平台功能扩展等方面进行优化。同时一部分对飞行技巧要求较低或存在一定飞行员伤亡风险的任务均可由无人机替代执行，并且比载人飞行器更为适合[2]。因此无人机逐渐成为目前国际上热门的研究对象[3,4]。

世界上第一架无人机的出现要追溯到 1927 年，由英国人研制。研究目的是将其应用到军事作战中，然而受制于当时落后的技术手段，再加上战争临近结束，所以它并没有在军事应用领域取得真正意义上的成功，直至十年后才取得成功。截至今日，无人机的相关技术仍在不断完善，力争使其具备更持久的飞行续航能力、更精准的射击攻防能力、更快捷的反应能力和高效侦察能力，成为军事行动中不可或缺的一部分。根据德国专门从事无人机市场调研的 Drone Industry Insights 的相关报告可知，截至 2018 年，世界上从事军用无人机研发的国家包括美国、以色列、英国、俄罗斯、中国等近 50 个国家，超过 80 个国家装备无人机[5]，对于无人机的研制热潮从未间断。

图 1-1 中的数据来源于 Drone Industry Insights，从图中可以看到 2018 年和 2019 年的无人机在军用领域和民用领域的市场规模，以及对 2025 年无人机市场规模的预测。其中 2018 年和 2019 年连续两年，军用无人机的市场规模占比超过 65%，如此大规模的资金投入证明了无人机市场的远大前景。现代战争属于高科技的信息化战争，各种现代化武器在战场中造成的破坏程度极其严重。如果在十分危险的军事活动中直接动用人力，带来的代价过于高昂，因此可以考虑采用无人机执行过于危险的任务，进而减少人员的伤亡和经济的损失。在一定程度上可以说，谁拥有了无人机方面的高端技术，谁就掌握了未来军事战争中的话语权和主动权。当前全球军用无人机种类繁多，如侦察无人机（图 1-2 中的美国 RQ-4 "全球鹰"）、诱饵无人机、攻击无人机（图 1-3 中的美国 MQ-1 "捕食者"）和电子对抗无人机等。

国内无人机行业相对来说起步较晚，发展缓慢。受制于技术封锁，我国的无人机相关技术，如续航能力、隐形技术和机动性还与国外的顶尖技术有一定的差距。2015—2019 年，我国现代工业无人机产品市场规模从 30.03 亿元增长至 151.79 亿元，年均复合增长率为 49.94%[6]，预计到 2025 年，中国民用无人机市场规模将达到 1691 亿元。其中，工业级无人

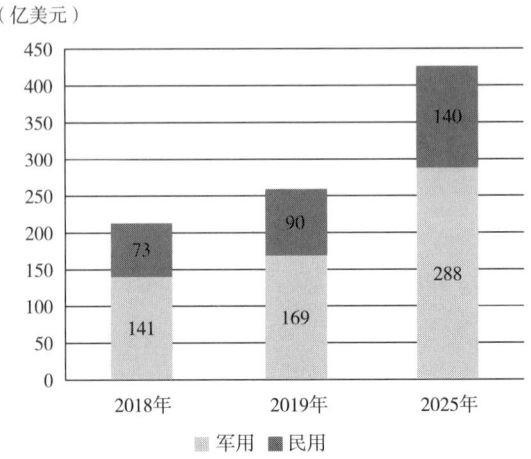

图1-1 全球无人机市场规模统计及预测

图1-2 侦察无人机

图1-3 攻击无人机

机在农业植保、地质勘探、巡检、测绘和运输等领域的应用深度和广度不断提升,产业规模已占民用无人机市场的65.3%。如此巨大的市场需要坚实的理论与技术支持。国内有多所高等院校展开无人机研究,中国的第一架无人机是由北京航空航天大学研制的于1959年2月试飞成功的"北京5号",此后南京航空航天大学、西北工业大学也陆续加入无人机的研制行列,先后研制出长空1号、长虹1号、ASN-206等无人机[7]。如今,我国已拥有攻击-2中高空长航时察打一体无人机、翼龙-3中空长航时察打一体无人机、彩虹-7高性能隐身无人机等性能优越的无人战斗机。同时,在当今社会基础设施正呈现蓬勃发展的态势下,民用领域中也逐渐出现无人机的身影,众多高新科技公司正在尝试对无人机进行创新研究,并将其应用到各行各业中,诸如农业植保(图1-4中无人机正在进行农药喷洒)、电力巡检(图1-5中无人机正在进行输电线路巡检)、快递配送、影视航拍和无人机灯光秀等。可以说,有了无人机的参与,这些行业的发展呈现高速、高效和高质量的趋势。

上述几种无人机在军事和民用领域中表现出来的强大功能,证明无人机产业无论是从其广阔的市场前景还是珍贵的市场价值来评估,无论是对国家安全还是国民经济分析,都应该受到高度关注,并得到大力发展。虽然技术自无人机产生之际源源不断地改进与完善,但是其面临的任务环境逐渐变得复杂,受到的威胁也越来越多,从而导致对它的技术要求(如真实的任务环境建模和高效的规划算法）不断提高，因此有众多研究者和研究机构不断参与无人机技术研究，从而发展更高水平的无人机研发技术。

图 1-4　农业植保

图 1-5　电力巡检

1.2　无人机路径规划

无人机路径规划是指在满足无人机自身约束条件和外部威胁约束的情况下，为无人机规划出一条最优路线，以满足任务需求[8]。根据任务的不同可以分为全局路径规划和局部路径规划。全局路径规划又称为静态路径规划，是指在各种威胁源已知的情况下，为无人机进行路径规划[9]。局部路径规划又称为动态路径规划，其所有威胁源并不是固定已知的，如在飞行途中敌方雷达突然开机或敌方防空阵地的运动等威胁，这时需要根据实际情况对无人机进行局部路径规划。路径规划的成功与否决定了任务是否能够完成或者高效完成，其中存在的主要困难有以下几点：①当面对复杂的环境时，难以建立合适的模型，如任务环境中出现密集障碍物、威胁以及不稳定云团等情况；或者任务环境中出现突发威胁的情况，这对无人机的二次规划能力是一个极大的考验。②复杂的约束条件难以高效地处理，当研究对象是单无人机时，存在多种外部环境约束和无人机自身的物理约束；如果研究的是多无人机的路径规划，则需要考虑无人机之间的时间约束和空间约束，避免出现撞机现象，增加了问题的复杂性。③现存的规划算法在面对高复杂性和多约束性的问题时，得到的可行解数量急剧下降，甚至出现搜索终止现象，降低了规划的效果，需要提出更高效的规划算法[10]。

无人机路径规划问题属于高维度约束优化问题，需要高效的规划算法求解，为此国外学者开展了众多研究。最开始主要采用的是一些图论法，如快速探索随机树（Rapidly-Exploring Random Trees，RRT）[11]，Voronoi 图[12]和概率路线图（Probabilistic Roadmaps，PRM）[13]。S. Bhandari 等采用 RRT 方法在二维环境下求解无人机路径规划[14]。T. T. Mac 等采用改进的势场法克服目标不可达的缺陷解决复杂室内环境下的无人机路径规划问题[15]。文献 [16] 利用基于三次贝塞尔曲线的样条方法扩展样条 RRT* 的树形结构，并将动态可行性检查和几何碰撞检查结合在一起提升算法的性能，使其能帮助固定飞翼无人机在三维环境下有效工作。C. Zammit 等将 A*、RRT 算法以及 RRT 的变体在具备不同复杂度的三维环境下进行路径规划，将路径长度和生成时间作为性能度量，结果显示 A* 算法得到更优的路径且时间比

RRT 短[17]。

上面陈述的规划算法主要是基于图论或者启发信息的传统优化算法，然而近些年来群智算法也因为其在处理高维度、非线性、多约束问题上的高效性被广泛关注[18]。Nikolos 等采用径向基函数神经网络（Radial Basis Functions Neural Network，RBFNN）辅助差分进化（Differential Evolution，DE）算法设计了一种在已知静态海洋环境下无人机协同导航的离线规划器[19]。Dolicanin 等采用头脑风暴算法（Brain Storm Optimization，BSO），以燃油消耗和安全系数为评价标准求解无人战斗机（Unmanned Combat Aerial Vehicle，UCAV）的路径规划问题[20]。Dewangan 等采用灰狼算法（Grey Wolf Optimizer）求解三维环境下的无人机路径规划，并与确定性算法 Dijkstra、A^* 和 D^* 以及其他群智算法作比较，结果发现灰狼算法要优于它们[21]。Ghambari 等将基本的教与学优化算法与遗传算法的变异和交叉思想相结合，在二维和三维环境下分别进行验证，结果表明该方法对于无人机路径规划问题具有良好的应用前景[22]。Adhikari 设计了模糊自适应差分算法，为了克服差分算法中相关参数难以配适的问题，利用模糊逻辑控制器来确定差分算法的参数值，并对差分算法中的变异操作进行了修改，通过应用于无人机路径规划问题来验证其有效性[23]。

相较于国外专家们对于无人机路径规划迈出的第一步，国内专家学者们虽属后来者，但也在不断地进行探究与创新。国防科技大学的叶媛媛以 Voronoi 为基础进行建模和航迹探索，并对空间和时间进行可行性分析[24]。浙江大学的丁家如针对传统的人工势场方法难以处理复杂环境下的问题和易陷入局部最优的缺点，引入全局预规划信息思想克服上述缺点，实验结果表明改进后的算法在处理无人机路径规划问题上更加有效[25]。同样随着群智能进化算法相对于传统数值优化算法体现出结构简单、收敛性好和全局搜索能力强大等特点，该算法逐渐进入国内研究人员的视野，他们分别在自己的研究领域引入群智能优化算法。北京航空航天大学郑征教授的团队对近些年的智能计算运用于无人机路径规划存在的问题写了一篇综述，提取了从 2008—2018 年发表在 IEEE，AIAA，ACM，Elsevier，Springer，IMechE，Cambridge，Taylor&Francis，SIAM 和 Wiley 等权威期刊数据库的有关智能计算的无人机路径规划文献，数据显示每年的数量持续上涨[26]。

段海滨教授于 2010 年在人工蜂群（Artificial Bee Colony，ABC）的基础上采用混沌理论来克服 ABC 算法自身存在的易陷入局部最优的缺点[27]。2018 年段教授利用时间戳分割方法把飞行时间平均分割，并对基本鸽群算法（Pigeon-Inspired Optimization，PIO）引入社会等级思想划分种群。运用该算法求解多无人机协同航迹规划问题，仿真结果表明了该算法的有效性和可靠性[28]。北京林业大学的胡春鹤结合逻辑映射法、参数自适应更新和种群变化等多种策略，提出了一种改进的量子鸽群启发优化算法（Quantum-Behaved Pigeon-Inspired Optimization，QPIO）来规划无人机飞行路径[29]。山东科技大学的盖文东在 2020 年将简化的灰狼算法（Simplified Grey Wolf Optimizer，SGWO）和改进的共生有机体搜索（Symbiotic Organisms Search，SOS）结合组成混合灰狼算法，并将其用于无人机航迹规划，表现出来的性能远优于 SGWO、SOS 和模拟退火（Simulated Annealing，SA）算法[30]。同年盖文东又提出了基于强化学习的灰狼（Reinforcement Learning based Grey Wolf Optimizer，RLGWO）算法。该算法引入强化学习思想，控制个体根据累积的性能表现自适应地切换操作；设置了四种操作，如探索（Exploration），开发（Exploitation），几何调整（Geometric Adjustment）和最优调整（Optimal

Adjustment）；最后采用三次 B 样条（B-spline）曲线平滑路径。仿真结果表明该算法能够在复杂环境下获得既可行又有效的路径[31]。

1.3 无人机跟踪控制

在复杂任务场景下，无人机自主跟踪目标的能力有助于提高无人机执行任务的自主性能和适应能力，这是未来无人机技术发展的趋势。近些年，城市中社会突发事件和暴恐活动等一直是社会难点问题。无人机因体积小、灵活性高和适应能力强等优点，可以在突发事件和暴恐活动中扮演重要角色，辅助警务人员对肇事车辆或不法分子进行跟踪。因此，在复杂城市环境中研究多无人机协同目标跟踪具有十分重要的意义。

目标跟踪的基本概念由 Wax 于 1955 年提出，随后将递推卡尔曼滤波算法应用于目标跟踪，之后跟踪方法逐渐成为研究的热门方向[32]，如粒子滤波[33]、扩展卡尔曼滤波[34]、深度学习算法[35]等跟踪方法相继被提出。

无人机目标跟踪主要分为对空中目标跟踪和对地面目标跟踪。文献［36］针对空中目标存在高机动性和高时敏性，提出一种基于李雅普诺夫（Lyapunov）稳定性理论的目标跟踪导引律，对空中目标进行跟踪。当前无人机执行的很多跟踪任务都是对地面目标进行跟踪，国内外学者们已经作了比较深入的研究。文献［37］在无人机跟踪地面目标过程中考虑风存在的因素，基于制导矢量场对无人机的航向速率进行控制，实现稳定的地面目标跟踪。

无人机对地面目标进行跟踪较为常用的两种方式分别为 Persistent 跟踪[38] 和 Standoff 跟踪[39]。Standoff 跟踪是一种能灵活应对目标运动发生突变的有效跟踪方式，其要求无人机与目标保持一定的距离，确保无人机能完成对地面目标的测量覆盖。文献［40］针对多架固定翼无人机跟踪移动目标的问题，提出一种围绕分散的李雅普诺夫向量场的方法，以便无人机遵循移动的圆形路径，同时保持在指定的间距内，从而实现对目标的路径跟踪。文献［41］针对复杂环境中跟踪窄域目标的问题，提出动态李雅普诺夫制导向量场，引导无人机在水平面上收敛到 Standoff 跟踪的指定距离，并调整向量场参数，使无人机跟踪轨迹更加灵活，从而实现窄域目标跟踪。文献［42］中针对多无人机采用 Standoff 跟踪方式跟踪组目标进行了研究，作者首次将向量场引导方法应用到单无人机跟踪组目标，通过采用可变 Standoff 轨迹的方法，保证组目标中的所有目标均位于无人机传感器测量范围内，提出了主动感知与引导算法，在无人机自身约束和传感器测量范围受限情况下，实现多无人机对多个运动目标的最大化测量。Persistent 跟踪要求保持地面目标持续位于无人机传感器的有效检测范围内，对地面目标进行持续跟踪，并将跟踪时长作为性能指标。针对复杂环境下的目标跟踪，Persistent 跟踪的评价指标更能直观反映无人机的跟踪性能，但因城市环境中的诸多建筑物会遮挡无人机的视线，单无人机很难实现跟踪检测目标达到时间上的最优，因此多无人机协同目标跟踪将大大提高复杂环境下对目标的跟踪性能。文献［43］基于目标部分轨迹已知的情况下针对两架无人机协同跟踪的问题，主要研究城市环境下两架无人机跟踪地面目标丢失时间的最小化，从而保证跟踪过程中可以长时间监测到目标。

近几年，采用优化算法用来优化无人机控制输入量，实现控制无人机跟踪移动目标的控制方式也被广泛应用。当前最常用的两种优化方法为滚动时域优化方法[44] 和模型预测控制方法[45]，它们将跟踪目标的时间作为性能指标，通过优化得到的无人机跟踪目标的航迹，从而达到优化跟踪时长的目的。文献［46］采用滚动时域优化无人机协同跟踪目标的方位角，利用最优控制思想求解无人机最优控制量，实现无人机协同有效地跟踪地面目标。文献［47］提出一种模型预测控制的目标跟踪方案，该方法从均匀分布的候选中选择最优解进行目标跟踪。文献［48］针对目标跟踪过程中存在的约束条件，采用非线性模型预测控制对无人机目标跟踪实现在线优化输入控制。

近些年，模型预测控制在无人机目标跟踪任务中越发频繁应用，其对复杂系统有很好的控制效果，具有较强的鲁棒性，但系统的参数增加、约束条件增多将会大幅度增加计算量，从而导致控制性能下降，甚至造成组合性爆炸。智能算法已被证明是求解优化问题的有效方法，其具有高并行性、全局搜索能力强等特点，在解决多约束条件下的优化问题时优势明显。当前模型预测控制与智能算法相结合的研究逐渐增加，已经成为一个非常重要的趋势。在早期的研究中，文献［49］基于非线性模型预测控制对移动机器人进行导航，通过遗传算法加速非线性模型预测控制求解控制量。最近，文献［50］基于模型预测的控制器使用强化学习算法来优化预测模型的参数。文献［51-53］研究城市环境下将模型预测控制与智能算法相结合进行目标跟踪的问题，利用智能算法的强大搜索能力，提高了无人机目标跟踪的性能。

随着无人机应用领域逐渐受国内外学者的关注和研究，无人机执行任务的难度也在逐渐增加，而无人机目标跟踪作为诸多应用中的一项重要任务，在实际应用中需要面临着更加复杂的环境，比如具有错综复杂的建筑物的城市。文献［54］研究了多架固定翼无人机在城市中跟踪地面移动目标的协同路径规划问题。针对多无人机跟踪速度多变的目标，采用分布式模型预测控制对无人机的速度控制量进行优化，获得多无人机跟踪地面目标的最优路径。文献［55］针对油田环境下无人机跟踪未知动态移动目标的问题，采用果蝇算法和蝙蝠算法相结合的混合方法，利用不同采样周期对预测跟踪轨迹进行优化，实现无人机对入侵目标的有效跟踪。文献［56］针对多无人机实时跟踪运动目标的问题，基于模拟退火算法和粒子群算法的混合算法优化跟踪轨迹精度差和局部偏差大的问题，实现对运动目标进行有效、准确的实时跟踪。

目前，无人机目标跟踪问题的大部分研究都是针对单个地面目标，但近些年国内外学者针对多目标的研究也逐步深入。文献［57］针对多个地面移动目标的跟踪问题，提出了一种多无人机分布式协同跟踪算法。利用卡尔曼滤波算法（Kalman Filter，KF）对无人机的传感器进行融合估计，通过贪婪算法优化传感器的配置，最后对无人机跟踪多个目标的航迹进行规划。文献［58］提出了一种深度强化学习算法，解决了多无人机跟踪多个地面目标的问题。针对多目标跟踪的无人机，提出一种马尔科夫决策过程（Markov Decision Process，MDP）的分布式模型预测控制，采用双深度Q-learning学习网络算法解决多目标跟踪问题，最后采用经验共享机制实现无人机群协同跟踪多个地面目标。

模型预测控制与智能优化算法相结合的方法可以有效解决目标跟踪问题，但针对目标跟踪过程中，障碍物对无人机视线造成遮挡、目标机动性强以及无人机传感器测量范围有限等问题的研究还存在一定的不足，特别是在无人机传感器覆盖范围有限的情况下，针对运动目标进行有效跟踪问题，控制算法易陷入局部最优情况，被跟踪目标易丢失从而造成跟踪效率降低。因此，在采用模型预测控制与智能优化算法相结合的方法求解目标跟踪问题时，如何在满足外部约束条件下，提高目标跟踪算法的控制精度是一个需要解决的问题。

1.4 多无人机协同技术

多无人机协同技术由一定数量的同类或异类无人机组成，通过彼此间感知交互、信息传递的协同工作，适应动态环境，以低成本共同完成特定任务（图1-6）。该技术并不是多无人机的简单构成，而是通过必要的控制策略产生协同效应，完成协同侦察、协同感知和协同攻击等复杂任务。其总体优势主要体现在任务完成效率高、环境适应能力强[59]。多无人机协同控制系统架构主要分为集中式控制与分布式控制。其中，集中式控制系统由控制中心制定任务分配方案和飞行航迹，并分发给各个无人机执行，而各个无人机自身不具备决策能力。该架构系统构成简单、成本低、便于实现，但受限于控制中心计算资源，难以实现大规模集群编队和执行复杂任务；分布式控制指在多无人机体系中，个体共同实现协同任务分配、协同搜索、协同侦察与攻击，各无人机具有决策能力、协同能力和自治性。综合而言，分布式控制系统架构实时性强、抗干扰能力强、计算量小，且适用于动态环境，易于实现大规模的集群系统，也是多无人机系统发展的必然趋势。

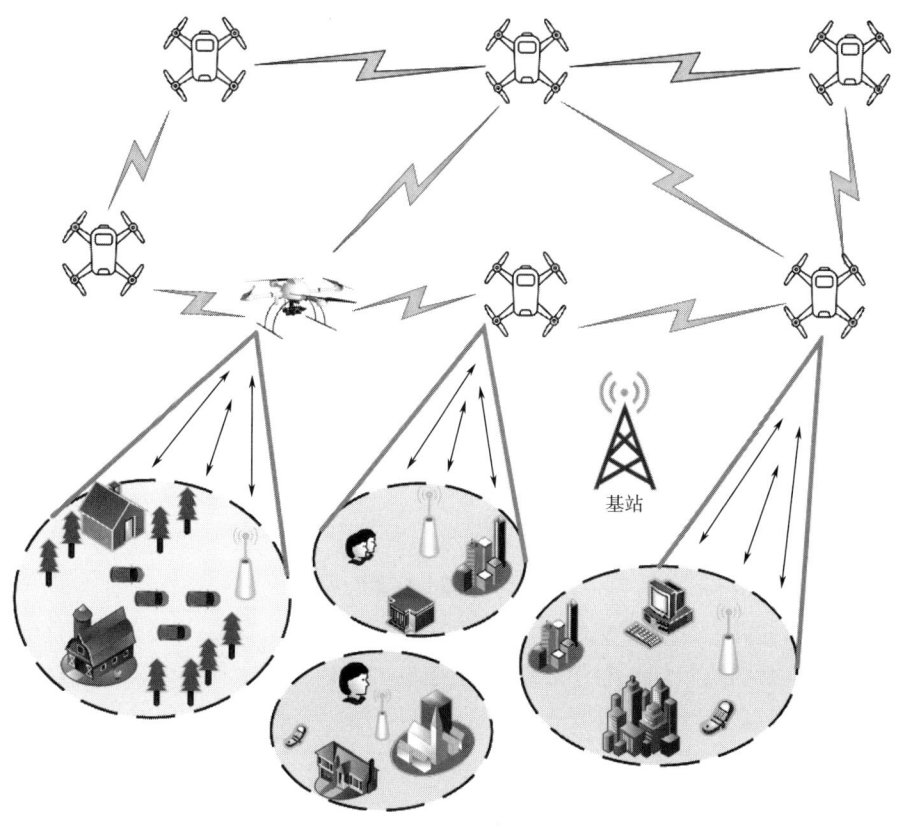

图1-6 多无人机协同技术

世界各国均积极致力于多无人机协同技术的研究工作。美国较早开展相关研究工作，围绕态势感知和干扰、协同攻击和防御等军事任务，已突破多项关键技术。2015年，美国海军研究办公室发布实现了9架无人机完全自主同步、编队飞行技术，并已实现作战环境的大规模使用；2020年，美国国防高级研究计划局聚焦无人机自主协同作战，积极推进无人机集群、有人/无人编队协同作战、无人机通信组网等项目；2021年，俄罗斯Radar MMS公司研究无人机集群环境下的信息交联技术，以实现多任务执行能力，并同时研发先进智能无人机；2022年3月，英国陆军发布新版《机器人与自主系统战略》，旨在尽快实现无人机作战系统与有人作战系统的高度集成，实现无人机协同作战的新战略。

我国也高度重视多无人机协同技术的研究，且发展迅速。2017年，中国电子科技集团有限公司完成119架固定翼无人机集群飞行试验，完成了密集弹射起飞、空中集结、多目标分组、编队合围、集群行动等，标志着智能无人集群领域的新突破；2022年5月，浙江大学的许超教授团队在国际顶级期刊 Science Robotics 上发表最新研究成果，解决了在未知复杂环境下，多无人机群体智能导航与快速避障的核心技术难题，成功研发出自主导航的集群飞行系统。该项卓越成就得到了瑞士洛桑联邦理工学院智能系统实验室的 Enrica Soria 教授的高度评价，推动了机器人领域轨迹规划、智能导航、多机协同的研究发展。与美国、英国等发达国家相比，国内无人机协同技术更多的是通过程序控制实现无人机飞行过程的集群化，而通过无人机的自主控制与机间协同实现无人机的自主集群，仍处于探索阶段。实现自主智能化的无人机集群发展的四个关键技术分别是环境感知与认识、多机协同任务规划、信息交互与自主控制、人机智能融合与自适应学习技术，其中多机协同任务规划尤为重要，既要使机群的安全指数最大化，同时要求在最短的时间内完成情报、监视、侦察以及多目标攻击等任务。合理、高效的协同任务规划方案能极大提高任务执行成功率和效率、降低风险和成本[59]。因此，开展多无人机协同任务规划相关技术的研究和开发，完善和革新关键技术理论、方法，加快推进科技成果转化，是非常必要的。

多无人机协同规划是通过多个无人机间的协同执行复杂任务，是实现多无人机自主决策与控制的关键。多无人机在执行任务过程中，除了考虑各单机的物理性能和任务需求，还需要考虑多个无人机间执行任务的协同关系，并根据任务规划指标为无人机设计出协同的飞行航迹，使其整体执行任务效能更大。任务规划一般由任务分配和航迹规划两个部分构成（图1-7）。

任务分配是通过委派无人机完成多项任务来最小化综合成本。可以为无人机分配一项或多项任务，如图1-8所示。任务分配方法所面临的问题是计算复杂性、任务耦合、问题规模、时间限制和异构性。任务分配环节需满足三个原则，一是委派与无人机性能相适应的目标；二是多无人机共同执行任务时，在时间上协调；三是在不同任务要求下，规划全局最优的多目标分配方案。众多学者相继提出了 Dijkstra 算法[60]、差分进化算法[61]、竞拍算法[62]、元启发式算法[63]等来求解任务分配问题。

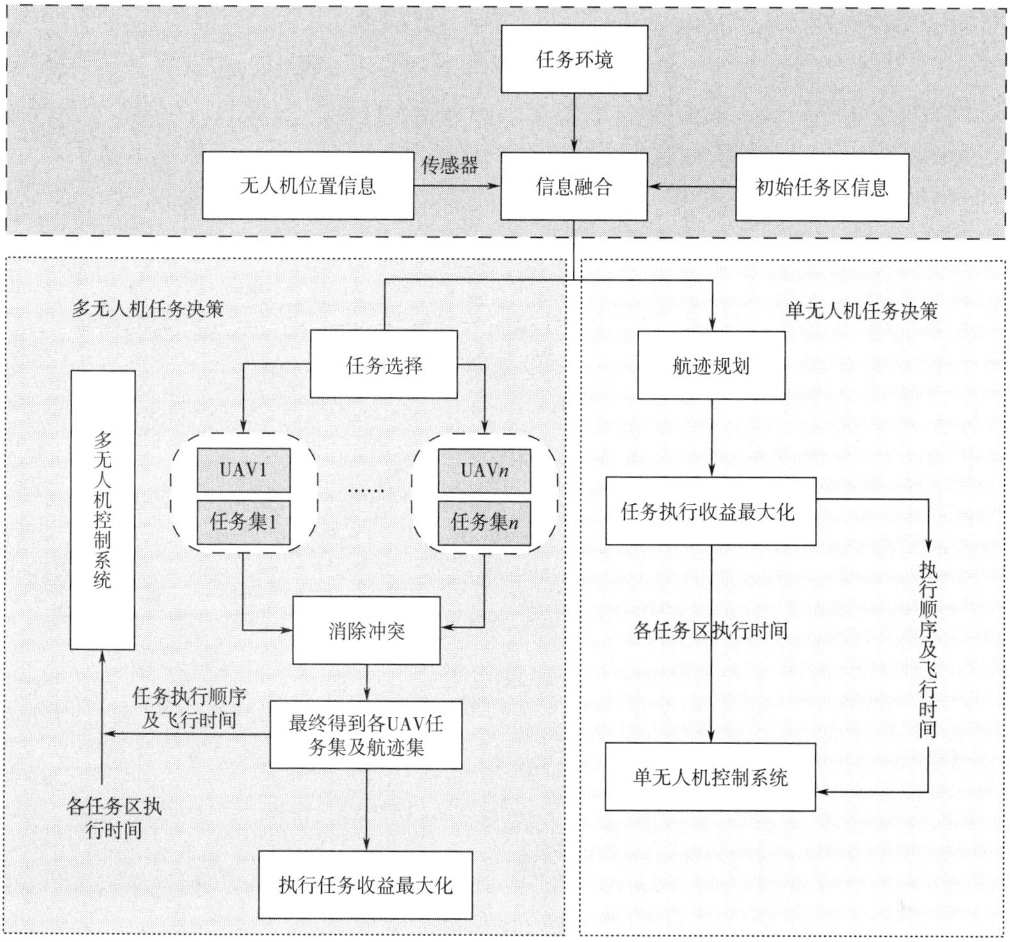

图 1-7 多无人机任务规划框架

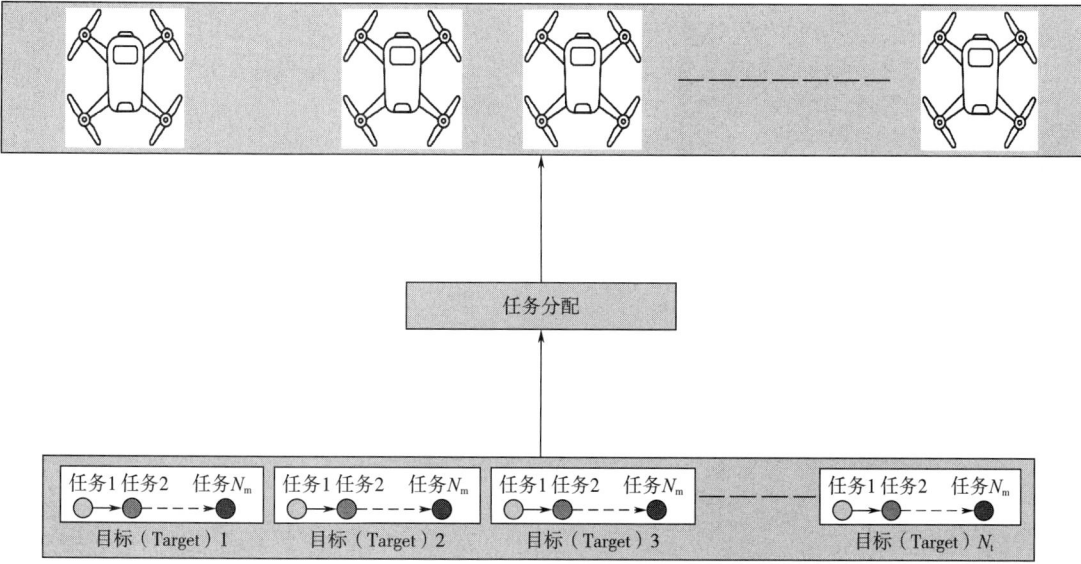

图 1-8 任务分配框架

针对不同类型的目标，为解决无人机任务分配计算成本高昂的问题，Wang 等人提出了一种多无人机侦察任务分配模型，基于遗传算法，采用双染色体编码和多突变算子，提高了种群多样性，增强了全局探索能力[64]；考虑到无人机总飞行距离的限制，Zhen 等针对无人机群任务分配，提出了一种基于混合人工势场的分布式蚁群规划方法，有效地提高了无人机群的全局搜索能力和实际应用能力[65]；Atencia 等在多目标进化算法的基础上，提出了一种用于形成新个体的新型加权随机生成器，显著降低了多无人机任务规划计算时间[66]；Kurdi 等提出了一种受细菌启发的多目标共生生物搜索算法，来解决多无人机任务分配问题，确保了在不同任务规模下保持稳定的运行时间性能[67]；Wu 等针对异构无人机集群问题，提出了一种耦合分布式规划方法，该方法显著提高了运算速度[68]；针对多无人机协同搜索攻击任务规划问题，Zhen 等提出了一种智能自组织算法，利用每个无人机都能解决自己的局部优化问题，通过无人机之间的信息交换，对多无人机系统做出优化决策[69]；Zhen 等针对无人机在对抗性环境下执行在线搜索—攻击任务的自组织问题，提出分布式搜索—攻击任务自组织算法，将全局优化问题划分为局部优化问题，利用无人机之间的信息交换协助子系统对整体系统做出最优决策[70]；Wang 等针对无人机群动态和非平衡任务分配问题，通过模拟狼群在自然环境中的行为特征，提出了任务调度算法，使分配结果满足任务性能约束[71]。

针对灾害救援问题，Song 等建立了多目标数学模型，采用多目标优化和 ε 约束处理方法，解决轻型无人机在灾害救援活动中的可用性受限问题[72]；Cao 等提出了一种任务链驱动的无人机群协作方法，以实现广域室外受伤人体目标的快速搜索和及时救援环境[73]；为了解决无人机的续航里程和人道主义救援的难题，Macias 等提出了一种两阶段作战规划方法，显著减少了任务持续时间和电池库存需求[74]。

航迹规划是在满足无人机自身性能约束和外部威胁约束的条件下，根据地形环境和已知威胁障碍信息获取一条从起点到目标点的综合代价最优的飞行航迹，主要包括三个步骤：一是构建地理环境和威胁障碍的数学模型；二是设计高效的规划航迹算法；三是平滑处理航迹满足可飞性。其中，设计高效的规划航迹算法尤为重要，也是学者研究的重点和难点。常用的规划方法有 Dijkstra 算法[75]、模拟退火算法[76]、概率路线图方法[77] 等传统方法。

近年来，智能优化方法如差分进化算法[78]，粒子群算法[79]，蚁群算法[65] 等，凭鲁棒性强、搜索能力好、收敛速度快等优点，得到迅速发展和推广应用。为求解无人机三维航迹规划问题提供了新思路，Dewangan 等提出了改进灰狼算法来求解无人机三维航迹规划问题[21]；Shi 等针对复杂地形上的多无人机协同航迹规划问题，采用多群果蝇优化算法，避免了全局收敛速度过慢和陷入局部最优的缺点[80]；Ge 等针对无人机油田探测，采用鸽群算法来优化初始路径，果蝇优化算法寻找最佳路径[81]。Dasdemir 等提出了基于参考点多目标优化算法，以航迹长度和雷达威胁为两个优化目标，用参考点表征决策者偏好，来引导算法收敛到帕累托（Pareto）前沿的特定区域[82]；Peng 等提出了一种基于分解的多目标约束优化算法，充分利用不可行解信息，求解复杂场景下无人机航迹规划问题[83]；Zhang 等采用 α 水平比较的约束处理机制，引入满意度评价函数，动态调整可行域空间求解多约束的无人机三维航迹规划[84]；Shen 等采用 Push-pull Search 分阶段约束处理策略改善跳出局部最优的能力，结合改进的自适应非支配排序遗传算法规划无人机的飞行航迹[85]。

当面对多类型复杂任务时，既要确保多无人机系统的安全指数最大化，又要在最短时间内完成监视、搜索、救援、评估等多个任务。因此，多无人机协同规划是一个多约束、强耦合的多目标优化与决策的实际问题。该问题的求解主要面对两个方面的难题：一是不仅需要考虑多个无人机、多个目标、多个任务，还要考虑无人机完成任务时的航迹规划问题，二者强耦合；二是随着任务多样化、飞行环境复杂化，既要考虑无人机间的协同避碰，又要兼顾无人机间的信息共享，数据量大、约束复杂。该问题的求解常采用分层思想，如文献［59］将多无人机协同规划分层为决策层、路径规划层、轨迹生成层和控制层；文献［60］则将该问题分为任务规划层、航迹规划层和控制层。即便层数存在一定偏差，但共性之处明显，均是首先要完成多无人机任务的合理规划与分配；其次是根据任务决策结果，引导无人机规避障碍、生成路径航路点；再次是基于航路点信息、融合无人机姿态信息、环境感知信息，产生无人机可飞航迹；最后是根据飞行航迹，输出对应的控制飞行数据。这一思路降低了问题的复杂性，但考虑到后续任务的变化，所规划的航迹并非最优。总而言之，分层解耦思想有效解决了面向多任务场景下多无人机协同规划问题。

参考文献

［1］VAIGANDLA K K, THATIPAMULA S, KARNE R K. Investigation on unmanned aerial vehicle (UAV): An overview［J］. IRO Journal on Sustainable Wireless Systems, 2022, 4 (3): 130-148.

［2］吴参毅. 无人机概念及应用现状［J］. 中国安防, 2020 (8): 86-91.

［3］AGGARWAL S, KUMAR N. Path planning techniques for unmanned aerial vehicles: A review, solutions, and challenges［J］. Computer Communications, 2020, 149: 270-299.

［4］FRANKLIN M. Unmanned combat air vehicles: opportunities for the guided weapons industry?［J］. Royal United Services Institute (RUSI), 2022.

［5］Kapustina L, Izakova N, Makovkina E, et al. The global drone market: main development trends［C］//SHS web of conferences. EDP Sciences, 2021, 129: 11004.

［6］Wang L, Huang X, Li W, et al. Progress in agricultural unmanned aerial vehicles (UAVs) applied in China and prospects for Poland［J］. Agriculture, 2022, 12 (3): 397.

［7］丁士. 中国无人机发展之路［J］. 航空知识, 2007 (9): 32-36.

［8］PUENTE-CASTRO A, RIVERO D, PAZOS A, et al. A review of artificial intelligence applied to path planning in UAV swarms［J］. Neural Computing and Applications, 2022, 34 (1): 153-170.

［9］赵畅, 刘允刚, 陈琳, 等. 面向元启发式算法的多无人机路径规划现状与展望［J］. 控制与决策, 2022, 37 (5): 1102-1115.

［10］GUL F, MIR I, ABUALIGAH L, et al. A consolidated review of path planning and optimization techniques: Technical perspectives and future directions［J］. Electronics, 2021, 10 (18): 2250.

［11］LAVALLE S. Rapidly-exploring random trees: A new tool for path planning［J］. The Annual Research Report, 2024

［12］AURENHAMMER F. Voronoi diagrams—a survey of a fundamental geometric data structure［J］. ACM Computing Surveys, 1991, 23 (3): 345-405.

［13］KAVRAKI L E, SVESTKA P, LATOMBE J C, et al. Probabilistic roadmaps for path planning in high-dimensional configuration spaces［J］. IEEE Transactions on Robotics and Automation, 1996, 12 (4): 566-580.

［14］BHANDARI S, SRINIVASAN T. Path-planning around obstacles for a quadrotor UAV using the RRT algorithm for indoor environments [C]//AIAA Infotech @ Aerospace. San Diego, California, USA. AIAA, 2016: AIAA 2016-2196.

[15] MAC T T, COPOT C, HERNANDEZ A, et al. Improved potential field method for unknown obstacle avoidance using UAV in indoor environment [C]//2016 IEEE 14th International Symposium on Applied Machine Intelligence and Informatics (SAMI). January 21-23, 2016, Herlany, Slovakia. IEEE, 2016: 345-350.

[16] LEE D, SONG H J, SHIM D H. Optimal path planning based on spline-RRT* for fixed-wing UAVs operating in three-dimensional environments [C]//2014 14th International Conference on Control, Automation and Systems (ICCAS 2014). October 22-25, 2014, Gyeonggi-do, Korea. IEEE, 2014: 835-839.

[17] ZAMMIT C, VAN KAMPEN E J. Comparison between A* and RRT algorithms for UAV path planning [C]// 2018 AIAA Guidance, Navigation, and Control Conference. 8–12 January 2018, Kissimmee, Florida. Reston, Virginia: AIAA, 2018: 1846.

[18] 张舒然. 基于群智算法的无人机航迹规划研究[D]. 成都: 电子科技大学, 2020.

[19] NIKOLOS I K, ZOGRFAFOS E S, BRINTAKI A N. UAV Path Planning Using Evolutionary Algorithms [J]. Springer Berlin Heidelberg, 2007, 10.

[20] DOLICANIN E, FETAHOVIC I, TUBA E, et al. Unmanned combat aerial vehicle path planning by brain storm optimization algorithm [J]. Studies in Informatics and Control, 2018, 27 (1): 15-24.

[21] DEWANGAN R K, SHUKLA A, GODFREY W W. Three dimensional path planning using Grey wolf optimizer for UAVs [J]. Applied Intelligence, 2019, 49 (6): 2201-2217.

[22] GHAMBARI S, IDOUMGHAR L, JOURDAN L, et al. An improved TLBO algorithm for solving UAV path planning problem [C]//2019 IEEE Symposium Series on Computational Intelligence (SSCI). December 6-9, 2019, Xiamen, China. IEEE, 2019: 2261-2268.

[23] ADHIKARI D, KIM E, REZA H. A fuzzy adaptive differential evolution for multi-objective 3D UAV path optimization [C]//2017 IEEE Congress on Evolutionary Computation (CEC). June 5-8, 2017, Donostia, Spain. IEEE, 2017: 2258-2265.

[24] 叶媛媛, 闵春平, 沈林成, 等. 基于VORONOI图的无人机空域任务规划方法研究[J]. 系统仿真学报, 2005, 17 (6): 1353-1355, 1359.

[25] 丁家如, 杜昌平, 赵耀, 等. 基于改进人工势场法的无人机路径规划算法[J]. 计算机应用, 2016, 36 (1): 287-290.

[26] ZHAO Y J, ZHENG Z, LIU Y. Survey on computational-intelligence-based UAV path planning [J]. Knowledge-Based Systems, 2018, 158: 54-64.

[27] XU C F, DUAN H B, LIU F. Chaotic artificial bee colony approach to Uninhabited Combat Air Vehicle (UCAV) path planning [J]. Aerospace Science and Technology, 2010, 14 (8): 535-541.

[28] ZHANG D F, DUAN H B. Social-class pigeon-inspired optimization and time stamp segmentation for multi-UAV cooperative path planning [J]. Neurocomputing, 2018, 313: 229-246.

[29] HU C H, XIA Y, ZHANG J G. Adaptive operator quantum-behaved pigeon-inspired optimization algorithm with application to UAV path planning [J]. Algorithms, 2019, 12 (1): 3.

[30] QU C Z, GAI W D, ZHANG J, et al. A novel hybrid grey wolf optimizer algorithm for unmanned aerial vehicle (UAV) path planning [J]. Knowledge-Based Systems, 2020, 194: 105530.

[31] QU C Z, GAI W D, ZHONG M Y, et al. A novel reinforcement learning based grey wolf optimizer algorithm for unmanned aerial vehicles (UAVs) path planning [J]. Applied Soft Computing, 2020, 89: 106099.

[32] SOLEIMANITALEB Z, ALI KEYVANRAD M, JAFARI A. Object tracking methods: A review [C]//2019 9th International Conference on Computer and Knowledge Engineering (ICCKE). October 24-25, 2019,

Mashhad, Iran. IEEE, 2019: 282-288.

[33] HUI J W, YUAN J Q. Kalman filter, particle filter, and extended state observer for linear state estimation under perturbation (or noise) of MHTGR [J]. Progress in Nuclear Energy, 2022, 148: 104231.

[34] KIM Y, BANG H. Introduction to Kalman filter and its applications [J]. Introduction and Implementations of the Kalman Filter, 2018, 1: 1-16.

[35] SHRESTHA A, MAHMOOD A. Review of deep learning algorithms and architectures [J]. IEEE Access, 2019, 7: 53040-53065.

[36] 王尔申, 郭靖, 宏晨, 等. 基于随机空间网络的无人机集群协同对抗模型 [J]. 北京航空航天大学学报, 2023, 49 (1): 10-16.

[37] ZHU S Q, WANG D W, LOW C B. Ground target tracking using UAV with input constraints [J]. Journal of Intelligent & Robotic Systems, 2013, 69 (1): 417-429.

[38] ACAR G, EUBANK C, ENGLEHARDT S, et al. The web never forgets: Persistent tracking mechanisms in the wild [C]//Proceedings of the 2014 ACM SIGSAC Conference on Computer and Communications Security. Scottsdale Arizona USA. ACM, 2014: 674-689.

[39] PARK S. Guidance law for standoff tracking of a moving object [J]. Journal of Guidance, Control, and Dynamics, 2017, 40 (11): 2948-2955.

[40] MUSLIMOV T Z, MUNASYPOV R A. Coordinated UAV standoff tracking of moving target based on Lyapunov vector fields [C]//2020 International Conference Nonlinearity, Information and Robotics (NIR). December 3-6, 2020. Innopolis, Russia. IEEE, 2020: 1-5.

[41] WANG Y X, WANG H L, WU J F, et al. UAV standoff tracking for narrow-area target in complex environment [J]. IEEE Systems Journal, 2022, 16 (3): 4583-4594.

[42] OH H, KIM S, SHIN H S, et al. Coordinated standoff tracking of moving target groups using multiple UAVs [J]. IEEE Transactions on Aerospace and Electronic Systems, 2015, 51 (2): 1501-1514.

[43] FREW E, LAWRENCE D. Cooperative stand-off tracking of moving targets by a team of autonomous aircraft [C]//AIAA Guidance, Navigation, and Control Conference and Exhibit. 15 August 2005 - 18 August 2005, San Francisco, California. Reston, Virginia: AIAA, 2005: 6363.

[44] HAO X C, GAO Y, YANG X N, et al. Multi-objective collaborative optimization in cement calcination process: A time domain rolling optimization method based on Jaya algorithm [J]. Journal of Process Control, 2021, 105: 117-128.

[45] SCHWENZER M, AY M, BERGS T, et al. Review on model predictive control: An engineering perspective [J]. The International Journal of Advanced Manufacturing Technology, 2021, 117 (5): 1327-1349.

[46] 李飞飞, 李超, 周锐. 基于优化的多机协同目标被动跟踪与控制方法 [J]. 电光与控制, 2014, 21 (8): 33.

[47] HE Z R, XU J X. Moving target tracking by UAVs in an urban area [C]//2013 10th IEEE International Conference on Control and Automation (ICCA). June 12-14, 2013, Hangzhou, China. IEEE, 2013: 1933-1938.

[48] 朱黔, 周锐, 董卓宁, 等. 角度测量下双机协同standoff目标跟踪 [J]. 北京航空航天大学学报, 2015, 41 (11): 2116-2123.

[49] RAMIREZ D R, LIMON D, GOMEZ-ORTEGA J, et al. Nonlinear MBPC for mobile robot navigation using genetic algorithms [C]//Proceedings 1999 IEEE International Conference on Robotics and Automation. May 10-15, 1999, Detroit, MI, USA. IEEE, 1999: 2452-2457.

[50] OSTAFEW C J, SCHOELLIG A P, BARFOOT T D, et al. Learning-based nonlinear model predictive control

[51] OSTAFEW C J, SCHOELLIG A P, BARFOOT T D. Robust Constrained Learning-based NMPC enabling reliable mobile robot path tracking [J]. The International Journal of Robotics Research, 2016, 35 (13): 1547-1563.

[52] YAO P, WANG H L, JI H X. Multi-UAVs tracking target in urban environment by model predictive control and Improved Grey Wolf Optimizer [J]. Aerospace Science and Technology, 2016, 55: 131-143.

[53] JIANG W, LYU Y X, LI Y F, et al. UAV path planning and collision avoidance in 3D environments based on POMPD and improved grey wolf optimizer [J]. Aerospace Science and Technology, 2022, 121: 107314.

[54] HU C F, MENG Z, QU G, et al. Distributed cooperative path planning for tracking ground moving target by multiple fixed-wing UAVs via DMPC-GVD in urban environment [J]. International Journal of Control, Automation and Systems, 2021, 19 (2): 823-836.

[55] LI B, SONG C, BAI S X, et al. Multi-UAV trajectory planning during cooperative tracking based on a fusion algorithm integrating MPC and standoff [J]. Drones, 2023, 7 (3): 196.

[56] WANG Y A, LI K, HAN Y, et al. Distributed multi-UAV cooperation for dynamic target tracking optimized by an SAQPSO algorithm [J]. ISA Transactions, 2022, 129: 230-242.

[57] ZHOU W H, LIU Z H, LI J, et al. Multi-target tracking for unmanned aerial vehicle swarms using deep reinforcement learning [J]. Neurocomputing, 2021, 466: 285-297.

[58] FARMANI N, SUN L, PACK D. Tracking multiple mobile targets using cooperative Unmanned Aerial Vehicles [C]//2015 International Conference on Unmanned Aircraft Systems (ICUAS). June 9-12, 2015, Denver, CO, USA. IEEE, 2015: 395-400.

[59] XU L, CAO X B, DU W B, et al. Cooperative path planning optimization for multiple UAVs with communication constraints [J]. Knowledge-Based Systems, 2023, 260: 110164.

[60] MADDULA T, MINAI A A, POLYCARPOU M M. Multi-target assignment and path planning for groups of UAVs [J]. Recent Developments in Cooperative Control and Optimization, 2004: 261-272.

[61] CHAI X Z, ZHENG Z S, XIAO J M, et al. Multi-strategy fusion differential evolution algorithm for UAV path planning in complex environment [J]. Aerospace Science and Technology, 2022, 121: 107287.

[62] JOHNSON L, CHOI H L, HOW J P. The hybrid information and plan consensus algorithm with imperfect situational awareness [C]// Distributed Autonomous Robotic Systems. Tokyo: Springer Japan, 2016: 221-233.

[63] KURDI H A, ALOBOUD E, ALALWAN M, et al. Autonomous task allocation for multi-UAV systems based on the locust elastic behavior [J]. Applied Soft Computing, 2018, 71: 110-126.

[64] WANG Z, LIU L, LONG T, et al. Multi-UAV reconnaissance task allocation for heterogeneous targets using an opposition-based genetic algorithm with double-chromosome encoding [J]. Chinese Journal of Aeronautics, 2018, 31 (2): 339-350.

[65] ZHEN Z Y, CHEN Y, WEN L D, et al. An intelligent cooperative mission planning scheme of UAV swarm in uncertain dynamic environment [J]. Aerospace Science and Technology, 2020, 100: 105826.

[66] RAMIREZ ATENCIA C, DEL SER J, CAMACHO D. Weighted strategies to guide a multi-objective evolutionary algorithm for multi-UAV mission planning [J]. Swarm and Evolutionary Computation, 2019, 44: 480-495.

[67] KURDI H, ALDAOOD M F, AL-MEGREN S, et al. Adaptive task allocation for multi-UAV systems based on bacteria foraging behaviour [J]. Applied Soft Computing, 2019, 83: 105643.

[68] WU W N, WANG X G, CUI N G. Fast and coupled solution for cooperative mission planning of multiple heterogeneous unmanned aerial vehicles [J]. Aerospace Science and Technology, 2018, 79: 131-144.

[69] ZHEN Z Y, XING D J, GAO C. Cooperative search-attack mission planning for multi-UAV based on intelligent self-organized algorithm [J]. Aerospace Science and Technology, 2018, 76: 402-411.

[70] GAO C, ZHEN Z Y, GONG H J. A self-organized search and attack algorithm for multiple unmanned aerial vehicles [J]. Aerospace Science and Technology, 2016, 54: 229-240.

[71] WANG Z H, ZHANG J L. A task allocation algorithm for a swarm of unmanned aerial vehicles based on bionic wolf pack method [J]. Knowledge-Based Systems, 2022, 250: 109072.

[72] SONG B D, PARK H, PARK K. Toward flexible and persistent UAV service: Multi-period and multi-objective system design with task assignment for disaster management [J]. Expert Systems with Applications, 2022, 206: 117855.

[73] CAO Y S, QI F G, JING Y, et al. Mission chain driven unmanned aerial vehicle swarms cooperation for the search and rescue of outdoor injured human targets [J]. Drones, 2022, 6 (6): 138.

[74] ESCRIBANO MACIAS J, ANGELOUDIS P, OCHIENG W. Optimal hub selection for rapid medical deliveries using unmanned aerial vehicles [J]. Transportation Research Part C: Emerging Technologies, 2020, 110: 56-80.

[75] 孙彪, 朱凡. 基于改进型 Dijkstra 算法的航迹规划 [J]. 弹箭与制导学报, 2007, 27 (3): 320-322.

[76] HUO L S, ZHU J H, WU G H, et al. A novel simulated annealing based strategy for balanced UAV task assignment and path planning [J]. Sensors, 2020, 20 (17): 4769.

[77] MADRIDANO Á, AL-KAFF A, MARTÍN D, et al. 3D trajectory planning method for UAVs swarm in building emergencies [J]. Sensors, 2020, 20 (3): 642.

[78] KUMAR PATRO S, SAINI R P. Mathematical modeling framework of a PV model using novel differential evolution algorithm [J]. Solar Energy, 2020, 211: 210-226.

[79] LIU Y, ZHANG X J, GUAN X M, et al. Adaptive sensitivity decision based path planning algorithm for unmanned aerial vehicle with improved particle swarm optimization [J]. Aerospace Science and Technology, 2016, 58: 92-102.

[80] SHI K M, ZHANG X Y, XIA S. Multiple swarm fruit fly optimization algorithm based path planning method for multi-UAVs [J]. Applied Sciences, 2020, 10 (8): 2822.

[81] GE F W, LI K, HAN Y, et al. Path planning of UAV for oilfield inspections in a three-dimensional dynamic environment with moving obstacles based on an improved pigeon-inspired optimization algorithm [J]. Applied Intelligence, 2020, 50 (9): 2800-2817.

[82] DASDEMIR E, KÖKSALAN M, TEZCANER ÖZTÜRK D. A flexible reference point-based multi-objective evolutionary algorithm: An application to the UAV route planning problem [J]. Computers & Operations Research, 2020, 114: 104811.

[83] PENG C D, QIU S J. A decomposition-based constrained multi-objective evolutionary algorithm with a local infeasibility utilization mechanism for UAV path planning [J]. Applied Soft Computing, 2022, 118: 108495.

[84] ZHANG X Y, DUAN H B. An improved constrained differential evolution algorithm for unmanned aerial vehicle global route planning [J]. Applied Soft Computing, 2015, 26: 270-284.

[85] SHEN Y, ZHU Y L, KANG H W, et al. UAV path planning based on multi-stage constraint optimization [J]. Drones, 2021, 5 (4): 144.

第 2 章 优化方法

智能优化方法在现代工程和科技领域得到了广泛认可与应用。这些方法利用全局搜索能力和自适应性,为复杂系统的优化问题提供了一种不依赖精确数学模型且具备全局搜索能力的解决方案。相比传统方法,这类方法能有效应对高维、非线性、不连续以及多目标优化等复杂问题,具备跳出局部最优解的能力,并能适应动态变化的环境。通过智能优化方法,可以大幅提升系统的优化效率,实现自动化决策与智能控制,降低资源消耗与成本。同时,推动了许多前沿技术的发展,为现实世界中日益复杂的优化问题提供了强有力的工具和支持。

2.1 传统优化方法

传统优化方法在许多科学与工程问题中发挥了重要作用,帮助人们找到最优或近似最优的解决方案。常见的传统优化算法包括 A*算法、D*算法、快速搜索随机树算法等。主要作用是利用明确的数学模型,通过迭代或解析的方法,在约束条件下优化目标函数。这些算法在处理简单的线性问题或凸优化问题时表现出色,能快速、准确地找到全局最优解。

2.1.1 A*算法

A*算法是一种以启发值为参考的基于图搜索的路径规划算法,以起点为中心遍历寻找目标点,多用于求解规划区域信息不变的静态环境下的路径规划问题,它具有可寻找到全局最优路径的特点,但是在较为复杂的规划环境下,为搜索到可行路径并保证搜索到的路径最短,需对大量节点进行遍历搜索,这势必增加大量不必搜索的节点,导致规划时间过长[1]。卞强等为解决 A*算法在无人机规划上搜索路径绕路,转向点多的问题,采用了一种自适应处理搜索方向的搜索机制,缩减搜索空间,提高搜索效率[2]。

该算法使用三个主要函数:$g(n)$,$h(n)$ 和 $f(n)$ 来评估路径的优劣。对网格中的点 (x,y),若目标点是 $(x_{\text{goal}},y_{\text{goal}})$,一个常用的启发式是欧几里得距离:

$$h(n) = \sqrt{(x - x_{\text{goal}})^2 + (y - y_{\text{goal}})^2} \tag{2-1}$$

每当从起始点通过路径移动到一个新节点,$g(n)$ 将累加上到达该节点的移动成本。例如,如果每步移动成本为 1,则:

$$g(n_{\text{new}}) = g(n_{\text{current}}) + 1 \tag{2-2}$$

结合上述两个值,得到 $f(n)$ 来评价节点的总成本,以决定哪些节点应该被优先考虑:

$$f(n) = g(n) + h(n) \tag{2-3}$$

2.1.2 D*算法

D*算法与 A*算法类似,但搜索模式是从目标点向起始点进行反向搜索,当环境发生动态变化的时候,先前搜索的路径信息仍可作为参考,减少需要重新搜索的量。赵娟为解决方向约束下航迹规划中存在的可行性与安全问题,提出了启发点引导的扩展方法,在节省算法耗时的同时缩短无人机航迹,并实现了从特定方向接近目标点的功能[3]。

2.1.3 快速搜索随机树算法

快速搜索随机树算法通过对状态空间随机采样并对采样点进行碰撞检测的方式快速生成路径,具有无须进行规划区域划分,搜索范围广等优点,但也具有因无法考虑航迹综合代价,航迹规划生成随机性过大,导致无法获得较优轨迹的缺点。尹高扬等人引入动力学约束与航迹距离约束,优化节点扩展过程,改进根节点选取策略,使规划出来的无人机航迹接近最优[4]。

2.1.4 人工势场算法

人工势场算法的机制是假设目标点产生引力、障碍物产生斥力,无人机在引力作用下运动到目标点并在斥力作用下避开障碍物。人工势场法具有规划速度快、安全性高等优点,但也存在斥力过大、局部极小值、无效避障等问题。王庆禄等人对人工势场算法进行改进,将斥力进行分解,避免了局部极小值情况;重构合力计算方式,避免无人机在障碍密集区域所受斥力过大;引入二次碰撞预测方法,减少无人机无效避障的情况发生[5]。

通常的目标函数势场函数(引力场函数)为:

$$U_{at}(X) = \frac{1}{2}k(X - X_{goal})^2 \tag{2-4}$$

式中,k 为位置增益函数;$(X-X_{goal})$ 是自身与目标 X_{goal} 之间的相对位置。相应的吸引力为目标势场函数的负梯度:

$$F_{at}(X) = -grad[U_{at}(X)] = -k(X - X_{goal}) \tag{2-5}$$

当自身在达到目标的过程中,这个力线性收敛于零。

斥力场函数为:

$$U_{re}(X) = \begin{cases} \frac{1}{2}\eta\left[\frac{1}{\rho} - \frac{1}{\rho_0}\right]^2 (X - X_{goal})^n, & \rho \leq \rho_0 \\ 0, & \rho > \rho_0 \end{cases} \tag{2-6}$$

随着无人机路径规划与跟踪控制问题需要考虑的因素不断增加,问题求解复杂度不断提高,传统规划算法应对这些高复杂度的问题处理难度逐渐高于群体智能算法[6]。因此普适性更高的群体智能算法在航迹规划问题中成为主要研究对象。

2.2 智能优化方法

智能优化方法在处理复杂、多目标和非线性问题时展现出显著优势。智能优化算法如差分进化、粒子群算法、蚁群算法和蜂群算法等,模仿自然界中的生物行为或物理现象,具有自适应、自学习的特性,能够灵活地应对复杂问题。在本书中通过对飞行环境的实时分析,无人机可以动态调整航线,避开障碍物,从而优化飞行时间、降低能耗,从而实现更加智能化的飞行控制。

2.2.1 差分算法

差分算法（Differential Evolution，DE）也是备受青睐的智能优化方法，是一种基于群体的随机搜索算法（图2-1），由 Storn 和 Price 于 1995 年首次提出并持续研究[7-9]。差分算法在求解复杂优化问题时具有良好的性能。它的工作过程包括四个步骤，即初始化、变异、交叉和选择，对种群进行初始化后，通过变异、交叉和选择操作生成进入下一次迭代的个体向量，以此来增加种群多样性，引导整个搜索方向。

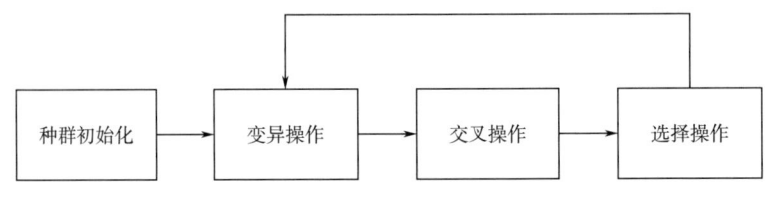

图 2-1 差分算法流程示意图

假设要最小化的目标函数为 $f(x)$，优化问题可描述为：

$$\min f(x) \text{ s.t. } x_j \in [X_{\min}, X_{\max}], j = 1, 2, \cdots, D$$

式中，$f(x)$ 是一个具有 D 维决策变量的目标函数，$x = (x_1, x_2, \cdots, x_D)$；$X_{\min}$ 和 $X_{\max}$ 分别为决策变量的下界和上界。

根据式（2-1）将群体中的第 i 个个体随机初始化在 $G=0$，这里 NP 代指种群规模，$rand(0, 1)$ 是 0 和 1 之间的均匀分布，$X_{\max}$ 和 $X_{\min}$ 表示定义搜索空间的特定于问题的上限和下限。

$$X_i^0 = X_{\min} + rand \times (X_{\max} - X_{\min}) \ (i = 1, 2, \cdots, NP) \tag{2-7}$$

变异操作：本操作是在种群初始化后的第一步，在种群中随机选择多个个体执行向量相减的操作，称为变异操作，如式（2-2），这里列举最简单的变异操作 DE/rand/1 如式（2-8）所示：

$$V_i = X_{r1} + F_i \times (X_{r2} - X_{r3}) \tag{2-8}$$

式中，V_i 为第 i 个需要进行变异的个体；X_{r1}、X_{r2} 和 X_{r3} 是从种群中随机选取的三个互不相等的个体，并且均与当前进行变异操作的个体不相等；F_i 指的是缩放因子，用于控制两个个体的向量差，通常取值为 0.4~1。图 2-2 是 DE/rand/1 策略的二维示意图，全局最优值 X_{best} 如图 2-2 所示。

近年来，随着研究者的不断探究，设计出了多种变异操作，并具备不同的功能，这里列举一些常用的变异操作[10,11]：

DE/rand/2：

$$V_i = X_i + F_i \times (X_{r1} - X_{r2}) + F_i \times (X_{r3} - X_{r4}) \tag{2-9}$$

DE/best/1：

$$V_i = X_{\text{best}} + F_i \times (X_{r1} - X_{r2}) \tag{2-10}$$

DE/best/2：

$$V_i = X_{\text{best}} + F_i \times (X_{r1} - X_{r2}) + F_i \times (X_{r3} - X_{r4}) \tag{2-11}$$

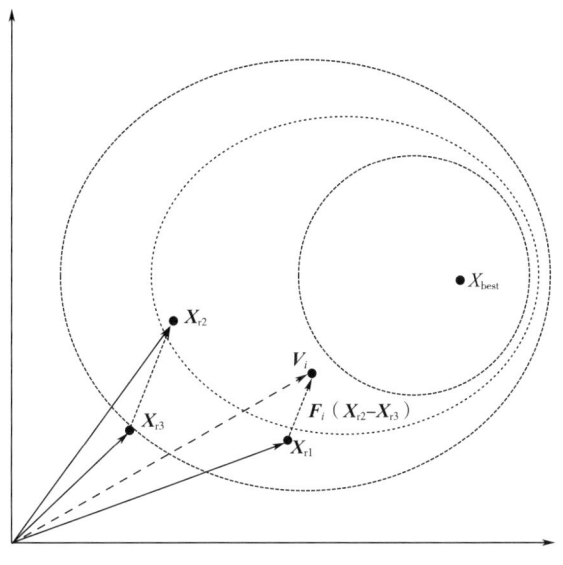

图 2-2 变异操作示意图

DE/rand-to-best/1：
$$V_i = X_{r1} + F_i \times (X_{best} - X_{r2}) + F_i \times (X_{r3} - X_{r4}) \tag{2-12}$$

交叉操作：该操作是对上一步变异操作结果的继承，根据式（2-7）将变异向量 V_i 与目标向量 X_i 在满足条件的维度交换信息。由于二项交叉策略的鲁棒性和高效性[12]，它经常被引入这一步产生试验向量 $U_{i,j}$ 中。对应公式定义如下：

$$U_{i,j} = \begin{cases} V_{i,j}, & rand \leq CR \text{ 或 } j = j_{rand} \\ X_{i,j}, & \text{否则} \end{cases}, j = 1, 2, \cdots, D \tag{2-13}$$

式中，CR 为交叉率，由用户设置，取值范围为 [0, 1]；D 是决策变量的维数；j_{rand} 是整数，取值区间为 [1, D]。当 $rand \leq CR$ 或 $j = j_{rand}$ 时，试验向量 $U_{i,j}$ 将复制给变异向量 V_i 的第 j 个分量；否则，试验向量等于原始个体向量。$rand$ 在 0 和 1 之间是均匀分布的。需要注意的是，$j \subset j_{rand}$ 保证了向量 $V_{i,j}$ 和 $U_{i,j}$ 之间的差异，至少存在一维变量被更换。

选择操作：在交叉之后，将执行选择操作，以确定 $V_{i,j}$ 和 $X_{i,j}$ 之间的哪个向量将存活进入在下一代。所有的个体都根据函数值进行评估，最小值的向量进入下一代，即贪心操作。表达式的定义如下。

$$X_{i,G+1} = \begin{cases} U_{i,G}, & \text{如果 } f(U_{i,G}) < f(X_{i,G}) \\ X_{i,G}, & \text{否则} \end{cases} \tag{2-14}$$

随着技术进步导致信息不断积累，数据变得更大和更杂，而标准的差分算法难以处理高维、多约束的优化问题。近些年来，DE 及其变体得到了深入的研究，先后被学者提出，这些变体主要体现在缩放因子 F 和交叉概率 CR、变异策略和种群 NP。

2.2.2 蚁群算法

蚁群算法（Ant Colony Optimization，ACO）是一种常见的群智能算法，最早由 Marco Dorigo 在 1992 年提出，并于 1997 年应用于旅行商问题中[13]。该算法的灵感源于自然环境中蚁群的协同合作觅食行为。

在蚂蚁觅食过程中,每只蚂蚁会根据周围环境留下信息素路径,并在找到食物后返回到起点。蚂蚁通过循环迭代的方式进行觅食,距离食物源较近的路径上的信息素会得到更多次积累,而距离较远的路径上的信息素则逐渐挥发。再次出发的蚂蚁能够通过感知和利用残留的信息素来判断路径的优劣程度。蚁群算法通过模拟蚂蚁的行为,利用信息素作为一种间接的全局通信机制,实现了蚂蚁间的协作和合作。蚂蚁在搜索性能良好的解时能并行地进行探索,并通过信息素的累积和挥发来调整搜索方向,从而逐步收敛于较优解。然而,基本的蚁群算法仍存在一些问题,如容易陷入局部最优、搜索速度较慢等。

为克服这些问题,研究者们提出了许多改进和扩展的蚁群算法变体,如蚁群系统、蚁群精英策略、蚁群多启发式算法等[14],以提高算法的收敛性和鲁棒性,拓展其应用范围。

在某些问题模型中,无人机会不断检测自己所剩飞行时间,并预留出返回基站的飞行时间,所以无人机在搜救过程中有可能会终止自己的探索并返回基地。基于此原因,无人机每次的探索路径所经过的点的个数是不固定的。针对这种维度不固定的数据,传统的进化算法可能无法对其进行有效优化;而蚁群算法是一种加强路径本身的群智能算法,其优点在于能够适应不同维度和复杂度的问题,而不受数据维度变化的影响。

在路径规划过程中,蚂蚁将通过逐个选择和访问扫描区域来构建解决方案,并尝试在信息素和启发式信息的帮助下寻求最优路径使用较少的能量消耗来尽可能多地覆盖感兴趣区域。蚂蚁将从基站出发,通过信息素及启发式因子来不断选择下一时刻的区域。每个区域的选择概率可以被计算为:

$$P_{ij}^k = \begin{cases} \dfrac{[\tau_{ij}(t)]^\alpha [\eta_{ij}(t)]^\beta}{\sum\limits_{u \in \text{allowed}} [\tau_{iu}(t)]^\alpha [\eta_{iu}(t)]^\beta}, & j \in \text{allowed} \\ 0, & \text{其他} \end{cases} \tag{2-15}$$

式中,$\tau_{ij}(t)$ 为在 t 时刻时,网格区域 i 到网格区域 j 之间路径所留下的信息素浓度,信息素是蚁群算法中的重要机制,用于蚂蚁之间进行间接通信和共享信息。较高的信息素浓度意味着路径的吸引力较大,更多的蚂蚁会选择该路径。$\eta_{ij}(t)$ 是区域 i 到区域 j 的启发式信息,多与距离有关。启发式信息是根据问题的特性和先验知识得出的一种启发式评估值,用于指导蚂蚁的选择。较低的距离会给予较高的启发式信息值,表示该路径更有可能是更短的路径。a 和 b 分别为信息素因子和启发式因子,它们反映了在选择从 i 到 j 时信息素浓度和启发式的相对重要性,这两个因子的权重可以根据问题的特性进行调整,以平衡信息素和启发式信息在路径选择中的作用。allowed 表示在 i 区域时可选择的所有区域。

启发式函数可以被表示为:

$$\eta_{ij} = 1/d_{ij} \tag{2-16}$$

式中,d_{ij} 为区域 i 到区域 j 的欧氏距离。

当所有蚂蚁完成任务并返回基站时,视为当前代种群个体的探索任务结束,地图上的所有信息素均会进行全局更新。每个蚂蚁根据当前代所探索路径的优劣程度来进行不同程度的信息素更新,同时信息素也会因时间更迭而得到了部分的挥发。

信息素函数更新方程如下:

$$\tau_{ij}^{m}(t+1) = (1-\rho)\tau_{ij}^{m}(t) + \sum_{m=1}^{M} \Delta\tau_{ij}^{m}(t) \tag{2-17}$$

$$\Delta\tau_{ij}^{m}(t) = \begin{cases} Q/L_{\text{reward}}, & \text{如果第 } m \text{ 个蚂蚁从区域 } i \text{ 到区域 } j \\ 0, & \text{其他} \end{cases} \tag{2-18}$$

式中，ρ 表示全局信息素挥发因子，取值范围在（0，1）之间，通过调整挥发因子，可以平衡历史信息的保留和当前信息的引入；$\tau_{ij}^{m}(t)$ 表示在第 m 个蚂蚁所走路径在 t 时刻的信息素浓度；$\Delta\tau_{ij}^{m}(t)$ 表示在 t 时刻从区域 i 到区域 j 路径上的信息素浓度变化；Q 为信息素更新强度系数常数，用于调节信息素更新的幅度；L_{reward} 表示路径的优劣程度，取其为目标函数 f_{total} 的倒数。通过结合变量，可以根据蚂蚁在路径上的探索结果和路径优劣程度，计算出信息素的变化值，并在全局信息素上进行更新。这样，蚁群算法可以通过信息素的增加和挥发，逐步搜索和优化路径，以找到更优的解决方案。

2.2.3 粒子群算法

粒子群算法的灵感来自鸟群和鱼群等群居行为，在不发生互相碰撞的情况下，鸟群或鱼群能自主搜索到食物源或栖息场所，通过模仿这种社会行为，PSO 算法被开发出来。在 PSO 算法中，种群中的每个粒子都代表了一个给定问题的潜在解决方案。种群内的每个粒子在组内分享信息，分享的信息包括自身最佳经验和群体最佳经验，粒子根据这些信息来更新运动方向，从而最终寻找到问题的最优解。

标准粒子群算法的具体流程如图 2-3 所示，首先通过初始化操作，每个粒子被赋予速度和位置两个属性，pbest 表示粒子自身当前找到的最优位置（personal best），gbest 表示整个种群当前找到的最优位置（global best），gbest 也代表了粒子群算法最终的最优解。初始化种群之后，便开始进行迭代寻优。每迭代一次，粒子的速度和位置更新一次，然后判断每个粒子更新后的速度和位置是否超过边界，同时根据适应度函数进行评价，选出自身最优 pbest 和全局最优 gbest。最后判断是否达到最大迭代次数，若达到则输出最优解 gbest，若没有达到最大迭代次数则继续进行迭代。

标准粒子群算法中每个粒子的速度更新和位置更新公式如下：

$$v_i^d(t+1) = w \times v_i^d(t) + c_1 \times r_1 \times [pbest_i^d(t) - x_i^d(t)] + c_2 \times r_2 \times [gbest_i^d(t) - x_i^d(t)] \tag{2-19}$$

$$x_i^d(t+1) = x_i^d(t) + v_i^d(t+1) \tag{2-20}$$

式中，$d=1$，2，$\cdots$，D 表示所优化对象的维数。第 i 个粒子在种群（$i=1$，2，$\cdots$，N）中的位置为 $x_i^d(t)$，速度为 $v_i^d(t)$。同时，$pbest_i = (pbest^1, pbest^2, \cdots, pbest^D)$ 为第 i 粒子的自身最优位置，$gbest = (gbest^1, gbest^2, \cdots, gbest^D)$ 为总群的最优位置。w 是惯性权重参数，用于实现全局探索和局部开发之间的平衡，其值从大到小呈线性递减。此外，c_1 和 c_2 是加速系数，r_1 和 r_2 是在 [0，1] 范围内产生的两个随机数。

上述公式是针对全局 PSO 的，而另一个公式则用于局部 PSO。在局部 PSO 中，每个粒子根据其历史最佳位置 pbest 和邻居的最佳位置 lbest 来调整其速度。其速度更新公式如下：

$$v_i^d(t+1) = w \times v_i^d(t) + c_1 \times r_1 \times [pbest_i^d(t) - x_i^d(t)] + c_2 \times r_2 \times [lbest_i^d(t) - x_i^d(t)] \tag{2-21}$$

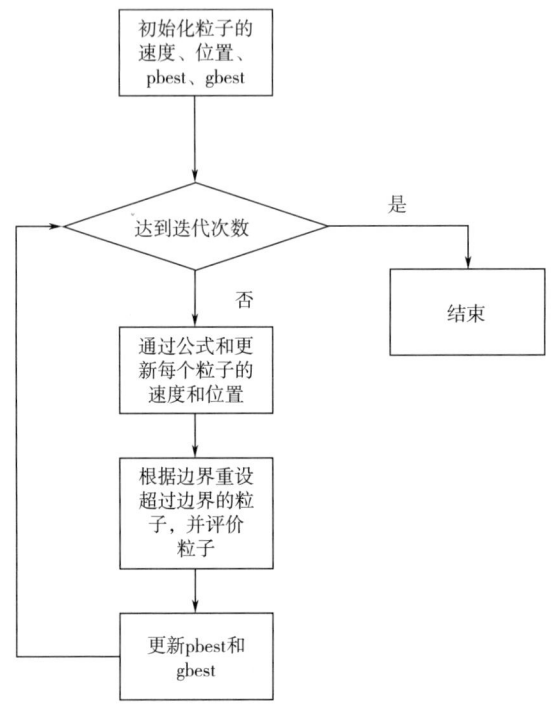

图 2-3 标准粒子群算法流程图

2.2.4 蜂群算法

人工蜂群（ABC）作为群体智能算法之一，由 Dervis Karaboga 在 2007 年首次提出[15]。该算法的灵感源于蜜蜂的智能合作觅食行为，由于其快速收敛和准确的优化特性，被广泛用于解决一些现实世界的问题。改进后的 ABC 版本也有部分被用于规划无人机的航迹。

人工蜂群算法在每个迭代中可以同时进行全局搜索和局部搜索，从而大大提高了找到最优解的概率，在很大程度上有效地减少了陷入局部最优的情况[15]。但同时标准人工蜂群算法也存在一些缺点，如在高维问题下收敛精度低，在迭代后期收敛速度慢等[16]。

人工蜂群算法由雇佣蜂阶段、跟随蜂阶段和侦察蜂阶段三部分组成。食物源的位置代表优化问题的一个可能的解决方案，食物源的花蜜量对应于相关解决方案的质量（适应度）。雇佣蜂或跟随蜂的数量等于种群中解决方案的数量。在选取初始食物源位置后，将重复进行雇佣蜂阶段，跟随蜂阶段，侦察蜂阶段的搜索，直至结束。

其针对问题的求解方式可用式（2-22）表示，$f(x_i)$ 为所优化目标函数的目标成本：

$$f(x_i) = \min f(x) \tag{2-22}$$

一般而言，人工蜂群算法方案流程如下：

（1）初始化食物源位置

在第一步，人工蜂群产生一个随机分布的初始种群 $P(G=0)$，设食物源数量即种群大小为 SN，问题求解维度为 D。

在初始化过程中，由侦察蜂进行随机选取食物源位置，每个解决方案（食物源）$\bm{x}_i(i=1, 2, \cdots, SN)$ 是一个 D 维的向量。采用下列等式随机初始化，获得一个满足问题约束的初始解。

$$x_{i,j} = x_j^{\min} + rand(0, 1) \times (x_j^{\max} - x_j^{\min}) \qquad (2-23)$$

式中，$x_{i,j}$ 是维度 D 上的食物源集合中的第 i 个食物源（i = 1，2，3，…，SN；j = 1，2，3，…，D）；$x_j^{\max}$ 和 $x_j^{\min}$ 分别是第 j 个元素的上边界和下边界。

（2）雇佣蜂阶段

人工蜂群算法在侦察蜂选定食物源后，将食物源分别分配给每一只雇佣蜂，以该食物源为中心搜索邻近的新的食物源。雇佣蜂的数量与食物源的数量相等，均为 SN。

$$v_{i,j} = x_{i,j} + \varphi \times (x_{i,j} - x_{k,j}) \qquad (2-24)$$

式中，$v_{i,j}$ 是在食物源 x_i 附近搜索到的新食物源；φ 是-1 到 1 之间的一个随机值；$x_{i,j}$ 和 $x_{k,j}$ 分别是 x_i 和 x_k 的第 j 个元素（$i \neq k$）；x_k 是从所有的 SN 个食物源位置中随机选择的。

寻找到新的食物源后，雇佣蜂或跟随蜂会评估新食物源（新解决方案）的花蜜量（适应度值）。在实际的蜂群觅食过程中，新食物源是基于一个区域内食物源的比较产生的，这取决于蜜蜂收集的信息。在人工蜂群算法中，新食物源位置的产生也是基于食物源质量的比较过程，人工蜜蜂在比较过程中采用的对比信息为食物源的适应度值，在新食物源与当前食物源之间进行选择保留。人工蜂群算法采用贪婪搜索的方式选取，当 v_i 的适应度值优于 x_i 时，证明新食物源的质量优于上一个食物源，人工蜜蜂会放弃原有食物源，选择新搜索到的食物源，否则，它就保持原先的食物源位置不发生改变。

$$fit(\boldsymbol{x}_i) = \begin{cases} \dfrac{1}{1 + f(\boldsymbol{x}_i)}, & f(\boldsymbol{x}_i) \geqslant 0 \\ 1 + abs[f(\boldsymbol{x}_i)], & f(\boldsymbol{x}_i) < 0 \end{cases} \qquad (2-25)$$

$$\boldsymbol{x}_i = \begin{cases} \boldsymbol{v}_i, & fit(\boldsymbol{v}_i) > fit(\boldsymbol{x}_i) \\ \boldsymbol{x}_i, & fit(\boldsymbol{v}_i) < fit(\boldsymbol{x}_i) \end{cases} \qquad (2-26)$$

式中，$f(\boldsymbol{x}_i)$ 是 $\boldsymbol{x}_i$ 的目标成本；$fit(\boldsymbol{x}_i)$ 是 $\boldsymbol{x}_i$ 对应解的适应度值。

（3）跟随蜂阶段

在所有的雇佣蜂完成搜索过程后，它们将食物源的质量信息和它们的位置信息与跟随蜂分享。雇佣蜂与等量的跟随蜂分享食物源（解决方案）的信息。跟随蜂会评估从所有雇佣蜂那里得到的花蜜信息，并将其作为判断依据，采用轮盘赌的方式概率选择食物源。与雇佣蜂的情况一样，会在选中食物源附近进行邻近区域搜索新的食物源，并评估新的候选食物源的花蜜量，用与式（2-20）相同的方法对食物源进行更新和选择。一般来说，一个高质量的食物源可以吸引更多的跟随蜂。

$$p(\boldsymbol{x}_i) = \dfrac{fit(\boldsymbol{x}_i)}{\sum\limits_{i=1}^{N} fit(\boldsymbol{x}_i)} \qquad (2-27)$$

式中，$p(\boldsymbol{x}_i)$ 是食物源 $\boldsymbol{x}_i$ 的被选择概率；$fit(\boldsymbol{x}_i)$ 是 $\boldsymbol{x}_i$ 的适应度值。

（4）侦察蜂阶段

人工蜂群算法为了提升算法的探索能力，加入了一个重新初始化的机制，该机制的触发由限制参数 $limit$ 和计数参数 $trial$ 决定，当一个食物源在一次搜索中未能找到更优的食物源位置时，$trial$ 的值会加 1，当该值到达限制参数 $limit$ 时，该食物源会被认定没有再次探索的价值，该食物源被放弃，对应的雇佣蜂转化为侦察蜂，进行食物源位置初始化。新初始化的食物源位置仍采用式（2-27）的方式选择。

2.3 约束策略

2.3.1 罚函数

惩罚适应度函数简称罚函数，罚函数法通过将约束条件转化为惩罚项，将含有约束条件的非线性优化问题转化为一个没有约束条件的非线性优化问题，从而使优化方法更加易于实现和求解[17]。一般情况下，惩罚适应度函数定义为：

$$F(x) = f(x) + r_f \times G(x) \tag{2-28}$$

式中，$f(x)$ 为代价函数，$G(x)$ 为违反约束函数，通常在约束条件被违反时返回正值，符合时返回零；r_f 为惩罚系数，用于调节惩罚项的权重。通过适当选择 r_f，可以控制约束违反对目标函数的影响，从而引导优化算法寻找可行解。

罚函数法是一种调节惩罚因子，通过对惩罚因子进行调节，使目标函数和约束条件达到平衡的一种方法。如果惩罚因子设定的值过低，则无法找到有效的解决方案；如果惩罚因子设定的值过高，则惩罚力度过大，虽然能保证进入可行域的个体，但也会淘汰一些处于可行解和不可行解边界的解，丢失一些不可行解中有价值的信息，还会使算法陷入局部最优而无法找到全局最优解，这两种方式都会造成算法无法获得高质量的解决方案。所以，如何合理地设定惩罚因子，既是用罚函数法解决带约束优化问题的关键，又是用罚函数法解决带约束优化问题的瓶颈。

2.3.2 可行性准则

由于罚函数法有其不足之处，近年来，学者们将目光转向了其他的约束优化方法，在此基础上发展出几种新的约束处理方法，其中，Deb 提出的可行性准则就是目前最流行的约束处理技术之一[18]。可行性法则的具体规则为：

① x_1 为可行个体，x_2 为不可行个体，x_1 优于 x_2；
② x_1 和 x_2 均为可行个体时，选择适应度值更小的个体；
③ x_1 和 x_2 均为不可行个体时，选择约束违反程度更低的个体[19]。

算法运行初期，种群中皆是不可行个体时，违反约束程度较低的个体；算法运行中期，种群中分别存在可行个体和不可行个体时，选择可行个体；算法运行后期，种群中都是可行个体时，此时优先选择目标函数值较小的个体。准则 2 针对目标函数，使搜索方向指向目标适应度值更好的区域。准则 1 和准则 3 针对的是约束条件，主要目的是保留一些有用的不可行解的信息，使种群的搜索方向向可行区域移动。

2.3.3 ε 约束处理法

ε 约束处理法最早在 2006 年由 Takahama 和 Sakai 提出[20]。由于可行性准则更倾向于选择可行个体，容易丢失一些优秀的不可行个体，使种群陷入局部最优解，针对其缺点，ε 约束处理法将 ε 值进行人为设定，通过采用不同的评价标准分别将可行个体和不可行个体的违反约束值划分到不同的区域，主要目的是对不可行个体进行放松，使得违反约束值较小和目标函数值较好的不可行个体也有机会留在种群，充分利用不可行个体中对种群有用的信息。ε 约束处理法采用一个分段函数评判不同个体的优劣：

$$\varepsilon(gen) = \begin{cases} \varepsilon(0)\left(1 - \dfrac{gen}{genc}\right)cp, & 0 < gen < genc \\ 0, & gen > genc \end{cases} \quad (2\text{-}29)$$

当个体 x_i 和 x_j 进行比较时，当且仅满足式（2-30）所示情况，x_i 优于 x_j。

$$\begin{cases} f(x_i) < f(x_j), & \text{如果 } G(x_i) \leqslant \varepsilon \wedge G(x_j) \leqslant \varepsilon \\ f(x_i) < f(x_j), & \text{如果 } G(x_i) = G(x_j) \\ G(x_i) < G(x_j), & \text{其他} \end{cases} \quad (2\text{-}30)$$

式中，$f(x_i)$ 和 $f(x_j)$ 分别为个体 x_i 和 x_j 的代价函数值，$G(x_i)$ 和 $G(x_j)$ 分别为个体 x_i 和 x_j 的约束违反量。$\varepsilon(0)$ 是依照约束违反量升序排列的第 θ 个个体对应的值，这里 θ 一般取 $0.05\times NP$，NP 为种群规模，gen 为当前代数，$genc$ 是一个阈值，一般在 $[0.1\times\max gen$，$0.8\times\max gen]$，$\max gen$ 为最大代数，cp 为设定的常数，在 [2，10]。

参考文献

[1] 梁青，周璐，吕文凯，等. 基于自适应权重的三维 A* 路径规划改进算法 [J]. 西安邮电大学学报，2022，27（3）：84-89.

[2] 卞强，孙齐，童余德. 一种新的改进 A* 算法无人机三维路径规划 [J]. 武汉理工大学学报，2022，44（7）：80-88.

[3] 赵娟. 启发点引导 D* 算法扩展的无人机航迹规划策略 [J]. 机械设计与制造，2020（2）：153-157.

[4] 尹高扬，周绍磊，吴青坡. 基于改进 RRT 算法的无人机航迹规划 [J]. 电子学报，2017，45（7）：1764-1769.

[5] 王庆禄，吴冯国，郑成辰，等. 基于优化人工势场法的无人机航迹规划 [J]. 系统工程与电子技术，2023，45（5）：1461-1468.

[6] ROBERGE V, TARBOUCHI M, LABONTE G. Comparison of parallel genetic algorithm and particle swarm optimization for real-time UAV path planning [J]. IEEE Transactions on Industrial Informatics, 2013, 9（1）：132-141.

[7] STORN R, PRICE K. Differential evolution - A simple and efficient heuristic for global optimization over continuous spaces [J]. Journal of Global Optimization, 1997, 11（4）：341-359.

[8] PRICE K, STORN R, LAMPINEN J. Differential evolution：A practical approach to global optimization [J]. Natural Computing, 2005, 141（2）.

[9] Kasbawati, Gunawan A Y, Sidarto K A, et al. Differential evolution -a simple and efficient adaptive scheme for global optimization over continuous spaces [C]. Whfreeman, 2015.

[10] DAS S, MULLICK S S, SUGANTHAN P N. Recent advances in differential evolution - An updated survey [J]. Swarm and Evolutionary Computation, 2016, 27：1-30.

[11] QIN A K, HUANG V L, SUGANTHAN P N. Differential evolution algorithm with strategy adaptation for global numerical optimization [J]. IEEE Transactions on Evolutionary Computation, 2009, 13（2）：398-417.

[12] 范宇凌. 差分进化算法研究及应用 [D]. 泉州：华侨大学，2019.

[13] DORIGO M, GAMBARDELLA L M. Ant colony system: A cooperative learning approach to the traveling salesman problem [J]. IEEE Transactions on Evolutionary Computation, 1997, 1 (1): 53-66.

[14] DORIGO M, BIRATTARI M, STUTZLE T. Ant colony optimization [J]. IEEE Computational Intelligence Magazine, 2006, 1 (4): 28-39.

[15] KARABOGA D, BASTURK B. A powerful and efficient algorithm for numerical function optimization: Artificial bee colony (ABC) algorithm [J]. Journal of Global Optimization, 2007, 39 (3): 459-471.

[16] WANG H, WANG W J, XIAO S Y, et al. Improving artificial Bee colony algorithm using a new neighborhood selection mechanism [J]. Information Sciences, 2020, 527: 227-240.

[17] WANG B C, LI H X, FENG Y, et al. An adaptive fuzzy penalty method for constrained evolutionary optimization [J]. Information Sciences, 2021, 571: 358-374.

[18] DEB K. An efficient constraint handling method for genetic algorithms [J]. Computer Methods in Applied Mechanics and Engineering, 2000, 186 (2/3/4): 311-338.

[19] 郑志帅. 基于改进差分算法的无人机航迹规划研究 [D]. 郑州：中原工学院，2021.

[20] TAKAHAMA T, SAKAI S. Constrained optimization by the ε constrained differential evolution with gradient-based mutation and feasible elites [C]//2006 IEEE International Conference on Evolutionary Computation. July 16-21, 2006, Vancouver, BC, Canada. IEEE, 2006: 1-8.

第3章 基于目标攻击的单无人机路径规划方法

单无人机路径规划算法是无人机航迹规划的重要工具，高效的规划算法能够快速、精准地找到可靠的解，对于求解航迹规划问题起到事半功倍的效果。传统规划算法具有一些局限性：计算过程较为复杂，耗时较长；难以有效解决高维、多约束的复杂问题；收敛速度过慢和收敛效果较差。群智能进化算法因为具有智能化、简洁化和高效化等特点逐渐被引入各行各业[1]，如电网调度、参数优化和模式识别等工程领域的优化问题。

在本章3.1节中，将结合几种具备不同功能的策略用于改善算法的性能；对于约束条件，将其转化成目标函数，构造成多目标优化问题，再采用线性加权的方法将其转化成单目标优化问题，这样做的目的是将无人机航迹规划问题转化为无约束优化问题，通过四种具备不同复杂度的场景验证改进差分算法在解决无约束航迹规划问题方面的性能；在3.2节中，采用集成约束处理技术为具有复杂约束的实际问题的求解提供了新的思路，该方法是选择性地、合理地融合不同类型的约束处理方法，有针对性地求解所面临的问题，并取得较好的效果。

3.1 基于改进差分算法的无人机路径规划方法

差分算法虽然具有收敛速度快、高效处理复杂问题的特点，但是仍然存在一些缺点，当控制参数的大小设置不合理时会导致种群收敛迟滞陷入局部最优。因此，需要采用合理的手段对其改进以提升性能，在本节中，我们采用多种群策略、自适应参数策略和交互变异策略对基本差分算法进行了改进。通过上述策略令种群中个体之间达到信息共享和控制参数实现自适应等特点，最终差分算法在具备优越的收敛性能的同时，也获得了多样性和鲁棒性。

3.1.1 问题描述与模型构建

在本节中，假设固定翼军事无人机在一个已知的三维静态战争环境下的航迹规划，即所有的障碍和威胁都是已知的，且在飞行过程中不存在突发威胁。无人机的任务是从起点飞向目标点。假设无人机在飞行过程中保持恒定的速度，必须以最短的时间尽可能安全地穿越复杂的作战环境，避开一些障碍物、军事威胁、联合国禁飞区（No-Fly Zone，NFZ）等。无人机的飞行需要一个最优或接近最优的飞行路径规划，即离线路径规划。这里的地形地貌是一个由数学模型生成的虚拟场景。为了方便描述作战环境，建立了二维笛卡尔坐标系（图3-1）。

坐标系中的 X 轴和 Y 轴在水平面上。我们分别以 $S(x_s, y_s, z_s)$ 和 $G(x_g, y_g, z_g)$ 定义无人机的起点和终点，在起点 S 和终点 G 之间共有 N 个航迹点，如图3-1所示。环境中的所有几何图形均代表各种威胁，如禁飞区（矩形）、雷达（圆柱形）和大炮（圆柱形）。在规划过程中，无人机的航迹一般采用从 S 到 G 之间的 N 个航迹点连接来表示，这里简化为 $P=\{S,$

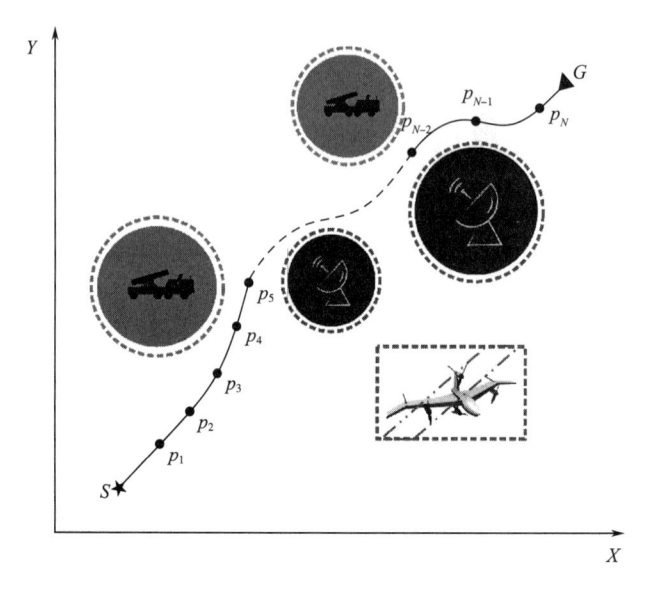

图 3-1　无人机飞行路径二维示意图

$p_1,p_2,\cdots,p_N,T\}$，$p_1,p_2,\cdots,p_N$ 对应 N 个航迹点，路径点 p_i 的坐标为 $w_i:(x_i,y_i,z_i)$。因此简单来说，无人机飞行路径的规划可以认为是航迹点位置的优化，通过变换路径上的航迹点来避开威胁、减少威胁代价，寻找最近的路线。

地形环境建模是航迹规划中的一个重要环节，构建合理的环境模型有助于航迹的求解。常采用的环境建模方法如下。

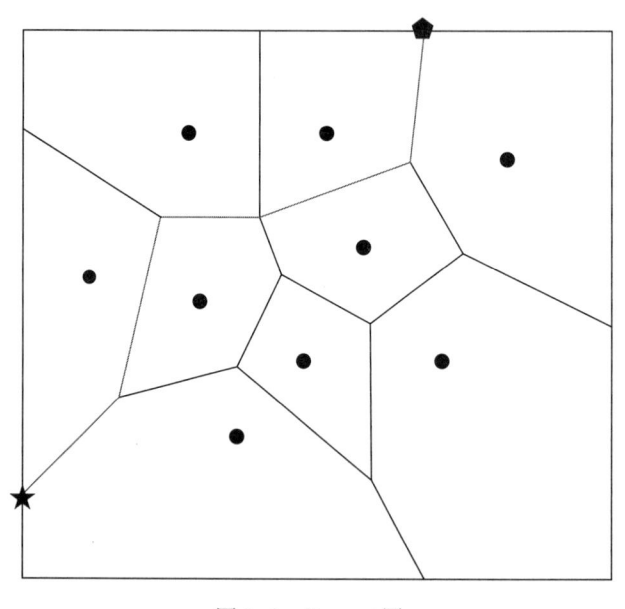

（1）Voronoi 图

Voronoi 图相邻点连线的垂直平分线在给定范围空间形成构造，又叫 Dirichlet 图[2]，它可以有效地通过拓扑结构将地理信息表现出来，如图 3-2 所示。

图 3-2　Voronoi 图

图中五角星和五边形分别代表起点和终点,图中的黑色圆点为威胁中心点,距离威胁中心越远的路线越安全,经过最终搜索找到的红色轨迹代表最终路线。但是 Voronoi 图法多用于二维环境的规划,如机器人和智能小车的路径规划。当面对无人机这种在三维环境下工作的情况时难以处理。

(2) 栅格数字高程模型

数字高程模型(Digital Elevation Model,DEM)是一种常用的环境建模方法[3],分别以三种不同形式表现:规则格网、不规则三角网和等高线。其中规则格网又叫栅格法,其应用最为广泛。原理是先将无人机的任务环境划分成大小相等的单元网格,然后通过相应的数学模型给每个单元分配一个高程值,最终以离散格网表示真实的连续地面。

根据该方法首先构建基准地形,然后对山体建模,建模公式如下:

$$Z(x_i, y_i) = \sum_{i=1}^{m} H_i \times \exp\left[-\left(\frac{x-x_i}{x_{si}}\right)^2 - \left(\frac{y-y_i}{y_{si}}\right)^2\right] \tag{3-1}$$

式中,(x_i, y_i) 为第 i 座山峰的平面坐标;$Z(x_i, y_i)$ 为第 i 座山峰的高度;m 为山峰的数量;H_i 为第 i 座山峰的最大高程值;x_{si} 和 y_{si} 分别为第 i 座山峰分别沿 x 轴和 y 轴的高度衰减量,该值越小形成的山峰越陡峭,该值越大形成的山峰越平缓。然后将其与基准地形进行累加得到最终环境模型,图 3-3 给出了用式(3-1)得到的三维环境的模型。

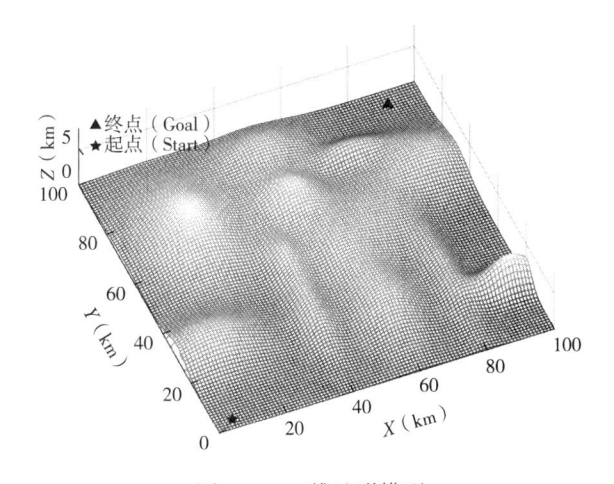

图 3-3 三维地形模型

(3) 雷达威胁模型

雷达是军事活动中常见的基础设备,其重要的属性包括扫描半径和扫描精度,经常被用于海域搜索船只和空域监测飞机等。在无人机路径规划中经常采用圆柱体表示雷达模型,存在威胁中心、威胁半径和威胁等级三个属性,如图 3-4 所示。

图 3-4 中 R_{t_r} 表示雷达的最大扫描半径,d_r 表示雷达威胁中心到无人机相邻两个路径点的连线的垂直距离。雷达的扫描概率主要取决于 d_r 和 R_{t_r} 之间的距离,具体表达公式如下:

$$F_{\text{Radar}} = \begin{cases} 0 & , d_r \geq R_{t\_r} \\ \left(\dfrac{k}{d_r}\right)^4 & , d_r < R_{t\_r} \end{cases} \tag{3-2}$$

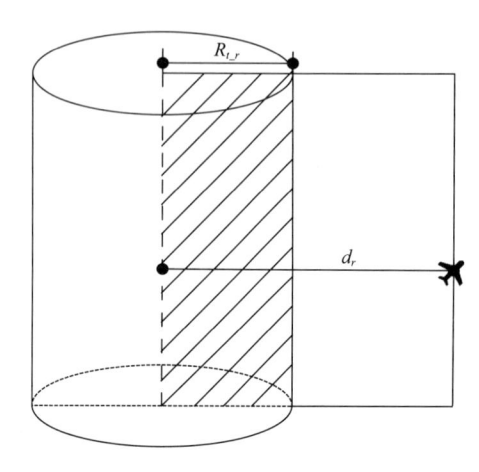

图 3-4　雷达模型

式中，F_{Radar} 为扫描概率；k 为雷达的威胁等级。由式（3-2）可知，当无人机与雷达威胁中心的距离大于雷达的最大扫描半径时，无人机处于安全状态，不会被雷达检测到；当无人机与威胁中心的距离小于雷达的最大扫描半径时，无人机有被检测到的概率。通过公式能够看出，距离越近，被检测到的概率越大。

（4）火炮威胁模型

火炮是威胁无人机安全飞行的主要设施，与雷达模型不同的是，它对无人机存在的是杀伤概率，在相关的研究中，火炮的模型与雷达威胁的模型类似，都是以圆柱体的形式展示的。火炮威胁模型的杀伤概率计算公式如下：

$$F_{\text{Artillery}} = \begin{cases} 0, & d_a \geq R_{t\_a} \\ \dfrac{(R_{t\_a})^4}{(R_{t\_a})^4 + (d_a)^4}, & d_a < R_{t\_a} \end{cases} \tag{3-3}$$

式中，$F_{\text{Artillery}}$ 为火炮的杀伤概率；R_{t_a} 为火炮的最大杀伤半径；d_a 为火炮威胁中心到无人机相邻两个路径点的连线的垂直距离。由式（3-3）可知，当无人机与火炮威胁中心的距离大于火炮的最大杀伤半径时，无人机处于安全状态；当无人机与火炮威胁中心的距离小于火炮的最大杀伤半径时，无人机有被火炮击落的概率。

（5）禁飞区模型

禁飞区是无人机不能踏足的区域，该区域通常情况下难以用具体的数学模型表示，如风暴云团和未知区域[4,5]。在本节中，假设禁飞区在三维环境中以长方体表示，并通过式（3-4）表示禁飞区代价：

$$F_{\text{No-fly}} = \begin{cases} 1, & \text{计 } x_l^{\text{NFZ}} \leq x_i \leq x_u^{\text{NFZ}},\ y_l^{\text{NFZ}} \leq y_i \leq y_u^{\text{NFZ}} \\ 0, & \text{否则} \end{cases} \tag{3-4}$$

式中，x_l^{NFZ} 和 x_u^{NFZ} 分别为禁飞区在 x 坐标上的下限值和上限值；y_l^{NFZ} 和 y_u^{NFZ} 分别为禁飞区在 y 坐标上的下限值和上限值；$F_{\text{No-fly}}$ 表示禁飞区对于无人机的威胁代价。由式（3-4）可知，当无人机航线上的路径点处于禁飞区里面或在其边界上时，对无人机造成严重的损害，代价值为 1；当无人机航线上的路径点处于禁飞区外面时，对无人机并未造成伤害，代价值为 0。

综上所述，主要是环境模型的构建，包含山体模型、雷达模型、火炮模型和禁飞区模型，通过 MATLAB 软件平台对其进行仿真建模，如图 3-5 所示。该示意图建立在 100km×100km 的栅格上，图中绿色圆柱体代表雷达威胁，浅褐色圆柱体代表火炮威胁，红色长方体代表禁飞区，红色五角星和红色三角形分别是起点和终点。

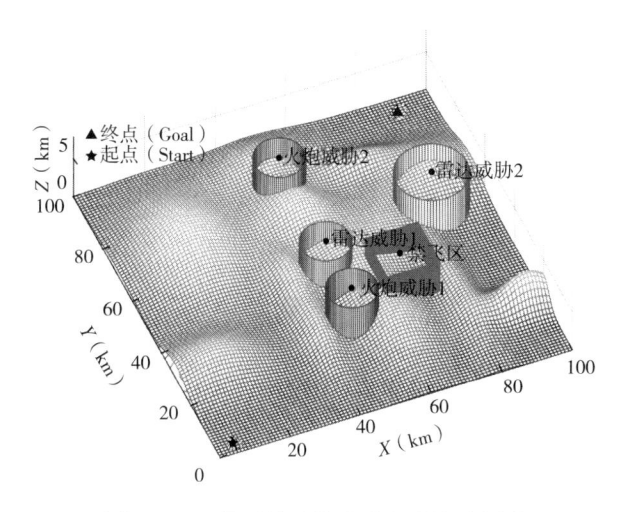

图 3-5　三维环境下的地形和威胁示意图

（6）代价函数建模

对于无人机的航迹规划，主要考虑的代价是航程代价和高度代价。通常来说，航程越短，无人机的油耗越少，保证其经济效益；再者，无人机的飞行高度在保证不与山体和地形发生碰撞的前提下，通常来说高度越低，无人机越不容易被敌人发现，而且同样起到降低油耗的作用。

（7）航程代价

无人机的航程是多个航迹段长度值的累加，因此本书主要通过优化航迹点的位置保证每个航迹段在满足约束的条件下达到最短，进而获得最短的整段航程。具体的航程代价模型公式如下：

$$F_{\text{Length}} = \sum_{m=1}^{N+1} \frac{l_i}{L_{\text{EC}}} \tag{3-5}$$

$$L_{\text{EC}} = \sqrt{(x_g - x_s)^2 + (y_g - y_s)^2 + (z_g - z_s)^2} \tag{3-6}$$

式中，F_{Length} 为无人机的航程代价值；$N+1$ 为航迹段的数量；l_i 为第 m 个航迹段的长度（即从第 i 个路径点到第 $i+1$ 个路径点的距离）；L_{EC} 为起点 $S(x_s, y_s, z_s)$ 到终点 $G(x_g, y_g, z_g)$ 的欧式距离，具体的计算方法见式（3-6）。

从式（3-5）中可以看出无人机航程越短，分母不变，分子越小，则航程代价越小，甚至当航程直接是起点与终点的连线时，航程代价等于 1。但实际上由于山体地形的复杂性和各类威胁的存在，无人机的航程将远远大于起点与终点的欧式距离。

（8）高度代价

通常为了保证无人机飞行过程中的隐蔽性，无人机飞行时不能过高，应在一定距离范围内保持低空飞行。但是为了避免无人机与山体和地面发生碰撞，其飞行高度也不能过低。无人机的高度代价公式如下：

$$F_{\text{Height}} = \begin{cases} 1 & ,(H_{\text{UAV},i} - H_{\text{mou},i}) < 0 \\ 0 & ,0 \leq (H_{\text{UAV},i} - H_{\text{mou},i}) < H_{\max} ,i=1,2,\cdots,N+2 \\ \sum_{i=1}^{N+2} \dfrac{(H_{\text{UAV},i} - H_{\text{mou},i})}{N} & ,H_{\max} \leq (H_{\text{UAV},i} - H_{\text{mou},i}) \end{cases}$$

(3-7)

式中，F_{Height} 为无人机的高度代价值；$H_{\text{UAV},i}$ 为无人机在第 i 个路径点时的飞行高度值；$H_{\text{mou},i}$ 为山体或地面在第 i 个路径点的高度值；$H_{\max}$ 为无人机和山体或地面的最大安全距离值。

从式（3-7）中可以看出，当无人机的飞行高度值小于地面或山体的高度值时，现实情况下无人机已经与地面或山体发生了碰撞，所以无人机高度代价为1；当无人机的飞行高度值大于地面或山体的高度值且无人机飞行高度值小于地面或山体的高度值与最大安全距离值之和时，无人机高度代价为0；当无人机的飞行高度值与山体或地面的高度值之差大于最大安全距离时，无人机的高度代价值与无人机与山体或地面的高度值之差相关。

（9）约束条件建模

无人机路径规划实际上是一个多约束优化问题，主要指的是外部环境约束和无人机机体性能约束。外部环境约束在前面已经介绍过，包含雷达威胁约束、火炮威胁约束和禁飞区约束，这些约束限制着无人机的飞行路径。无人机机体性能约束主要包含偏航角约束和爬升角约束。

（10）偏航角约束

无人机在飞行过程中如果出现转弯，会存在一个偏航角（即与当前的航线出现偏离之后存在的一个夹角）。但是由于惯性作用，当无人机改变航行时，这个偏航角不能过大，换句话说，转弯半径不能过小，否则会对飞机自身造成一定的损害，因此无人机在飞行过程中的转弯半径不能小于 $r_{\min}$，即最小转弯半径。无人机飞行过程中的转弯半径计算公式如下：

$$L = (\boldsymbol{X}, \boldsymbol{Y}, \boldsymbol{Z}) \tag{3-8}$$

$$r_{cv} = \frac{\|\dot{L}\|^3}{\|\dot{L} \times \ddot{L}\|} \tag{3-9}$$

由前面假设包含起点和终点整条航迹共有 $N+2$ 个航迹点，则存在 $\boldsymbol{X}(x_1, x_2, \cdots, x_{N+2})$，$\boldsymbol{Y}(y_1, y_2, \cdots, y_{N+2})$ 和 $\boldsymbol{Z}(z_1, z_2, \cdots, z_{N+2})$ 是航迹上 $N+2$ 个航迹点的向量。这里 L 是参数方程，$\dot{L}$ 和 $\ddot{L}$ 分别是 L 的一阶导和二阶导。

偏航角代价公式为：

$$F_{\text{Yaw}} = \begin{cases} 0, & r_{\text{cur}} \geq r_{\min} \\ 1, & r_{\text{cur}} < r_{\min} \end{cases} \tag{3-10}$$

式中，F_{Yaw} 为偏航角代价值，当无人机当前的转弯半径大于最小转弯半径时，无人机的偏航角代价值为0；反之，无人机的偏航角代价值为1。

（11）爬升角约束

无人机的升力与飞行速度的平方成正比，爬升角度过大会造成失速现象。因此，无人机存在一个最大爬升角 $\gamma_{\max}$。图 3-6 为无人机爬升过程的简单模型，γ_i 为无人机的实时爬升角。

$$\gamma_i = \arctan\left(\frac{|z_{i+1} - z_i|}{\sqrt{(x_{i+1} - x_i)^2 + (y_{i+1} - y_i)^2}}\right), \quad i = 1, 2, \cdots, N+2 \quad (3-11)$$

图 3-6 中 A 和 B 是无人机航迹上的两个相邻的路径点，通过式（3-11）来计算无人机当前的爬升角。

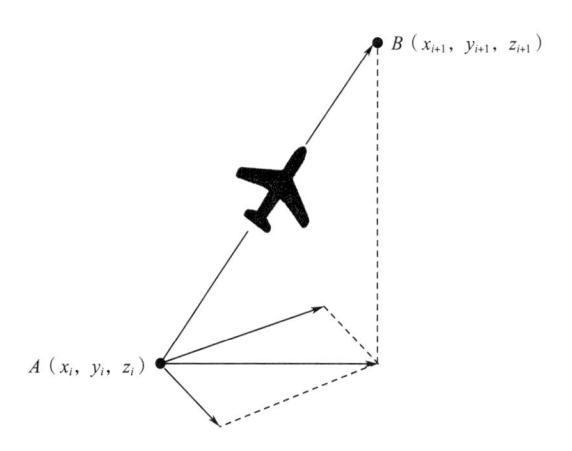

图 3-6　无人机的爬升过程示意图

无人机的爬升角成本公式为：

$$F_{\text{Climbing}} = \begin{cases} 1, & \gamma_i \geq \gamma_{\max} \\ 0, & \gamma_i < \gamma_{\max} \end{cases}, \quad i = 1, 2, \cdots, N+2 \quad (3-12)$$

这里的 F_{Climbing} 表示无人机的爬升角代价值，当无人机当前的爬升角代价值大于无人机存在的最大爬升角时，无人机出现失速现象导致无人机存在危险，此时无人机的爬升角代价值为 1；当无人机当前的爬升角代价值小于无人机存在的最大爬升角时，无人机处于安全飞行状态，此时无人机的爬升角代价值为 0。

（12）航迹平滑模型

通过对一系列路径点进行优化，得到一系列路径点，通过连接构建了一条无人机航路，但由于无人机的物理约束条件固定，得到的航路不能满足可飞行条件。因此，有必要引入一种可行的平滑策略。b 样条曲线法作为平滑策略被广泛用于解决路径平滑问题[6,7]。本节采用 b 样条曲线法对最优路径进行平滑处理。一般由控制点 P_i、b 样条基函数 $N_{i,p}(u)$ 和结向量 $\boldsymbol{U} = [u_0, u_1, \cdots, u_n]$ 组成。曲线方程为

$$S(u) = \sum_{i=0}^{n} P_i \times N_{i,p}(u), \quad 0 \leq u \leq u_{\max} \quad (3-13)$$

基函数 $N_{i,p}(u)$ 用德·布莱恩-考克斯递推公式更新，这里 k 为阶数。

$$\begin{cases} N_{i,0}(u) = \begin{cases} 1, \text{计 } u_i \leq u \leq u_{i+1} \\ 0, \text{否则} \end{cases} \\ N_{i,k}(u) = \dfrac{u - u_i}{u_{i+k-1} - u_i} \times N_{i,k-1}(u) + \dfrac{u_{i+k} - u}{u_{i+k} - u_{i+1}} \times N_{i+1,k-1}(u) \end{cases} \quad (3-14)$$

如图 3-7 所示，五个黑色路径点是平滑前的路径点，黑色航线是平滑前的航线，无人机难以按照该线飞行。在经过三次 b 样条插值处理之后，得到红色虚线的航迹，图中给出部分红色路径点。从图中可以看出，经过处理之后得到的航迹更加平滑连续，无人机的飞行过程更加安全。

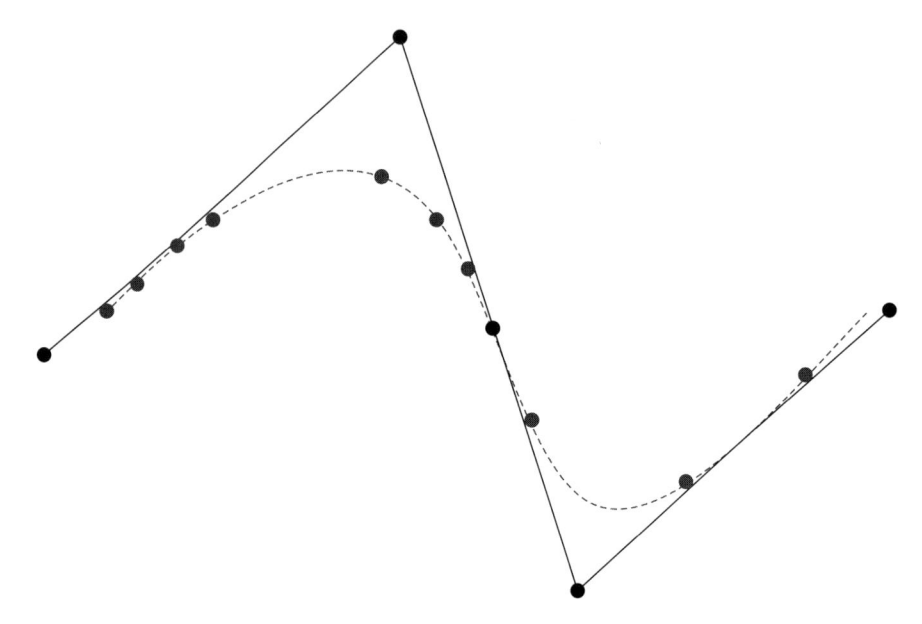

图 3-7　航迹平滑示意图

3.1.2　基于改进差分算法的规划方法

3.1.2.1　多种群策略

多种群策略是群智能进化算法常用的方法，有按照一定规律进行种群划分的，如依据适应度值将种群划分为两个种群（优势种群和劣势种群），采用这样的方法可以让种群中的个体在进化过程中有侧重点；也有研究者对种群进行随机划分，这样的做法在一定程度上可以维持种群的多样性。Wu 等人[8]在 2016 年提出将整个种群分为三个亚种群和一个奖励种群。本节工作中主要采用这样的种群分配方式。

通常情况下，每个变异策略的提出都是针对特定的问题情况，甚至是针对不同的进化过程阶段。因此，变异策略的高效组合是提升算法性能的关键因素之一。这里选择以下三种变异策略。

DE/rand/1：
$$V_i = X_{r1} + F_i \times (X_{r2} - X_{r3}) \tag{3-15}$$

DE/current-to-rand/1：
$$V_i = X_i + K \times (X_{r1} - X_i) + F_i \times (X_{r2} - X_{r3}) \tag{3-16}$$

DE/current-to-pbest/1：
$$V_i = X_i + F_i \times (X_{pbest} - X_i + X_{r1} - \tilde{X}_{r2}) \tag{3-17}$$

DE/rand/1 是经常被用到的变异策略，具有较强的鲁棒性，X_{r1}、X_{r2} 和 X_{r3} 分别是从当前种群中选择的三个互不相同的个体；DE/current-to-rand/1 采用旋转不变的算数交叉算子取代二项交叉算子，能够有效地解决旋转问题[9]，K 为组合系数，由 0~1 之间的均匀随机分布产生；DE/current-to-pbest/1 在解决复杂问题时更有效，X_{pbest} 是从当前种群中选取前 100×P%个体组成的候选池中选择，$\tilde{X}_{r2}$ 是从当前种群和外部存档集组合的群体中随机选择，该外部存档集由适应度值更好的子代组成，当收集的个体超过存档集的规模时，则从中随机去除一部分个体。种群初始化之后，被分为四个子种群，NP_1，NP_2，NP_3 和 NP_4。其中 NP_1，NP_2 和 NP_3 的种群规模是一样的并小于 NP_4 的规模，NP_4 被称为奖励子种群。迭代开始后，奖励子种群被随机分给某一个子种群中，当经过一个变异策略评估周期后，由用户设定周期值。依据每个变异策略的性能提升率 Pr 来重新进行种群再分配，提升率计算方式为

$$Pr = \frac{\Delta f_i}{\Delta Fes_i} \tag{3-18}$$

式中，Δf_i 和 ΔFes_i 分别表示第 i 个变异策略在评估周期内的适应度值累计提升值和评价次数。这样的操作可将更多的计算资源分配到更高效的变异策略上。图 3-8 是在一个评估周期后种群进行再分配的简单示意图。

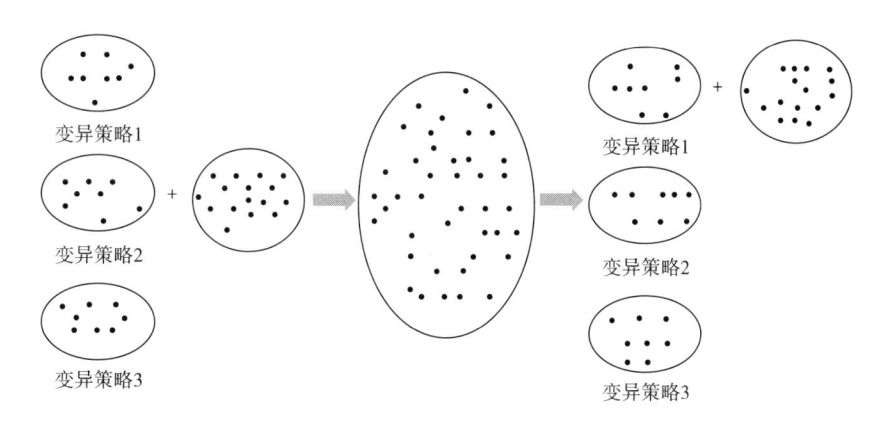

图 3-8 种群分配示意图

3.1.2.2 基于教与学的参数自适应

合适的控制参数对于差分算法来说是极其重要的，目前来说最常用到的是自适应参数法，本节通过利用教与学优化算法[10]来自适应调整控制参数 F 和 CR。教与学优化（Teaching-Learning-Based Optimization，TLBO）算法同样是一种基于群体的算法，其灵感源于课堂教学过程。教学过程分为教阶段和学阶段。教阶段是向教师学习，学阶段是通过学习者之间的互动进行学习。具体操作过程如下。

（1）教阶段

在这一阶段，教师通过向学生传授知识，从而提高全体学生的水平。在本次迭代中，将班级的均值设计为 M_i，定义适应度值最好的学习者为设定为教师 T_i。此时，教师将引导学生朝着自己的水平提升，将教师作为班级全体学生新的平均值 M_{new}，之前的班集体均值 $M_i = M_{old}$，然后根据式（3-19）计算当前成绩均值和新的成绩均值的差距。

$$D_{if\_mean} = r \times (M_{new} - T_F \times M_{old}) \tag{3-19}$$

式中，T_F 称为教学因子，用来控制均值差的大小，取值从 1 和 2 中随机选择，r 在 [0, 1] 中随机选择。

然后根据 D_{if_mean} 更新当前学生们的状态，更新为式（3-20）。$X_{i,new}$ 和 $X_{i,old}$ 分别表示第 i 个学生从教师那里获得知识前后的状态。

$$X_{i,new} = X_{i,old} + D_{if\_mean} \tag{3-20}$$

（2）学阶段

在上述的教阶段中，学生们主要从教师那里获得知识，除此之外，学生们之间还可以互相学习。在该阶段中，任何一个学生可以从除他之外的学生中随机选择一个学生并与之讨论来达到学习的过程。交互学习的公式为

$$X_{i,new} = \begin{cases} X_{i,old} + r \times (X_i - X_j), & \text{如果 } f(X_i) < f(X_j) \\ X_{i,old} + r \times (X_j - X_i), & \text{否则} \end{cases} \tag{3-21}$$

式中，X_i 和 X_j 是从当前种群中随机选择的两个学习者，$X_{i,new}$ 和 $X_{i,old}$ 分别是第 i 个学生在和其他学生交互学习前后的状态。如果在该阶段得到的个体能够具备更好的成绩（即适应度值），则接受个体 $X_{i,new}$。

经过上述过程分析，本节中将采用简化的教与学中的教阶段来自适应控制参数 F 和 CR。通过寻找优化缩放因子和交叉概率在当前种群中的最优值（对应着表现最优的个体，即适应度值最小的个体），依据该值对种群中的所有缩放因子和交叉概率进行更新，实则是对种群中的个体进行间接的优化。具体的更新公式如下：

$$D_{if\_meanF} = M_{newF} - M_{oldF} \tag{3-22}$$

$$F_{i,G+1} = F_{i,G} + D_{if\_meanF} \tag{3-23}$$

$$D_{if\_meanCR} = M_{newCR} - M_{oldCR} \tag{3-24}$$

$$CR_{i,G+1} = CR_{i,G} + D_{if\_meanCR} \tag{3-25}$$

式中，M_{newF} 是种群中适应度值最好的个体对应的缩放因子，M_{oldF} 是整个种群对应的缩放因子的算术平均值，M_{newCR} 是种群中适应度值最好的个体对应的交叉概率，M_{oldCR} 是整个种群对应的交叉概率的算术平均值，然后分别根据式（3-22）和式（3-24）更新 $G+1$ 代个体对应的缩放因子和交叉概率，通过这样的方式使控制参数自适应调整。

3.1.2.3　交互变异策略

在前面所述的多种群操作中，已经引入了三种变异策略，DE/rand/1、DE/current-to-rand/1 和 DE/current-to-pbest/1。这样的做法在一定程度上导致亚种群各自独立进化，进一步影响信息的有效利用。因此在本研究中，我们引入了交互变异策略。在变异阶段采用交互变异策略，在三个亚种群中共享信息。每个亚种群都被分配了一种变异策略。变异策略共享来自三个不同亚种群的三个个体，以保持进化过程中的相互作用。相应的三种策略如下。

DE/current-to-pbest/1：

$$\boldsymbol{V}_{i,G} = \boldsymbol{X}_{i,G} + F_i \times (\boldsymbol{X}_{pbest,G} - \boldsymbol{X}_{i,G} + \boldsymbol{X}_{r1,G} - \tilde{\boldsymbol{X}}_{r2,G}) \tag{3-26}$$

DE/current-to-rbest/1：

$$\boldsymbol{V}_{i,G} = \boldsymbol{X}_{i,G} + K_i \times (\boldsymbol{X}_{rbest,G} - \boldsymbol{X}_{i,G}) + F_i \times (\boldsymbol{X}_{rbest,G} - \boldsymbol{X}_{rworst,G}) \tag{3-27}$$

DE/rworst-to-rbest/1：
$$V_{i,G} = X_{\text{rbest},G} + F_i \times (X_{\text{rmedian},G} - X_{\text{rworst},G}) \quad (3-28)$$

考虑到 DE/current-to-pbest/1 在解决复杂问题上所表现出来的高效性，并没有对其改进，主要的变化是在 DE/current-to-rand/1 和 DE/rand/1 上。前面已经介绍了三种变异策略相关的参数信息，这里不再赘述。得到 X_{rbest}、X_{rmedian} 和 X_{rworst} 的方法如下，首先从三个不同的子种群中各自随机选择一个个体，然后对选择出来的个体依据适应度值的大小进行排序，最好的个体记作 X_{rbest}，最差的记作 X_{rworst}，剩下的那个记作 X_{rmedian}。

以标准差分算法为基础，在上述三种策略的组合下构建多策略融合差分算法 MSFDE，具体的操作步骤如下。

步骤1：设置种群数量 NP，最大迭代次数 $G_{\max}$，评估周期 ng，设定子种群的规模大小等。

步骤2：初始化种群，并进行种群划分和奖励子种群的分配，产生控制参数 F 和 CR 的初始值。

步骤3：计算适应度值，并根据式（3-22）~式（3-25）更新缩放因子 F 和交叉概率 CR。

步骤4：根据式（3-26）~式（3-28）的变异策略更新个体。

步骤5：计算更新后个体的适应度值，进行选择操作。

步骤6：查看是否满足一个评估周期，如果满足，种群重新分配；否则，继续。

步骤7：查看是否达到最大迭代次数，如果达到，则程序终止；否则，重复操作步骤3~步骤7。图 3-9 是所提算法 MSFDE 的流程图。

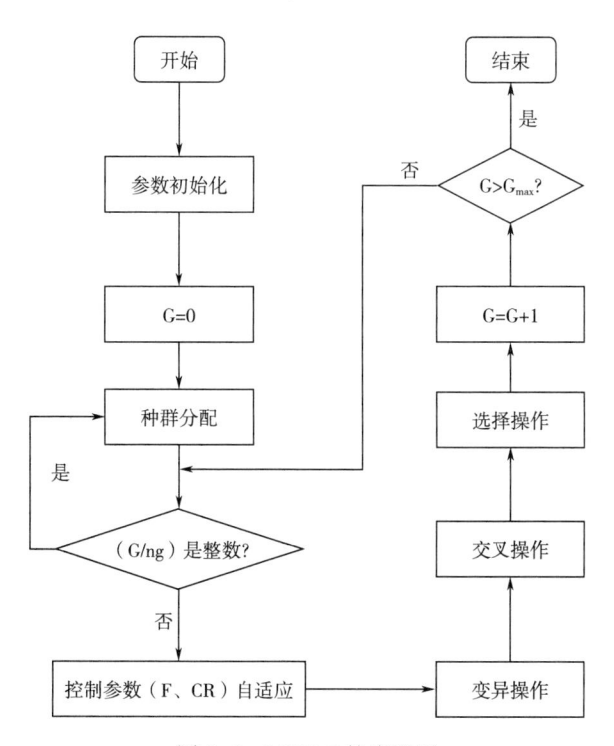

图 3-9　MSFDE 的流程图

3.1.3 结果与分析

我们已经对无人机路径规划相应的目标代价和约束条件进行了数学建模。在路径规划过程中，利用线性加权和法将有约束的优化问题转化为无约束问题，这种方法一般用于处理现实世界的优化问题[11]。将一个整体目标函数作为候选路径的评价函数，可写为：

$$F_{\text{Whole}} = w_1 \times (F_{\text{Radar}} + F_{\text{Artillery}} + F_{\text{No-fly}}) + w_2 \times F_{\text{Length}} + w_3 \times F_{\text{Height}} + w_4 \times F_{\text{Yaw}} + w_5 \times F_{\text{Climbing}} \quad (3-29)$$

式中，F_{Whole} 包含 7 个目标函数，包括雷达威胁、火炮威胁、NFZ 威胁、飞行航程代价、偏航角代价、爬升角代价和飞行高度代价。一般来说，雷达、火炮和 NFZ 代价被归为威胁代价。w_1、w_2、w_3、w_4 和 w_5 为对应代价函数的权重因子，它们存在如下关系：$w_1=w_2=w_3=w_4=w_5=0.2$ 和 $w_1+w_2+w_3+w_4+w_5=1$。

为了验证所提的改进算法在求解无人机航迹规划问题的性能，我们通过栅格方法构建三维（3D）任务环境，将 x、y 平面划分为 100×100，长度单位为 1km×1km。高度范围是（0, 8），间隔单位是 1km。表 3-1 显示了不同场景的相关参数。我们通过变化各种威胁源的数量和在任务环境中的分布位置，构造出四种具备不同级别的场景（级别越高，威胁和飞行区域就越复杂）。无人机的相关性能参数设置为：$r_{\min}=30$，$\gamma_{\max}=p_i/6$，$H_{\max}=1.2$。

该仿真是在装有 Intel® Core™i5-7200U CPU @ 2.50GHz，12.0GB RAM 和 Windows10 64 位操作系统的计算机上执行的，仿真平台是 MATLAB R2014b。

表 3-1 场景参数设置

场景	起点	终点	威胁类别						
			雷达			火炮			禁飞区
			中心	半径	等级	中心	半径	等级	
1	(5, 3, 0.1)	(90, 95, 0.1)	(35, 60)	7	6	(50, 30)	7	10	无
			(85, 60)	10	5	(50, 80)	7	8	
2	(5, 3, 0.1)	(90, 95, 0.1)	(35, 60)	7	6	(50, 30)	7	10	无
			(85, 60)	10	5	(50, 80)	7	8	
			(20, 70)	7	7	(70, 75)	8	9	
3	(5, 3, 0.1)	(90, 95, 0.1)	(35, 60)	7	6	(50, 30)	7	10	—
			(85, 60)	10	5	(50, 80)	7	8	(60, 30) (75, 30)
			(20, 70)	7	7	(70, 75)	8	9	(60, 45) (75, 45)
			—	—	—	(50, 48)	7	5	—
4	(5, 3, 0.1)	(90, 95, 0.1)	(35, 60)	7	6	(50, 30)	7	10	(60, 30) (75, 30)
			(85, 60)	10	5	(50, 80)	7	8	(60, 45) (75, 45)
			(20, 70)	7	7	(70, 75)	8	9	(50, 55) (70, 55)
			(30, 30)	8	8	(50, 48)	7	5	(50, 65) (70, 65)

在本节中总共选择了五种智能进化算法（即 DE[12]，IBA[13]，GWO[14]，SaDE[15] 和 MPEDE[8]）与 MSFDE 进行比较。DE 是差分算法的标准版，并没有添加任何改进措施；IBA 是由 Wang 等人在 2016 年提出的蝙蝠算法的一种改进算法，将差分算法中的变异操作结合到蝙蝠算法的个体更新中，以此提升蝙蝠算法性能，并且笔者已经将其应用于三维环境下的无人机航迹规划，与标准的蝙蝠算法对比发现，IBA 取得了更好的效果，在收敛能力上表现出极好的优越性；GWO 是 Mirjalili 等人于 2014 年提出的一种新的群智能优化算法，基于狼群捕食的行为，在与粒子群算法、DE、引力搜索算法（Gravitational Search Algorithm，GSA）等算法的比较中表现出良好的鲁棒性和收敛性，该算法在无人机航迹规划问题上也存在相关的文献；SaDE 和 MPEDE 都是采用不同改进方法得到的 DE 变体，针对不同的约束优化问题表现出极好的性能。

MSFDE 的参数设置如表 3-2 所示。对于其他比较算法的参数设置如下，DE 的 CR 是 0.9，F 是 0.5。IBA 和 GWO 的参数根据对应的参考文献 [13] 和 [14] 设置。对于 SaDE 的控制参数，CR 由正态分布函数 $N(CR_m, 0.1)$ 随机生成，CR_m 的初始值为 0.9，之后的 CR 根据算法中的策略进行自适应更新；F 同样由正态分布随机生成，平均值为 0.5，标准差为 0.3。对于 MPEDE 来说，将整个种群分为四个子种群，即 NP_1、NP_2、NP_3 和 NP_4。其中前三个子种群的种群规模大小相同且为 40，而 NP_4 作为奖励子种群，其种群数量为 80。为了保证实验的公平性，其他比较算法都具有与 MSFDE 算法相同的种群大小和最大迭代次数，并且为了尽量避免因为随机性对算法性能造成的影响，所有算法在这 4 个测试场景中均独立运行 30 次。

表 3-2　MSFDE 算法的参数设置

参数	设定值
种群数量	200
子种群数量	40
奖励子种群	80
缩放因子初始均值	0.5
缩放因子初始方差	0.1
交叉概率初始均值	0.5
缩放因子初始均值	0.1
最大迭代次数	300
变异策略评估周期	40

场景 1：该场景中包含基准地形，雷达威胁（即 Radar1 和 Radar2）和火炮威胁（即 Artillery1 和 Artillery2）。参考相关文献资料及本节所构建的数学模型，其中雷达和火炮威胁的形状以圆柱体表示，绿色圆柱体代表雷达，棕色圆柱体代表火炮。这些威胁在任务空间中的分布比较稀疏，且没有集中在起点到目标的直线上或者附近（图 3-10），属于四种场景中最

为简单的航迹规划环境。

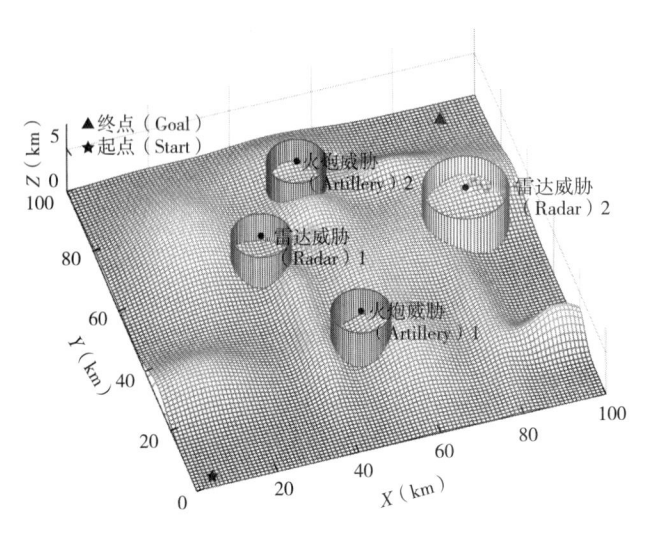

图 3-10 场景 1 示意图

图 3-11 中的（a）和（b）给出了场景 1 中 GWO、IBA、DE、SaDE、MPEDE 和 MSFDE 在 30 次飞行中所规划的最佳航迹，分别为三维视图和俯视图。显然，这六种算法都可以优化得到能够满足约束条件的可行路径，这一点从图 3-12 中可以看出来。

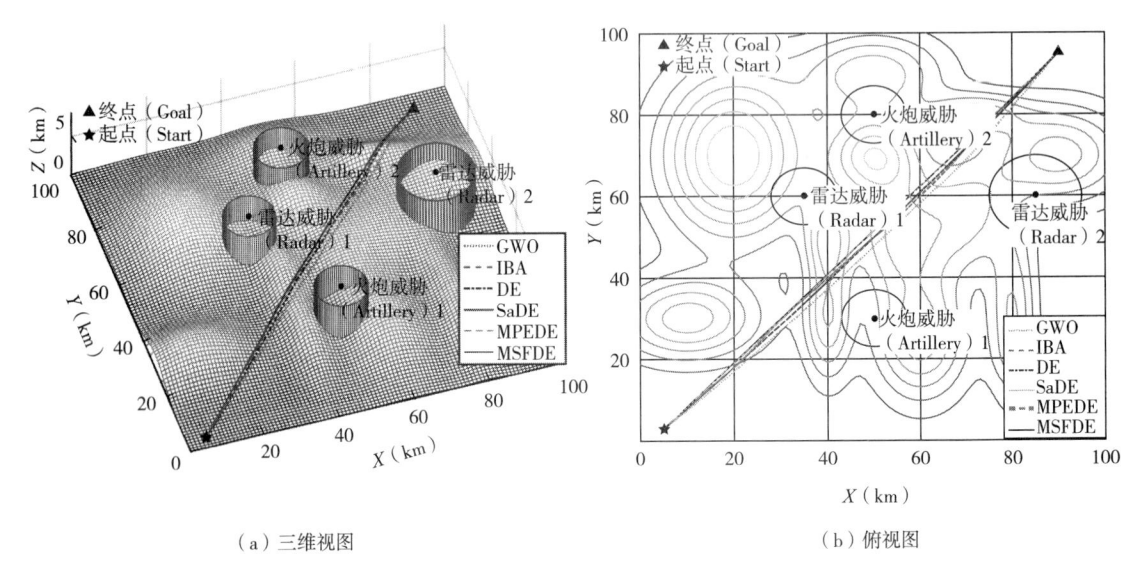

（a）三维视图　　（b）俯视图

图 3-11 场景 1 中 GWO、IBA、DE、SaDE、MPEDE 和 MSFDE 规划的无人机路线

图 3-12 是场景 1 中 GWO、IBA、DE、SaDE、MPEDE 和 MSFDE 获取的无人机路径的垂直剖面图，图中不同算法配置不一样的颜色分别与当前场景的路线颜色相对应，而且接下来的几个场景均这样设置。x 轴为无人机从起点到目标点的航迹长度，y 轴为无人机的飞行高度，图中的实心圆点表示航迹的路径点，从图中可以观察到，所有无人机航迹的飞行高度均

高于地形高度，为无人机提供了一个安全的飞行高度。

(a) GWO

(b) IBA

(c) DE

(d) SaDE

(e) MPEDE

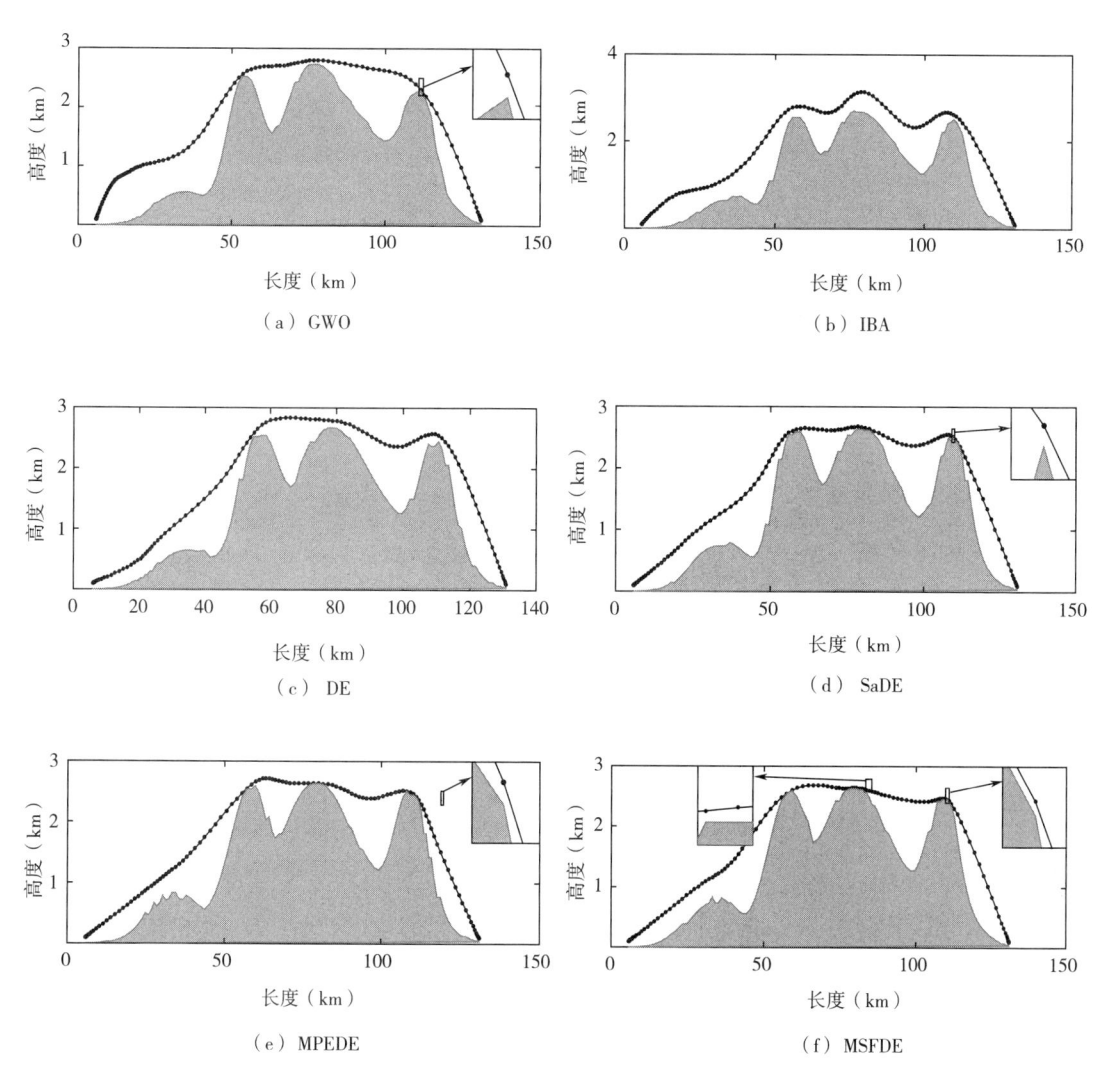

(f) MSFDE

图 3-12　场景 1 中所有算法规划的无人机路线的垂直坡剖面图

图 3-13 表示的是最佳适应度值的收敛曲线，从收敛曲线上可以看到 GWO、IBA 和 DE 的收敛速度较慢，且适应度值较大，代表无人机在飞行过程中所消耗的代价较大。其中 MPEDE、SaDE 和 MSFDE 三种算法的收敛速度都比较快，且取得了不错的适应度值，所提出的改进算法 MSFDE 获得了所有算法中最小的适应度值，即 0.200330，验证了 MSFDE 高效的收敛能力。

场景 2：该场景的复杂程度是要高于场景 1 的，我们在场景 1 的基础上增加了雷达和火炮威胁的数量（即图 3-14 中的雷达威胁 3 和火炮威胁 3），并且有意地将火炮威胁（Artillery）3 的位置安排到连接起点和终点的直线附近。这样设置的原因是使其在飞行过程中出现抉择的情况，存在增大飞行航程的结果可能，以增加场景 2 的复杂性，区别 MSFDE 和其他规划算法。

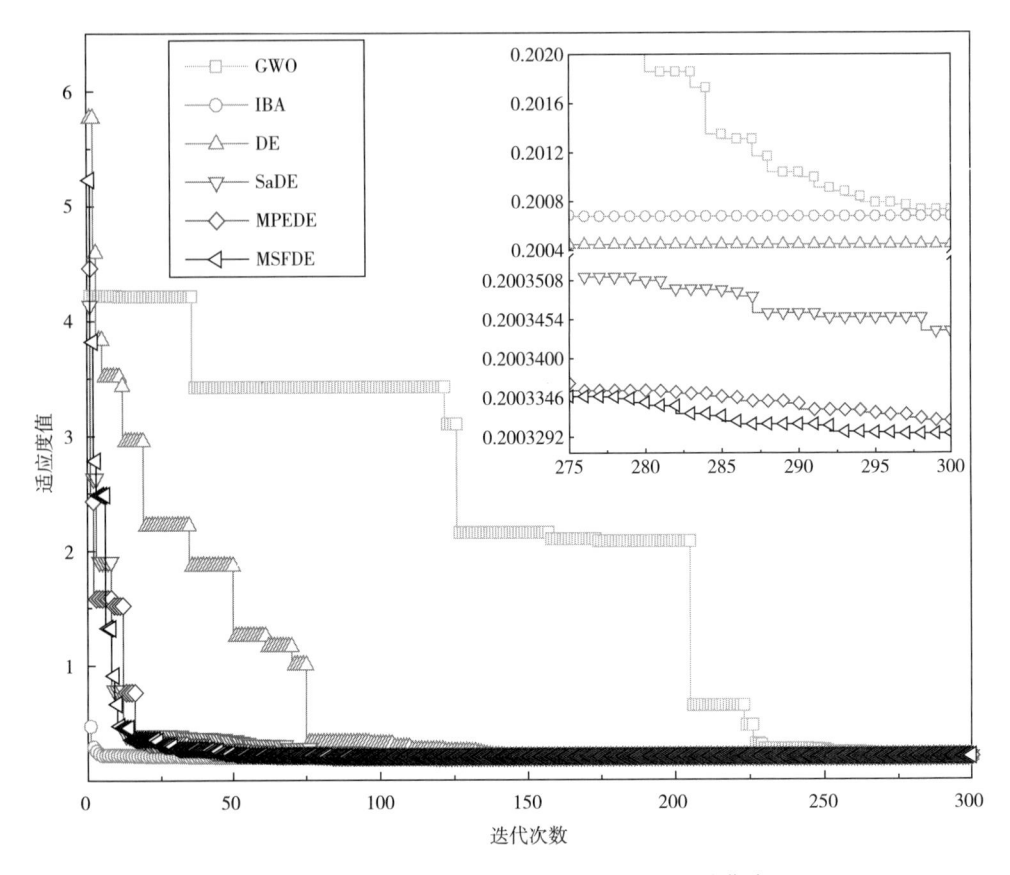

图 3-13　场景 1 中所有算法所得最好解的收敛曲线

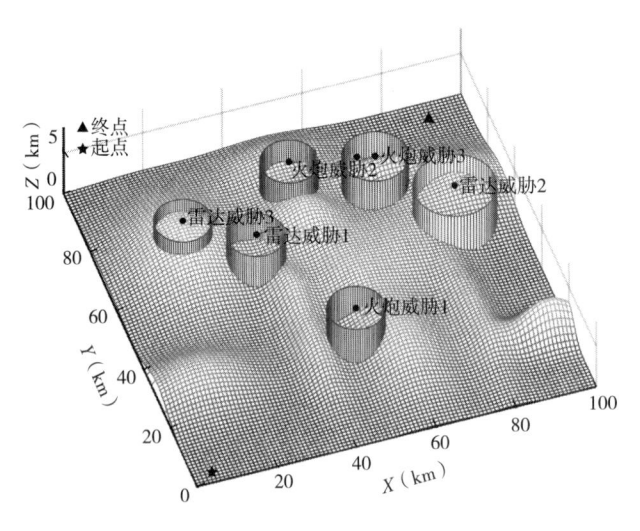

图 3-14　场景 2 示意图

图 3-15 为场景 2 中所有算法所规划的无人机航迹，从图中可以看出所有算法均选择了火炮威胁（Artillery）3 的右边飞行，这些路线不光成功地避开了威胁，而且得到了相较于选择左边更短的飞行航程。图 3-16 是所有算法在场景 2 中规划得到的航迹飞行垂直剖面图，同样

从图中可以看出所有算法得到的无人机航迹均保持在安全的飞行高度。

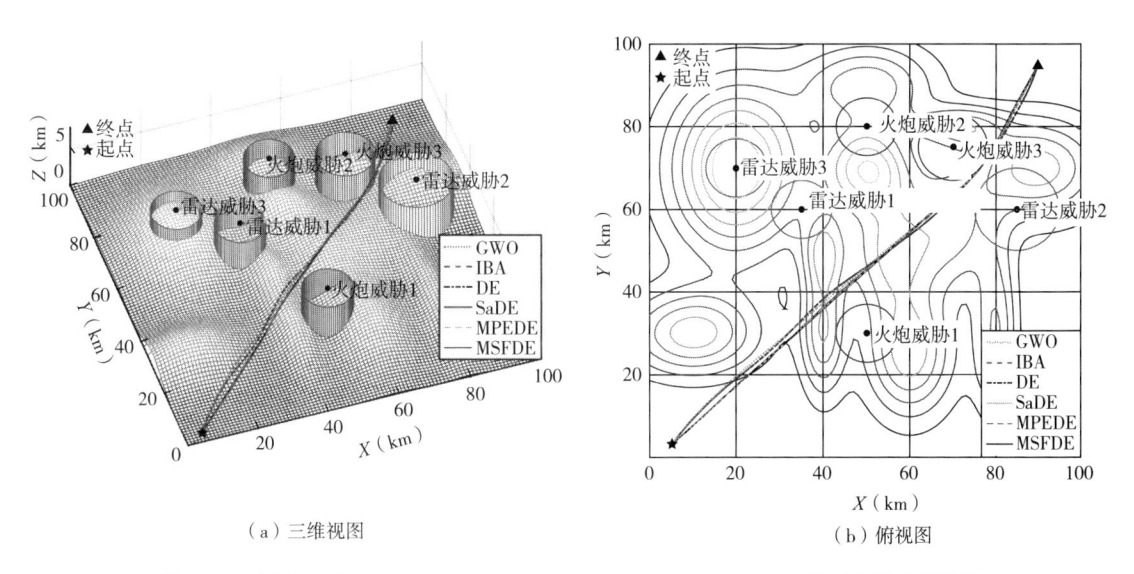

（a）三维视图

（b）俯视图

图 3-15 场景 2 中 GWO、IBA、DE、SaDE、MPEDE 和 MSFDE 规划的无人机路线

（a）GWO

（b）IBA

（c）DE

（d）SaDE

（e）MPEDE

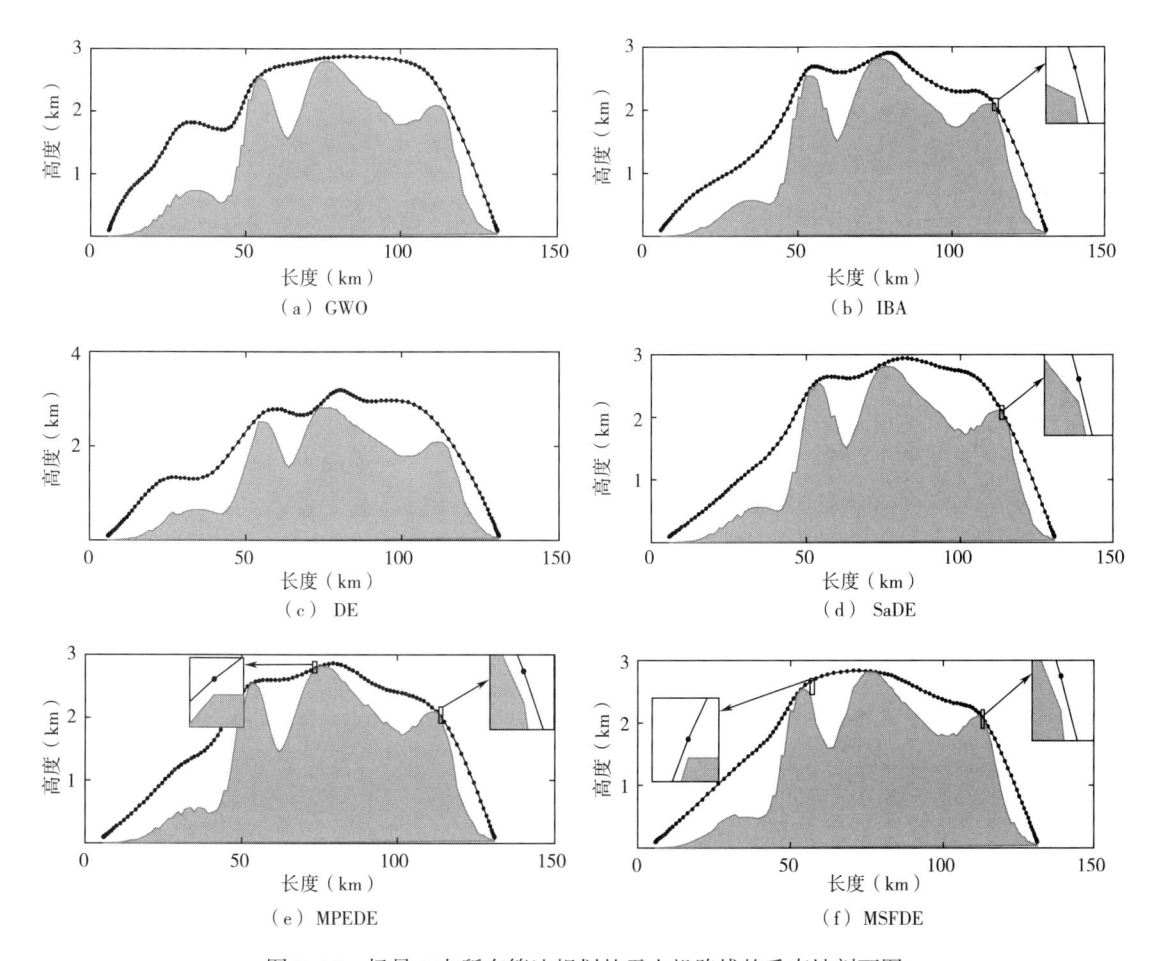

（f）MSFDE

图 3-16 场景 2 中所有算法规划的无人机路线的垂直坡剖面图

图 3-17 给出了场景 2 中所有算法最优解的收敛曲线，MPEDE 和 MSFDE 比其他算法具有更好的适应度值和更快的收敛速度。其中 MSFDE 的适应度值最小，为 0.202099，GWO、IBA、DE、SaDE 四种算法性能较差，而且也能发现 MSFDE 与其他算法的差距逐渐拉开，这一现象在后续场景实验中越发明显。

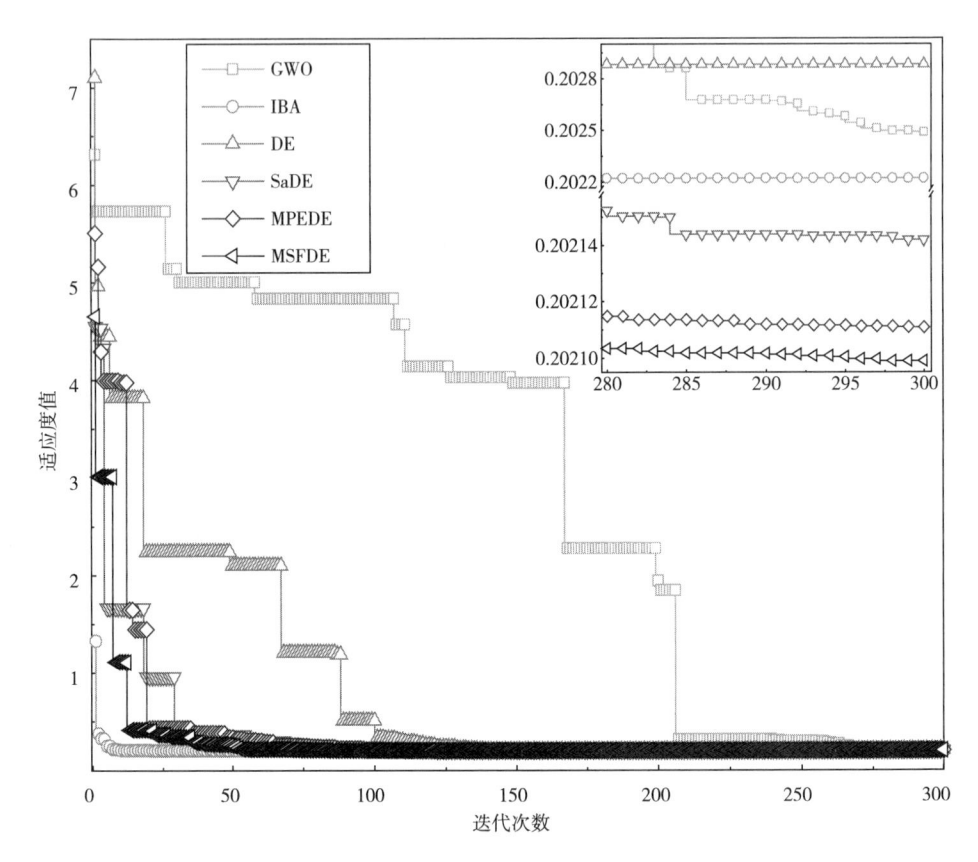

图 3-17　场景 2 中所有算法最优解的收敛曲线

场景 3：禁飞区（NFZ）是一种引入场景 3 的威胁源，不同于现有的威胁源（如雷达和火炮），通常情况下指一些风暴云团和未知区域，这些情况难以采用合适的模型构建，因此在构型空间中，禁飞区通常以红色长方体表示（图 3-18）。同时，火炮（Artillery）4 也被引入，它和火炮（Artillery）3 有相同的效果，位于连接起点和终点的直线上，增加无人机航迹规划的难度。

图 3-19 是场景 3 中所有算法得到的无人机路径的三维视图和俯视图。显然，与其他算法相比，DE 和 GWO 算法从三维视图和等高线地图上规划的路线并不是最优的，增加了飞行航程。IBA、SaDE、MPEDE 和 MSFDE 算法均选择火炮威胁（Artillery）3 和火炮威胁（Artillery）4 的右边飞行，最终在避开所有威胁源的前提条件下得到了更短的飞行航程。这一事实在图 3-20 的无人机航迹垂直剖面图中也得到了验证。此外，可以看到 MSFDE 算法规划得到的路线在保证满足约束条件的前提下合理规划了其飞行高度（即遇到山谷时飞得较高，遇到山峰时飞得较低），间接缩短了飞行航程。最终 MSFDE 算法在综合代价上获取了最小的适应度值，即 0.203060（图 3-21）。

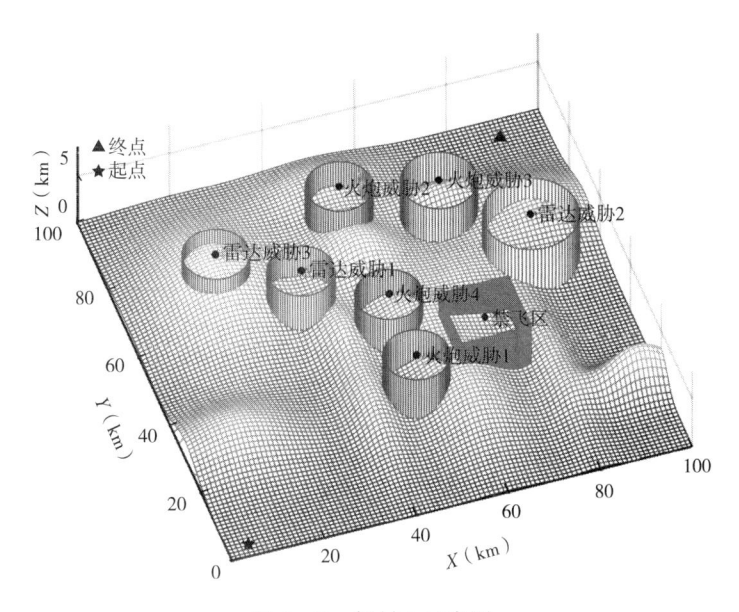

图 3-18 场景 3 示意图

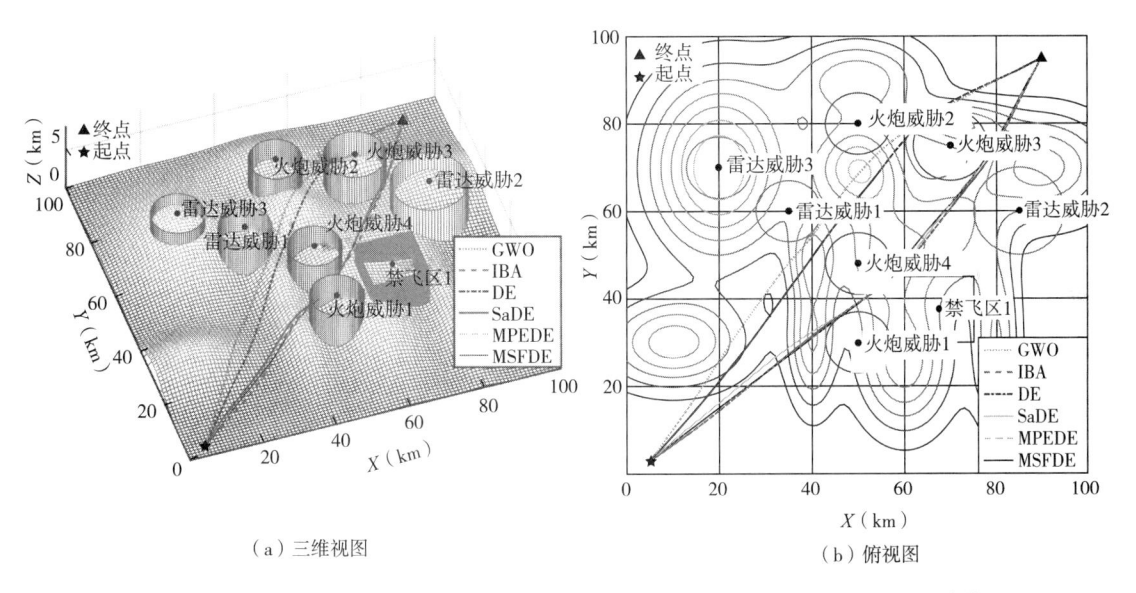

(a) 三维视图

(b) 俯视图

图 3-19 场景 3 中 GWO、IBA、DE、SaDE、MPEDE 和 MSFDE 规划的无人机路线

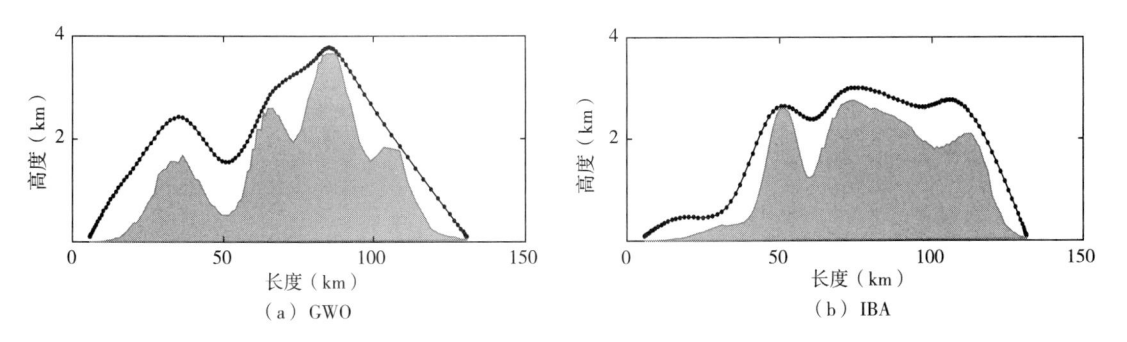

(a) GWO

(b) IBA

图 3-20

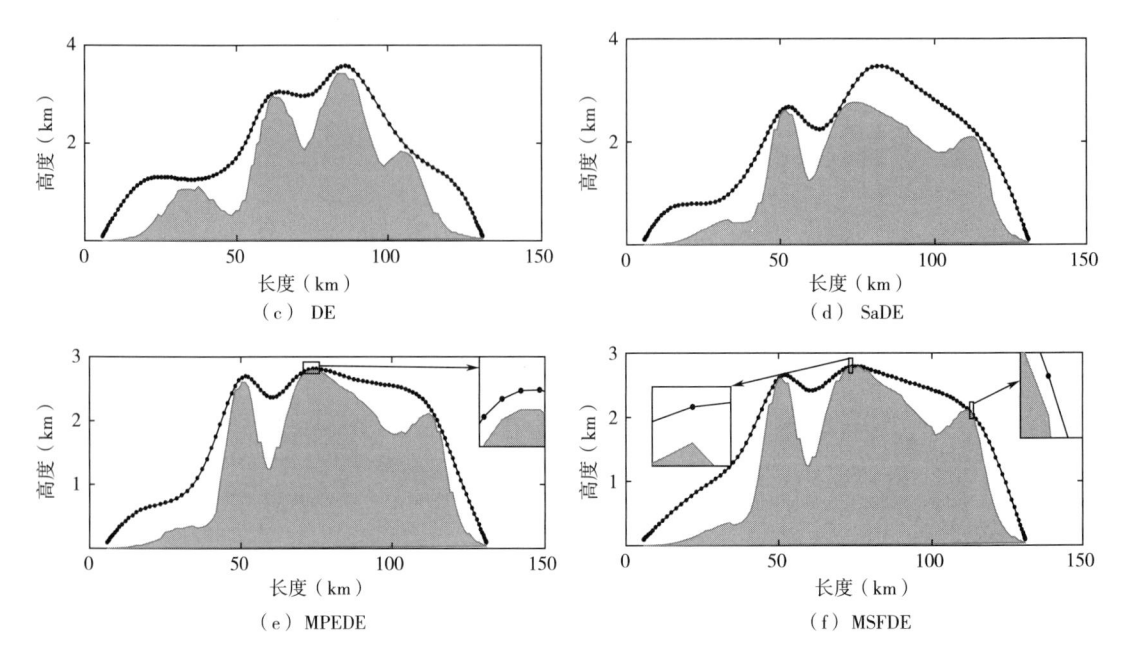

图 3-20 场景 3 中所有算法规划的无人机路线的垂直坡剖面图

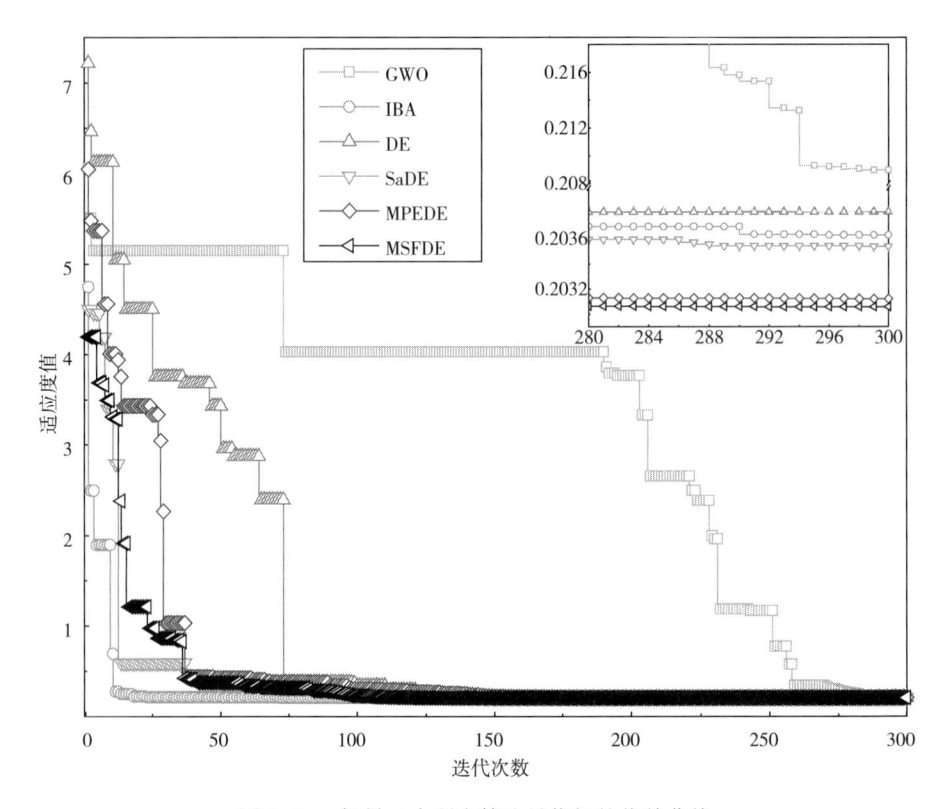

图 3-21 场景 3 中所有算法最优解的收敛曲线

场景 4：在场景 4 中，再次增加了一个雷达 4（即 Radar4）和一个禁飞区 2（即 NFZ2），二者的位置均位于连接起点和终点的直线附近，同样是为了提高无人机飞行决策的难度，如图 3-22 所示。也就是说，在场景 4 中共有 4 个雷达，4 个火炮和 2 个禁飞区。显然，场景 4 在这四个场景中具有最高的复杂度。

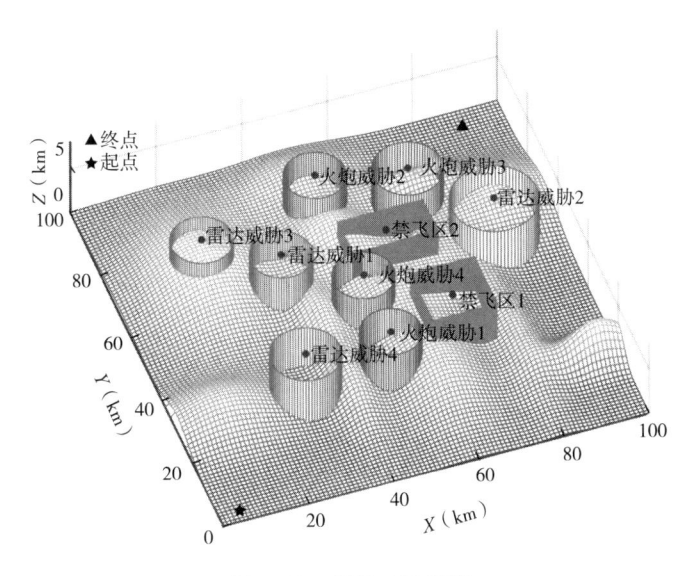

图 3-22　场景 4 示意图

在图 3-23 中，显然 DE 算法规划的路线选择了雷达威胁（Radar）3 的左边飞行，具有最长的飞行距离。GWO 算法与 SaDE 算法规划了类似的轨迹，均从雷达威胁（Radar）1 和火炮威胁（Artillery）2 的左边飞过，具有较远的航程，优于 DE 算法劣于 IBA、MPEDE 和 MS-FDE 算法。与其他算法相比，IBA，MPEDE 和 MSFDE 算法得到了接近最佳的路线，从图 3-24 的飞行高度上也可以看出这一点，同时从图 3-25 的收敛曲线中可以发现，在所有比较算法中，MSFDE 仍旧取得了最好的结果。

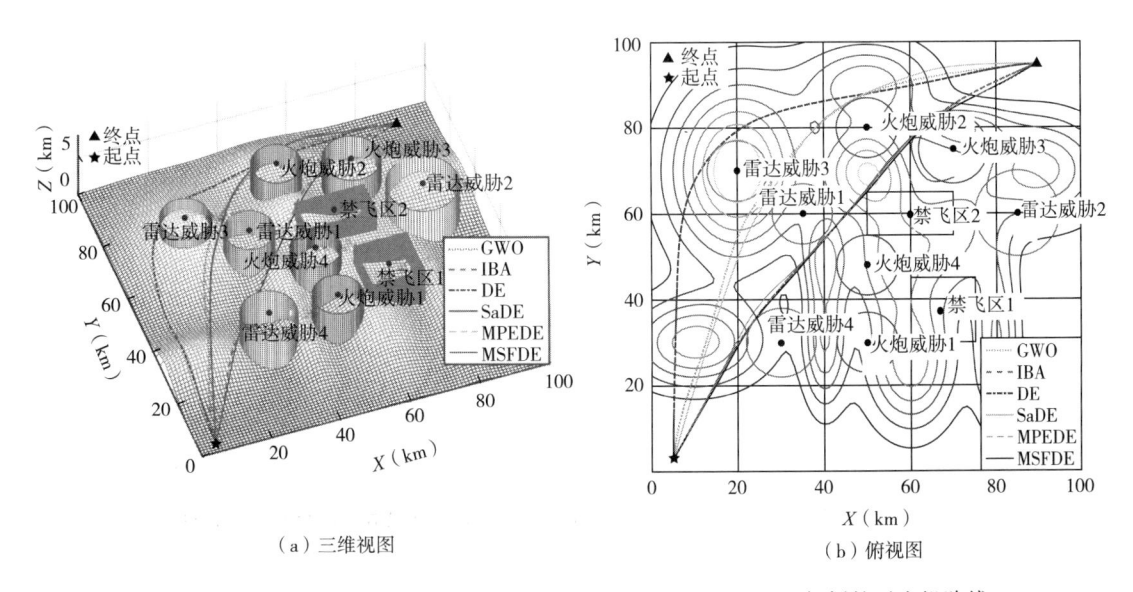

（a）三维视图

（b）俯视图

图 3-23　场景 4 中 GWO、IBA、DE、SaDE、MPEDE 和 MSFDE 规划的无人机路线

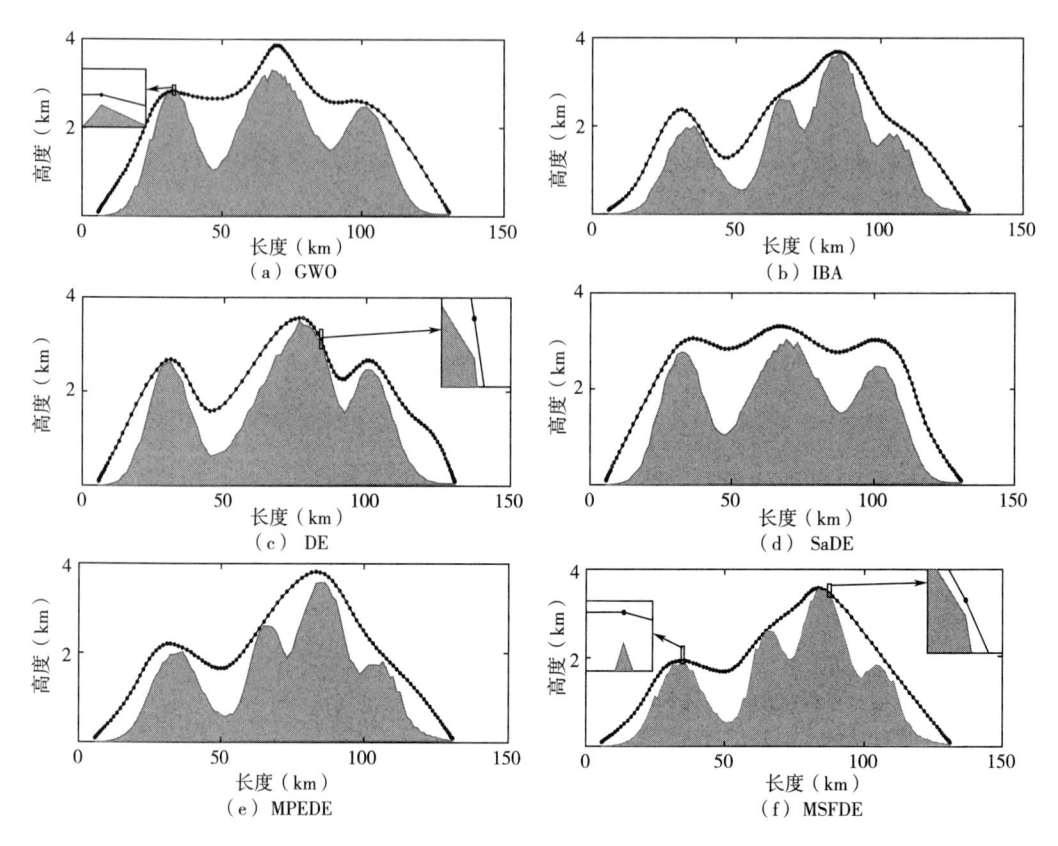

图 3-24　场景 4 中所有算法规划的无人机路线的垂直坡剖面图

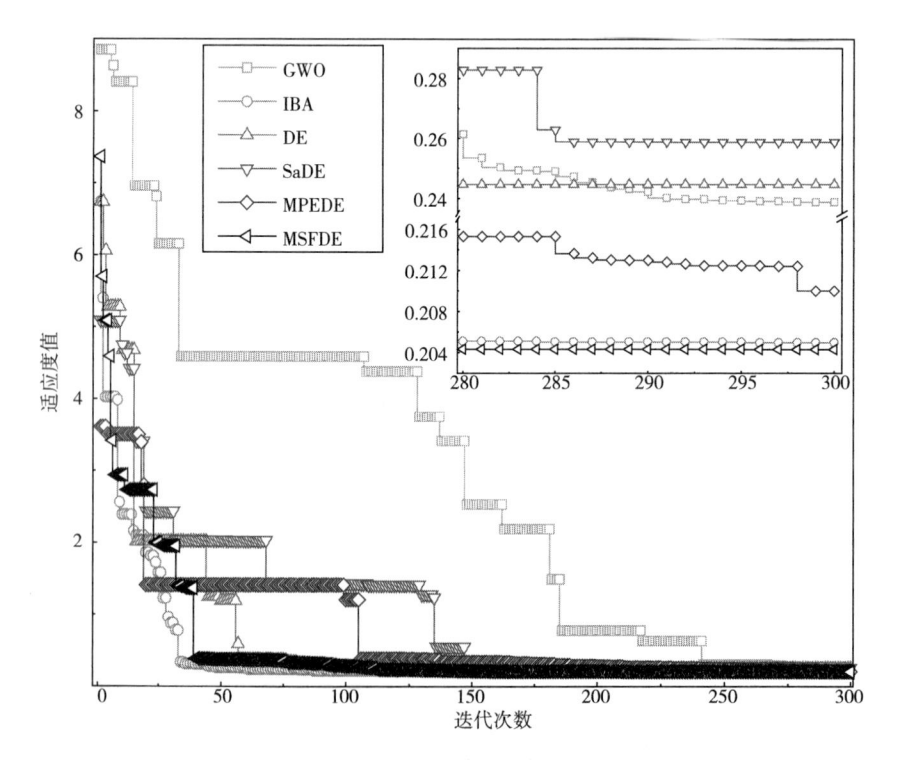

图 3-25　场景 4 中所有算法最优解的收敛曲线

通过以上讨论，我们发现 MSFDE 算法不仅保证着优越的收敛能力，甚至随着环境复杂度的提高，还与其他算法之间的差距越来越大，换句话说，MSFDE 的优越性能逐渐被放大，即 MSFDE 算法更适合解决复杂环境中的无人机航迹规划问题。并且这个事实也能通过表 3-3 的数据证明。表 3-3 显示了四种情况下所有比较算法的评估指标（即最佳值、最差值、平均值和标准差值），其中，在同一个场景下表现最好的评估指标是粗体的。在场景 1 中，MSFDE 在最差值，均值和标准差值方面的性能略差，但在最佳值方面的性能优于其他算法。

表 3-3 GWO、IBA、DE、SaDE、MPEDE 和 MSFDE 算法在这四种场景下的性能指标

场景	算法	最佳值	最差值	平均值	标准差值
场景 1	GWO	0.200729	1.869032	0.586873	0.657261
	IBA	0.200678	1.662764	0.260119	0.265253
	DE	0.200449	1.625029	0.301466	0.332413
	SaDE	0.200344	0.200428	0.200370	0.000020
	MPEDE	0.200331	**0.200351**	**0.200339**	**0.000004**
	MSFDE	**0.200330**	0.200363	0.200341	0.000008
场景 2	GWO	0.202490	1.935026	0.705082	0.694332
	IBA	0.202221	1.631107	0.407775	0.486526
	DE	0.202882	1.631157	0.463625	0.509136
	SaDE	0.20214	0.202345	0.202196	0.000050
	MPEDE	0.202111	0.202174	0.202132	**0.000015**
	MSFDE	**0.202099**	**0.202173**	**0.202117**	0.000017
场景 3	GWO	0.208979	2.104924	0.612904	0.656436
	IBA	0.203629	1.609665	0.376736	0.393414
	DE	0.203810	1.697785	0.586269	0.622046
	SaDE	0.203538	0.231567	0.207635	0.007166
	MPEDE	0.203124	0.211506	0.205088	0.002422
	MSFDE	**0.203060**	**0.205433**	**0.203544**	**0.000440**
场景 4	GWO	0.238736	1.947001	0.831195	0.711685
	IBA	0.204985	2.828417	0.823134	0.841454
	DE	0.244638	1.705063	0.933971	0.704873
	SaDE	0.258870	0.747110	0.389029	0.109269
	MPEDE	0.209991	0.320704	0.251251	0.037909
	MSFDE	**0.204315**	**0.309132**	**0.223401**	**0.027974**

然后，随着环境复杂性的增加，这种现象逐渐消失。例如，在场景 2 中，MSFDE 在最佳值（0.202099），最差值（0.202173）和均值（0.202117）方面比其他算法获得更好的价值。在最后两种情况下，MSFDE 在所有指标上均具有最佳性能。

为了对 MSFDE 的表现进行定量评价，图 3-26 给出了 MSFDE 与 GWO、IBA、DE、SaDE、

MPEDE 的详细对比。比较参数包括平均值、最差值、最佳值和标准差值。评价方法如下：

$$P_{i,j} = -\left(\frac{V_{i,j}^{\mathrm{MSFDE}} - V_{i,j}^{m}}{V_{i,j}^{m}}\right) \times 100\% \qquad (3-30)$$

式中，m 为除 MSFDE 以外算法（即 GWO、IBA、DE、SaDE 和 MPEDE）的指标；$P_{i,j}$ 为场景 i（$i=1$，2，3，4）中 MSFDE 与其他算法（即最佳值、最差值、平均值和标准差值）之间在指标 j 的增长率；$V_{i,j}^{\mathrm{MSFDE}}$ 是在场景 i 中 MSFDE 的指标 j 的值；$V_{i,j}^{m}$ 为在场景 i 中 m 算法的指标 j 的值。正值表示 MSFDE 算法优于其他算法，负值表示 MSFDE 算法劣于其他算法。

图 3-26 为 MSFDE 和比较算法的定量评价。评价指标包括最佳值、最差值、平均值和标准差值。在图 3-26 中，横轴为四个测试场景，纵轴为增长率。从最佳值来看，MSFDE 与其他算法在场景 1 中的增幅较小，分别为 0.199%（MSFDE vs GWO）、0.1738%（MSFDE vs IBA）、0.0595%（MSFDE vs DE）、0.007%（MSFDE vs SaDE）和 0.0004%（MSFDE vs MPEDE）。这说明 MSFDE 在场景 1 中，与其他算法相比，在求解路径规划方面并没有明显的改善。这一事实在场景 2 中仍然没有得到改善。随着环境复杂程度的进一步增加，场景 3 和场景 4 中的柱形高度显著增加，这证明了 MSEDE 在复杂环境下优于其他算法。对于最差值来说，在这四种情况下，MSFDE 相对于 GWO、IBA 和 DE 的柱状高度达到了 85%，并且随着路径规划环境由场景 1、场景 2 演变为场景 3、场景 4（MSFDE vs SaDE、MSFDE vs MPEDE）柱状高度明显增加 [图 3-26（b）]。从平均值来看，MSFDE 在所有测试场景下的柱状高度与 GWO 相似，且与 IBA、DE、SaDE、MPEDE 相比，柱状高度呈稳定增长 [图 3-26（c）]。这意味着 MSFDE 比 GWO、IBA、DE、SaDE 和 MPEDE 有更好的优化性能。从图 3-26（c）中可以看出，在这四种场景下，MSFDE 相对于 GWO、IBA 和 DE 的增长率都在 99% 左右。而相对于 SaDE 的增长率也达到了 50% 以上，并且鉴于最后两个场景具备更高的复杂度原因，相对于前两个场景 MSFDE vs SaDE 的增长率有所增加。而 MSFDE 相对于 MPEDE 的增长率尽管在简单场景 1 和 2 中呈现负的柱状高度，但随着环境复杂级别的增加，其从负值变化到正值，且也有很大的增量。这一事实验证了 MPEDE 在解决无人机路径规划问题上，特别是在复杂环境下，具有很强的鲁棒性。

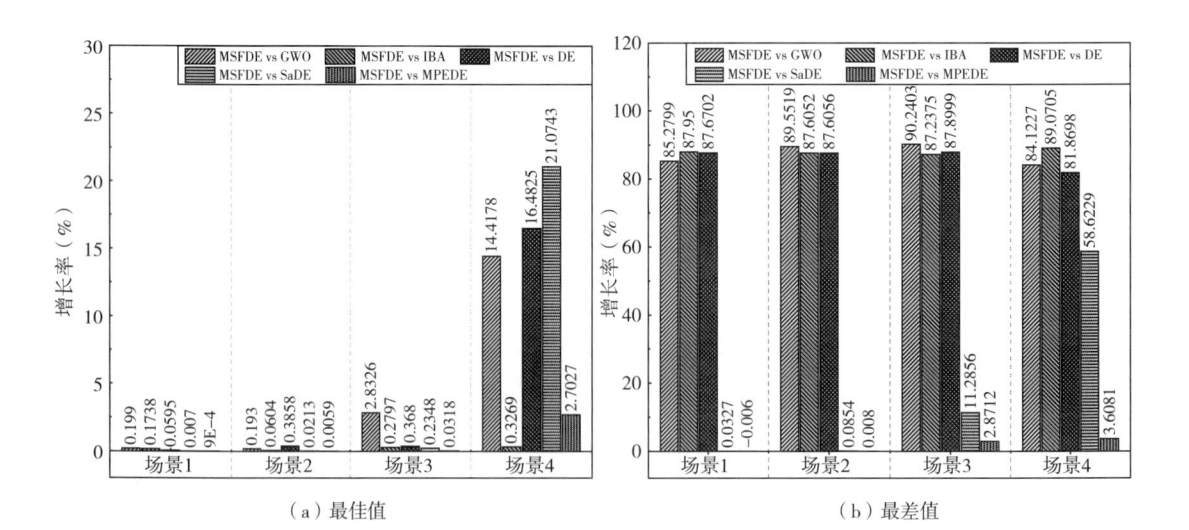

（a）最佳值

（b）最差值

(c）平均值

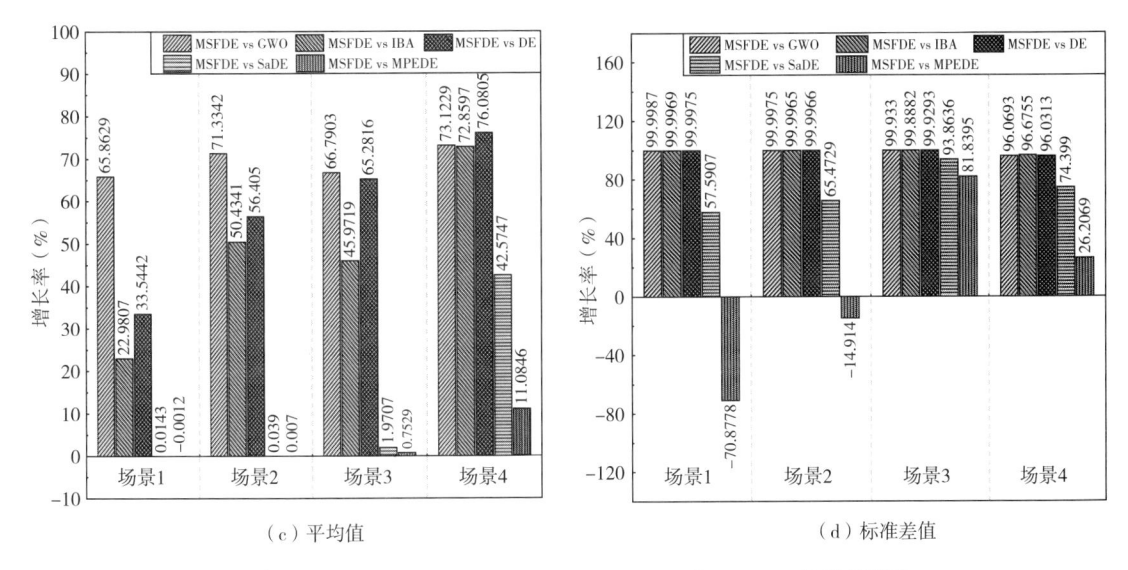

(d）标准差值

图 3-26　GWO、IBA、DE、SaDE、MPEDE 与 MSFDE 的定量评价

3.2　基于集成约束的多策略融合差分无人机路径规划方法

本节将约束条件和代价函数进行分离，并分别采用合适的约束处理策略和高效的搜索算法来求解。采用集成约束策略处理无人机航迹规划问题，如无人机自身性能约束偏航角、俯仰角等，以及作战中遇到的雷达、高射炮、禁飞区等。在本研究中，等式约束为雷达约束、高射炮约束和禁飞区约束，不等式约束为偏航角约束和俯仰角约束。采用的集成约束策略融合了罚函数、可行性准则和 ε 约束处理三种约束处理方法，根据人类投票机制，每种约束处理方法可以视为一个专家，每个专家都会根据其各自特有的规则对父代个体和试验个体进行选择，并基于少数服从多数的原则，获得票数高的个体将作为子代个体参与下一次迭代。

3.2.1　问题描述与模型构建

本节无人机的航迹规划设定无人机的三维飞行环境固定已知，即无人机外部威胁障碍物都是已知的，并且在飞行过程中不会出现突发威胁。本节设定无人机在飞行过程中必须尽可能地以最短的航程安全且近地面穿过复杂的作战环境，并躲避开山峰、雷达、高射炮等。

在 3.1.1 模型的基础上进行补充：

1979 年美国学者提出可视图法，主要用于求解路径规划问题[16]。这种方法将无人机看作是一个质点，在二维平面中，用多边形来表达障碍物，并利用可视的顶点，将无人机、多边形障碍的顶点与目标点结合起来，这种方法要求无人机起始点能够连接障碍的各个顶点以及障碍的各个顶点之间能够相互连接，且障碍物的所有顶点都要连接到无人机目标点，所有的这些直线均不能穿过障碍物，通过查找可视图，寻找最优航迹的问题将转化为由起始位置点经过这些可视线到达目标位置点的所有无碰撞航迹的最短距离问题[17]。可视图法环境模型如图 3-27 所示，其中黑色填充区域表示障碍物区域，黑色直线表示利用可视图法规划出的航迹。

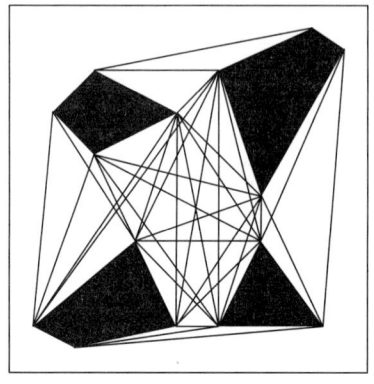

(a) 障碍物分布图　　　　(b) 方法效果图

图 3-27　可视图法环境模型

任何航迹规划方法都有优缺点，与其他局部航迹规划算法相比，可视图方法原理简单且易于操作，但是当障碍物越来越多，规划空间内顶点之间的连接也会不可避免地增多，导致了航迹优化的计算量和计算速度成倍增长，降低了航迹规划的效率。另外，该方法获得的航迹在任何两条相邻直线的中间顶点处可能还会出现不满足无人机飞行转弯时的最小方向角的情况，即规划的航迹不能安全可行，常用解决方法是利用 B 样条曲线等平滑航迹方法改进可视图航迹规划算法。

3.2.2　基于集成约束的多策略融合差分规划方法

3.2.2.1　海洋捕食者算法

海洋捕食者算法（Marine Predators Algorithm，MPA）2020 年由美国伊利诺伊理工大学 Afshin Faramarzi 等人提出，主要灵感来自海洋捕食者的广泛觅食策略，遵循在最佳觅食策略中的自然选择原则[18]。首先，MPA 的初始解均匀分布在搜索空间上计算式为：

$$X_i = X_{\min} + rand \times (X_{\max} - X_{\min}) \tag{3-31}$$

接着将捕食者和猎物的整个生命过程分为三个阶段，三个阶段分别为：

（1）高速比阶段

猎物的移动速度比捕食者的移动速度要快，此时捕食者处于完全不移动状态，猎物做布朗运动。

$$\text{while } gen < \frac{1}{3} \times \max gen$$
$$\overrightarrow{stepsize_i} = \overrightarrow{R_B} \otimes (\overrightarrow{Elite_i} - \overrightarrow{R_B} \otimes \overrightarrow{Prey_i})$$
$$\overrightarrow{Prey_i} = \overrightarrow{Prey_i} + P \times \overrightarrow{R} \otimes \overrightarrow{stepsize_i} \tag{3-32}$$

式中，$\overrightarrow{R_B}$ 表示一个随机数，以布朗（Brown）运动正态分布，与猎物相乘模拟猎物的运动；$\overrightarrow{Elite_i}$ 表示第 i 个精英个体；$\overrightarrow{Prey_i}$ 表示第 i 个猎物；P 表示一个常数；$\overrightarrow{R}$ 表示 [0，1] 中的一个均匀随机数。

(2) 单位速度比阶段

捕食者和猎物的移动速度近似。此时，探索和开发过程都很重要，将种群划分为两个种群，一半个体专注于探索，以增加种群多样性；另一半个体专注于开发，在当前最优区域进行深层次寻优。

$$\text{while } \frac{1}{3} \times \text{maxgen} < gen < \frac{2}{3} \times \text{maxgen}$$

$$\overrightarrow{stepsize_i} = \overrightarrow{R_L} \otimes (\overrightarrow{Elite_i} - \overrightarrow{R_L} \otimes \overrightarrow{Prey_i})$$
$$\overrightarrow{Prey_i} = \overrightarrow{Prey_i} + P \times \overrightarrow{R} \otimes \overrightarrow{stepsize_i} \tag{3-33}$$

式中，$\overrightarrow{R_L}$ 表示随机数向量，基于莱维（Lévy）分布，与猎物的乘积用来模拟猎物的莱维运动，此时猎物通过自身的运动来更新其本身的位置。这部分个体主要是广泛搜寻，以保证种群的多样性。

$$\overrightarrow{stepsize_i} = \overrightarrow{R_B} \otimes (\overrightarrow{R_B} \otimes \overrightarrow{Elite_i} - \overrightarrow{Prey_i})$$
$$\overrightarrow{Prey_i} = \overrightarrow{Elite_i} + P \times CF \otimes \overrightarrow{stepsize_i} \tag{3-34}$$

式中，CF 表示自适应参数，能够控制捕食者的运动步长；$\overrightarrow{R_B}$ 为一个表示布朗运动正态分布的随机数，与捕食者的乘积用来模拟捕食者的莱维运动；此时猎物根据捕食者的布朗运动来更新它的位置。

（3）低速比阶段

此时捕食者比猎物的移动速度快，此时捕食者做莱维运动，如下所示：

$$\overrightarrow{stepsize_i} = \overrightarrow{R_L} \otimes (\overrightarrow{R_L} \otimes \overrightarrow{Elite_i} - \overrightarrow{Prey_i})$$
$$\overrightarrow{Prey_i} = \overrightarrow{Elite_i} + P \times CF \otimes \overrightarrow{stepsize_i} \tag{3-35}$$

式中，$\overrightarrow{R_L}$ 与 $\overrightarrow{Elite_i}$ 的乘积表示以莱维方式模拟捕食者的移动；P 为常数，一般取 0.5。

海洋捕食者移动的原因不只是为了捕食猎物，还包括如涡流形成或鱼类聚集装置（Fish Aggre gatings Devices，FADs）效应等环境因素，其中 FAD 被认为是局部最优解，在模拟其运动过程中，会考虑进行较长步长的跳跃以改善算法陷入局部最优的能力。另外，海洋捕食者还拥有记忆储存功能，记忆成功觅食和猎物丰富的地方。MPA 流程图如图 3-28 所示。

3.2.2.2 Lévy 优化策略

前面所提到的海洋捕食者算法所分成的三个阶段总结为：第一阶段为捕食者的移动速度快于猎物的移动速度阶段（即迭代的初始阶段，小于最大代数的 1/3），此时猎物模拟布朗运动，捕食者不动。第二阶段为捕食者的移动速度几乎等于猎物的移动速度阶段（即迭代的中间阶段，处于最大代数的 1/3~2/3），种群的前半部分个体充当捕食者的角色，模拟布朗运动；种群的后半部分个体充当猎物的角色，模拟莱维运动。第三阶段是捕食者比猎物的移动速度慢（即迭代的后期阶段，大于最大代数的 2/3），捕食者模拟莱维运动。

本节主要采用海洋捕食者算法的第三阶段，即算法迭代后期，捕食者模拟莱维飞行运动伪代码如下。具体更新规则为：

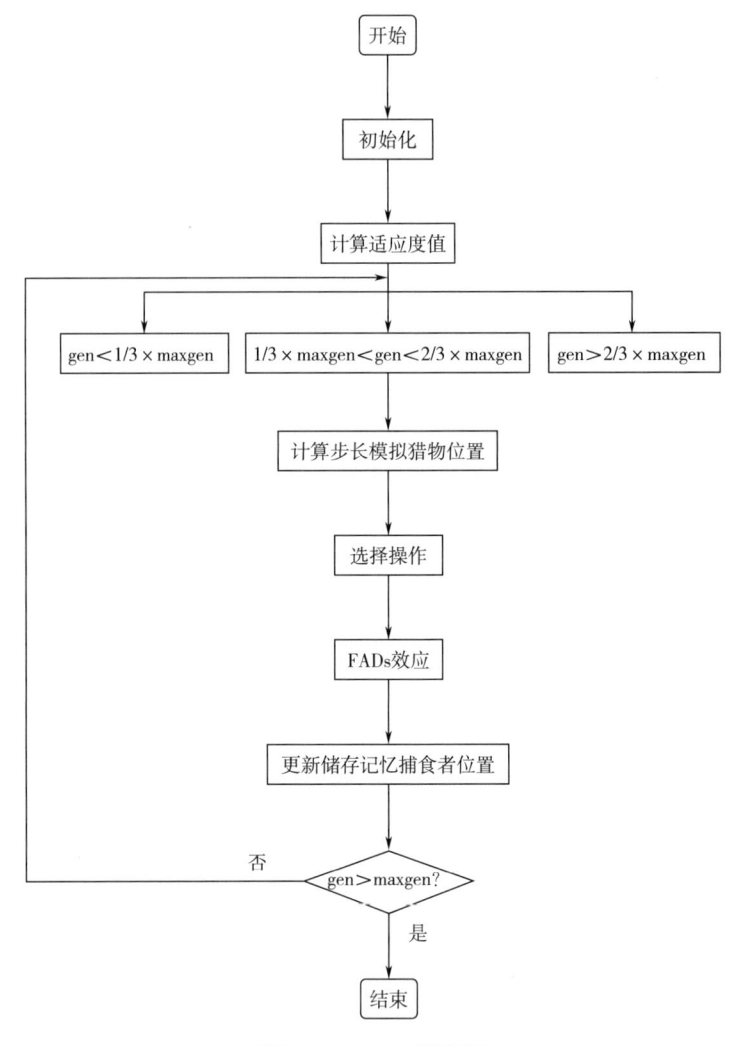

图 3-28 MPA 流程图

$$\overrightarrow{stepsize_i} = \overrightarrow{R_L} \otimes (\overrightarrow{R_L} \otimes \overrightarrow{Elite_i} - \overrightarrow{Prey_i})$$
$$\overrightarrow{Prey_i} = \overrightarrow{Elite_i} + P \times CF \otimes \overrightarrow{stepsize_i} \tag{3-36}$$

$$CF = \left(\frac{1 - gen}{\max gen}\right)^{\left(\frac{2 \times gen}{\max gen}\right)} \tag{3-37}$$

式中，$\overrightarrow{R_L}$ 与 $\overrightarrow{Elite_i}$ 的乘积表示以莱维方式模拟捕食者的移动；P 为常数，一般取 0.5。

捕食者移动的原因除了捕食猎物，还有环境因素，如涡流形成或鱼类聚集装置（FADs）效应。FADs 扮演局部最优解，其效应可表示如下：

$$\overrightarrow{Prey_i} = \begin{cases} \overrightarrow{Prey_i} + CF[\overrightarrow{X}_{\min} + \overrightarrow{R} \otimes (\overrightarrow{X}_{\max} - \overrightarrow{X}_{\min})] \otimes \overrightarrow{U}, & \text{如果 } r \leqslant FADs \\ \overrightarrow{Prey_i} + [FAD(1-r) + r](\overrightarrow{Prey}_{r1} - \overrightarrow{Prey}_{r2}), & \text{如果 } r \leqslant FADs \end{cases} \tag{3-38}$$

式中，$\overrightarrow{X}_{\max}$ 和 $\overrightarrow{X}_{\min}$ 为无人机在 x、y、z 方向的上下限；$\overrightarrow{U}$ 为二进制向量；FAD 表示 FADs

效应在优化过程中的影响概率；$\vec{R}$ 和 r 均为 [0, 1] 内的随机数。

伪代码：莱维运动策略
输入：来自多种群策略优化的结果；种群个体；全局最优个体；初始化海洋捕食者算法参数（P、CF、FADs）
输出：全局最优个体
1： 多种群策略优化输出的个体作为猎物矩阵 Prey
2： 多种群策略优化输出全局最优个体作为精英矩阵 Elite
3： 当 gen≥4/5×maxgen
4： 计算移动步长和捕食者位置
5： 评价捕食者的适应度值和违反约束量
6： 依据集成约束策略更新捕食者位置
7： 选择子代，并找出全局最优个体
8： 执行 FADs 效应，更新捕食者位置
9： end

3.2.2.3 多种群策略

将整个种群分为四个子种群 $pop1$、$pop2$、$pop3$ 和 $pop4$，其中 $pop4$ 为奖励子种群，初始，把奖励子种群 $pop4$ 随机分配给三个子种群中的任意一个，并为三个子种群依次分配三个优化方法 JADE[19]、EPSDE[20]、JDE[21]，依据算法要求，初始化各算法所需参数。未达到评价周期时，三个子种群所分配的算法按照各自的策略依次执行变异、交叉操作，最后，评价所有子种群中个体和更新个体的代价函数值和违反约束量；若达到评价周期时，则评价三个子种群所分配算法的优劣，将子种群 $pop4$ 奖励给性能好的算法，随后依次执行变异、交叉操作（其伪代码如下所示）。其评价方法如下所示：

$$pr = \left| \frac{\Delta f_i}{\Delta fes_i} \right| \qquad (3-39)$$

式中，pr 为评价比率，比率越大，性能越好；Δf_i 为第 i 个子种群在评估周期内每个个体适应度值变化量的累加值；Δfes_i 为第 i 个子种群总评价次数。如图 3-29 所示为种群再分配示意图。

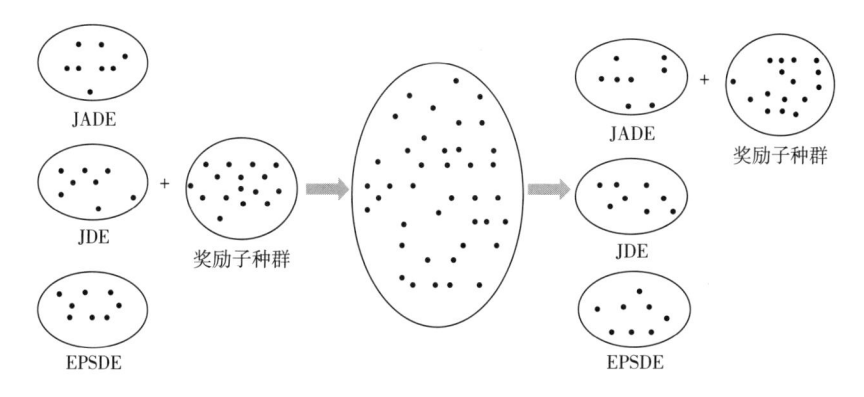

图 3-29 种群再分配示意图

3.2.2.4 集成约束策略

多无人机规划算法（MECMPKALM-DE）依然采用两步制的规划思想，规划前期采用基于多种群策略的差分进化算法，规划后期引入莱维优化策略，对无人机自身性能约束和飞行过程中威胁约束，采用集成约束策略进行处理。所不同的是，在此基础上，引入外部存档机制和基于知识引导的自适应变异策略，以此来平衡种群的搜索和开采能力。

（1）外部存档机制

在单无人机规划（ECMPLM-DE）算法中的子代选择操作依赖于集成约束策略的投票机制，当父代个体的票数大于试验个体的票数时，选择父代个体；当父代个体的票数小于试验个体的票数时，选择子代个体。本节集成约束策略集成三种经典的约束处理方法，因此不存在票数相等的情况。在这种情况下，为增强种群的多样性，避免算法陷入局部最优，本节在原有算法的基础上增加外部存档机制，当父代个体的票数优于试验个体时，则按照集成约束策略中子代选择的方式进行选择，否则将优秀的试验个体保存在外部存档 A 中，一旦存档的大小达到预定义的大小，随机选择的元素将被新插入的元素替换。

伪代码：多种群策略
输入：当前代数 gen；最大代数 maxgen；评价周期 ng
输出：全局最优个体
1：　for gen<4/5×maxgen
2：　　设置 $\Delta f_i=0$ 和 $\Delta fes_i=1$
3：　　将种群分为三个子种群 pop1、pop2、pop3 和一个奖励子种群 pop4，规模分别为 40、40、40 和 80
4：　　将奖励子种群 pop4 随机分配到三个子种群 pop1、pop2、pop3 任一子种群中
5：　　分别为三个子种群 pop1、pop2、pop3 分配算法 JADE、EPSDE、JDE
6：　　if gen/ng 为正整数
7：　　　计算子种群 pop1、pop2、pop3 所对应算法的评价比率，依照该值，把子种群 pop4 奖励给性能好的算法所在的子种群
8：　　　重置 $\Delta f_i=0$ 和 $\Delta fes_i=1$
9：　　end
10：　三个子种群按照算法 JADE、EPSDE、JDE 各自的进化步骤执行变异、交叉操作
11：　评价三个子种群中父代个体和更新个体的适应度值和违反约束量
12：　根据集成约束策略进行子代个体选择操作
13：　计算累加适应度值 Δf_i 和每个子种群的总评价次数 Δfes_i
14：　继续步骤 6
15：　end

（2）基于知识引导的变异策略

一个合理的变异策略对差分进化算法是十分重要的，本章节中为增强种群多样性，引导种群向全局最优方向移动，充分应用到种群中的优秀个体的有用信息，在基于多种群策略的差分进化算法中子种群 1 采用变异策略 1，如式（3-40）所示：

$$v_i = x_i + F(x_{\text{pbest}} - x_i + x_{r1} - \bar{x}_{r2}) \tag{3-40}$$

式中，x_{pbest} 表示当前种群中的个体最优；x_{r1} 和 $\bar{x}_{r2}$ 表示种群中随机选择的不同个体；$\bar{x}$ 表示存档机制 A 中的任意个体。

在上述改进差分进化算法的基础上，引入了一种基于知识引导的自适应变异策略，分别应用于多种群策略中的子种群 2 和子种群 3，其主要目的是增加种群的多样性，学习种群进化过程中有用的信息，实现个体对变异策略的自适应选择，以此来满足不同个体的进化需求，有效引导个体向周围未探索的区域移动。对变异策略 2，在外部存档机制的基础上，对 A 中的信息进行深入学习，如式（3-41）所示：

$$v_i = \begin{cases} x_{\text{abest}} + F(x_{a1} - x_{a2}), & \text{如果 } f(x_i) > \bar{f} \\ x_i + F(x_{r1} - x_{r2}), & \text{否则} \end{cases} \tag{3-41}$$

式中，x_{abest} 表示存档机制 A 中的最优个体；x_{a1} 和 x_{a2} 为存档机制 A 中随机选择的个体；$x_{a1} \neq x_{a2} \neq x_i$；$\bar{f}$ 为存档机制 A 中的平均适应度值；x_{r1} 和 x_{r2} 是从种群中随机选择的个体。若 $f(x_i) > \bar{f}$，即当前个体相较于种群中的其他个体较差，此时选择采用存档种群中的最优个体对其进行引导，以提高其搜索能力；若 $f(x_i) < \bar{f}$，即当前个体为种群中较优的个体，此时变异操作仍基于当前个体进行，为保证变异个体能够继承父代的优势，加入全局扰动的同时避免算法陷入局部最优。

变异策略 3 如式（3-42）所示：

$$v_i = \begin{cases} x_i + \dfrac{f(x_{r1}) - f(x_{r2})}{f(x_{\text{gbest}}) - f(x_{\text{worst}})} \times (x_{r1} - x_{r2}), & \text{如果 } f(x_i) > \bar{f} \\ x_i + F(x_{r3} - x_{r4}), & \text{否则} \end{cases} \tag{3-42}$$

式中，x_{gbest} 表示当前种群中适应度值最优的个体；x_{worst} 表示当前种群中适应度值最差的个体；x_{r1}、x_{r2}、x_{r3} 和 x_{r4} 表示从种群中随机选择的个体。当 $f(x_i) > \bar{f}$ 时，通过 x_{r1} 和 x_{r2} 的适应度值对比来控制 x_i 的搜索方向，若 $f(x_{r1}) > f(x_{r2})$ 时，个体 x_i 向周围可能是全局最优的区域移动，增强局部开发能力，若 $f(x_{r1}) < f(x_{r2})$ 时，帮助 x_i 跳出当前局部最优，增强其全局搜索的能力；当 $f(x_i) < \bar{f}$ 时，x_i 为当前种群中较优个体，此刻变异依然基于当前个体进行，引导个体在当前位置周围进行变异，增强其局部开发能力。

3.2.3 结果与分析

本章节中仿真平台仍为 MATLAB R2018b，计算机配置为 Intel® Xeon® Silver 4110 CPU @ 2.10GHz，64.0GB RAM，Windows10 64 位操作系统。无人机平面区域范围为 100km×100km，高度范围为（0，8km）。无人机参数设置为：最大飞行高度 $H_{\max} = 0.2$km，最小安全飞行高度 $H_{\min} = 0.03$km，最小安全距离 $d_{\text{safe}} = 1$km，最大偏航角 $r_{\min} = 30$，最大爬升角 $\gamma_{\max} = \pi/6$。三维环境参数设置如表 3-4 所示，算法参数设置如表 3-5 所示。其对比算法是在单无人机规划算法中添加无人机安全距离约束之后的多无人机规划算法（MECMPLM-DE）。

表 3-4　三维环境参数设置

起点	终点	雷达			火炮		
		中心	半径	等级	中心	半径	等级
(5, 3, 0.1)	(90, 95, 0.1)	(30, 60)	8	6	(55, 25)	7	10
		(65, 75)	7	5	(45, 80)	7	8
		(75, 40)	7	7	—	—	—

表 3-5　算法参数设置

参数	设定值
种群数量	200
子种群数量	40
奖励子种群	80
最大迭代次数	500
评估周期	40
FADs	0.1

两种算法独立运行 50 次后所规划飞行航迹的侧视图和俯视图，从图 3-30 和图 3-31 中可以看出，二者所规划的最优路径走势虽有所不同，但都能避开威胁源（雷达和高射炮），仔细观察，在飞行高度上仍存在一些差别。

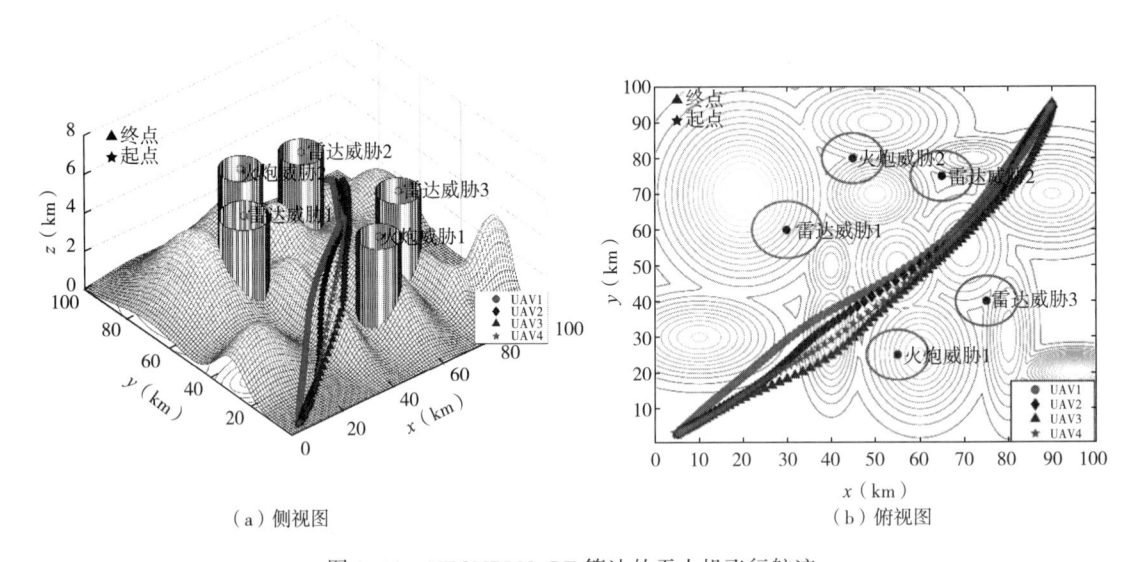

（a）侧视图　　（b）俯视图

图 3-30　MECMPLM-DE 算法的无人机飞行航迹

从图 3-32 和图 3-33 的无人机高度剖面图可以看到两种算法均能保证不与山体发生碰撞，每架无人机都尽可能地贴合山体进行飞行，本节设定的无人机目标函数为航程代价和高度代价，其二者权值相等，无人机在规划期间须平衡好二者的关系，如图 3-32 中（c）的

UAV3 的航迹中，其中第二个小山峰的高度比较低，若此时无人机的飞行高度权重占比较大，则会导致无人机持续俯冲然后爬升，继而增加航程代价。

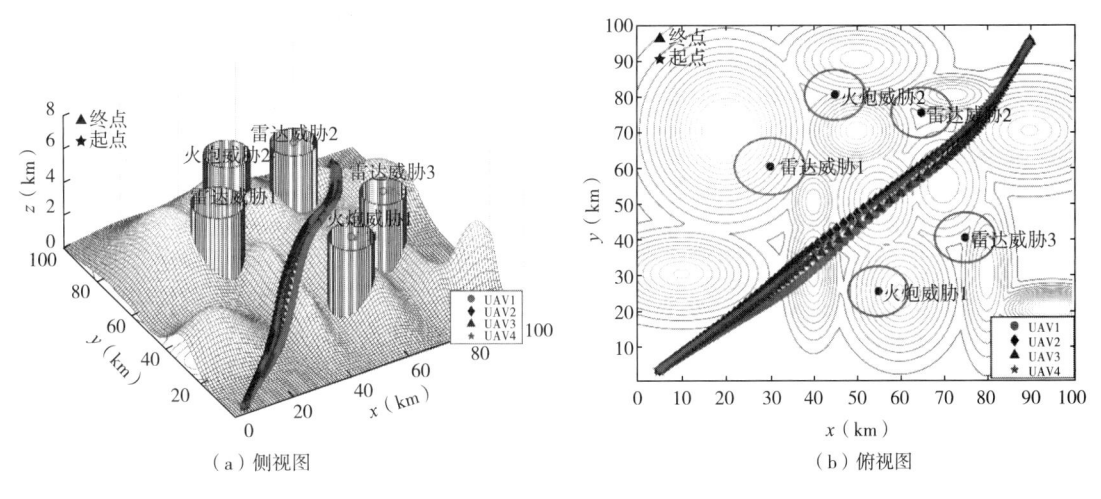

(a) 侧视图

(b) 俯视图

图 3-31 MECMPKALM-DE 算法的无人机飞行航迹

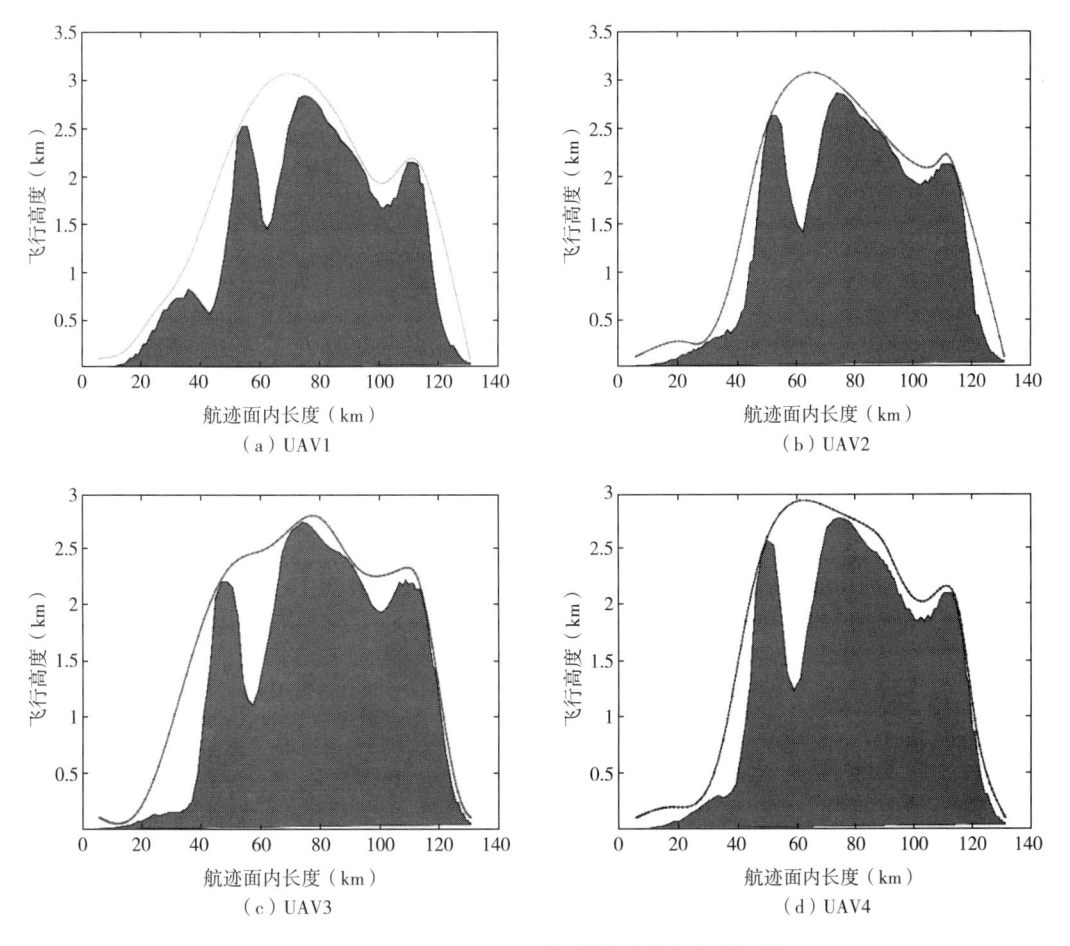

(a) UAV1

(b) UAV2

(c) UAV3

(d) UAV4

图 3-32 MECMPLM-DE 规划航迹的高度剖面图

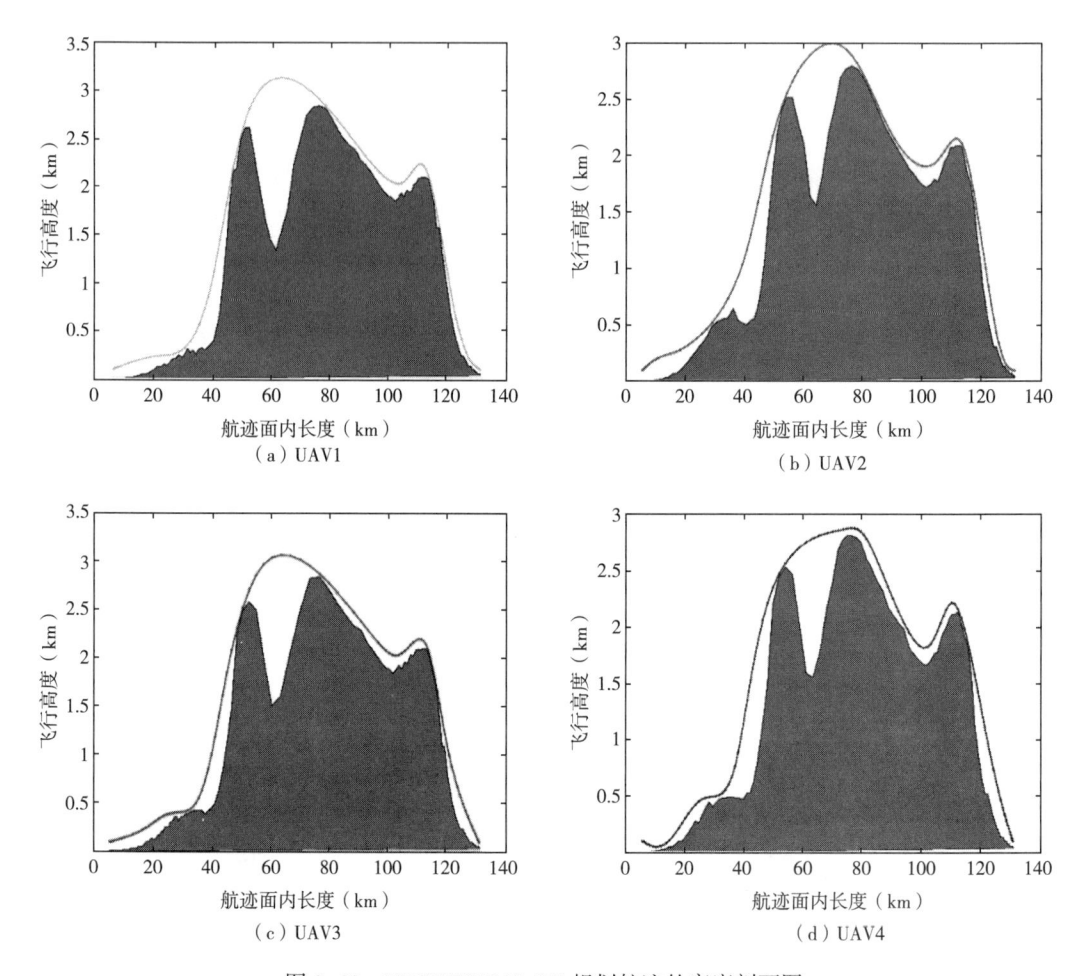

图 3-33　MECMPKALM-DE 规划航迹的高度剖面图

表 3-6 统计了 MECMPLM-DE 和 MECMPKALM-DE 算法独立运行 50 次的性能指标，粗体标示为同一指标中的最佳值。通过分析 50 次数据结果，计算得到两种算法的最优值、最差值、中值、平均值、标准差和可行率。从表 3-6 可以看出，MECMPKALM-DE 算法在最优值、最差值、中值、平均值和标准差方面的效果明显优于 MECMPLM-DE，表明基于知识引导的变异策略在解决多无人机航迹规划问题上是有效果的；为更准确评价算法的优劣，本章节中评价四架无人机规划路径可行性的指标依然用可行率表示，即四架无人机同时满足约束条件的概率，可以看出，MECMPKALM-DE 的可行率可以达到 90%，这也表明了基于知识引导的变异策略在优化过程中有效改善了算法的开发能力。总而言之，在求解多约束的多无人机航迹规划问题时，高效的优化策略和合适的约束机制都很重要。

表 3-6　MECMPLM-DE 和 MECMPKALM-DE 的性能指标

算法	最优值	最差值	中值	平均值	标准差	可行率（%）
MECMPLM-DE	0.0347	0.1445	0.0909	0.0908	0.0276	84
MECMPKALM-DE	**0.0334**	**0.1421**	**0.0792**	**0.0822**	**0.0258**	**90**

图 3-34 给出了两种算法独立运行 50 次中最优一次所对应的收敛曲线，本节选取四架无人机中最好的一次结果进行对比分析，从图中可以看出，MECMPKALM-DE 在优化中期已基本到达全局最优解的附近，进而进行小范围寻优，直至最后找到全局最优解；对比算法 MECMPLM-DE 和算法 MECMPKALM-DE 可以看出，引入的知识引导变异策略随着迭代次数的增加，全局搜索能力和局部开发能力明显增强，所提算法的收敛速度明显快于 MECMPLM-DE。图 3-35 给出了 MECMPLM-DE 和 MECMPKALM-DE 独立运行 50 次的结果，显然，MECMPKALM-DE 算法的适应度值更小，且更稳定。

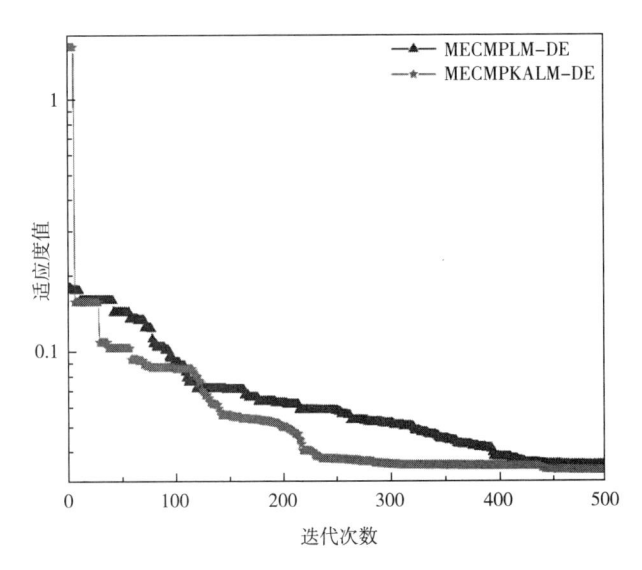

图 3-34 MECMPLM-DE 和 MECMPKALM-DE 的最优值收敛曲线

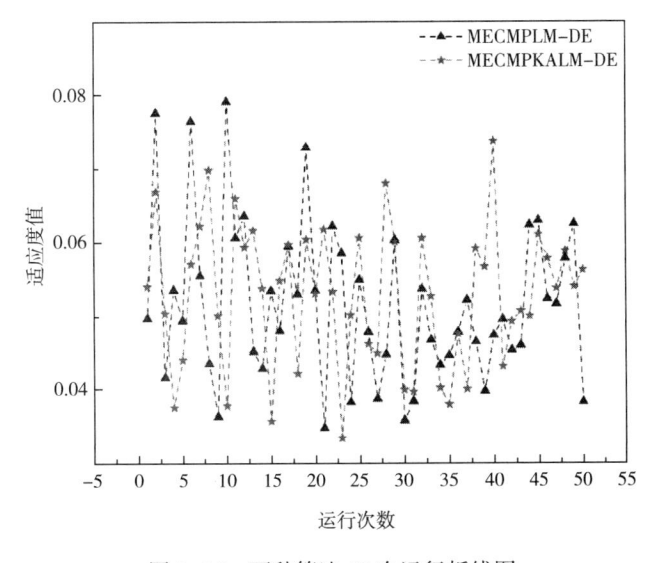

图 3-35 两种算法 50 次运行折线图

3.3 基于改进人工蜂群算法的无人机路径规划方法

航迹规划问题需要较好的算法支持以保证搜索到较优与可行的航迹。本节在标准人工蜂群算法的基础上，提出一种具有倾向性扰动机制的多维扰动人工蜂群算法。首先，在雇佣蜂阶段采用多维扰动搜索方式提高算法的探索能力，其次，在跟随蜂阶段采用精英个体倾向性搜索方式提高算法的开发能力，最后，在四种不同航迹点数量的情景下，验证所提的改进人工蜂群算法在解决高维航迹规划问题的性能。

3.3.1 问题描述与模型构建

本节中所研究的在三维复杂环境下，无人机航迹规划问题为固定翼无人机在全局环境信息、威胁信息已知的情况下进行的静态规划。最终规划目标是获得一条使无人机在满足自身机动约束的情况下，避开威胁区域与障碍地形，且飞行距离尽可能短的、由起点到终点的可飞航迹。为降低问题求解难度，本节假设无人机全程中始终保持恒定飞行速度。

本节在航迹规划上采用优化航迹点，并通过将其连接的方式获得无人机的飞行航迹，即算法所优化的内容为各航迹点的位置，表示为 $P=\{S, W_1, W_2, \cdots, W_N, T\}$。其中，$S(x_s, y_s, z_s)$ 和 $T(x_T, y_T, z_T)$ 分别为起始点与目标点的位置，$W_N(x_N, y_N, z_N)$ 则对应着第 N 个航迹点的三维坐标。而其所组成的航迹能否避开威胁则是由各航迹点及其之间的等距间隔点与威胁区域、地形障碍物之间的位置关系所决定的。同理，航迹是否满足无人机的机动约束条件也是由各航迹点的位置关系所决定的。一般情况下，针对三维航迹规划问题，航迹点上三个维度的坐标 x、y、z 均为算法规划的对象。而面对复杂场景时，需增加航迹点的数量以满足规划要求，这种情况下将会大幅提高规划的复杂程度，导致求解速度变慢。基于此为改善求解速度，本研究基于降低优化维度的思想，将所优化的内容降为 y、z 两个维度。

其主要方式是采用坐标轴转换的方式将起点与终点连线所处的直线作为 x 轴，以其水平方向上垂直的轴坐标为 y 轴。而航迹点在 x 轴上的坐标采用等距取值的方式进行固定，使算法的优化对象转变为 x 轴上等距间隔的航迹点 y、z 两个维度的坐标位置，以此来降低求解难度。参考坐标系由原先的 (x, y, z) 转变为 (x', y', z')（图 3-36）。

$$\theta = \arctan\left(\frac{y_T - y_S}{x_T - x_S}\right) \tag{3-43}$$

$$\begin{bmatrix} x'(i) \\ y'(i) \end{bmatrix} = \begin{bmatrix} \cos\theta & \sin\theta \\ -\sin\theta & \cos\theta \end{bmatrix} \begin{bmatrix} x(i) \\ y(i) \end{bmatrix} \tag{3-44}$$

式中，$x'(i)$ 和 $y'(i)$ 为转换后的坐标值，z 轴坐标保持不变。

由于无人机在航迹点之间存在较长的飞行航迹区间，如只针对航迹点处进行相应的碰撞、威胁计算会导致生成航迹存在不可行或威胁较大的航迹段，但未将其计入惩罚代价的情况，因此本节在计算惩罚代价时以在每一个航迹点之间插入等间距的参考点 $W_{k,i}$，并分别对其进行碰撞与威胁代价计算的方式进行处理（图 3-37）。

$$J_{L_{i,j}} = \sum_{k=1}^{m} J_{k, L_{i,j}} \tag{3-45}$$

式中，$J_{L_{i,j}}$ 为航迹点 i 与航迹点 j 之间的碰撞与威胁代价；$J_{k,L_{i,j}}$ 为航迹点 i 与航迹点 j 之间的各个参考点 $W_{k,L_{i,j}}$ 的代价。

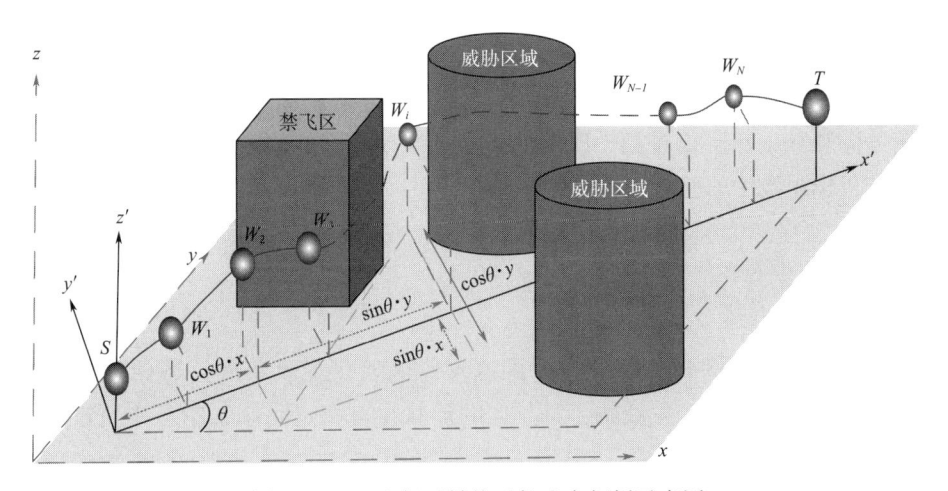

图 3-36 经坐标系转换后航迹点规划示意图

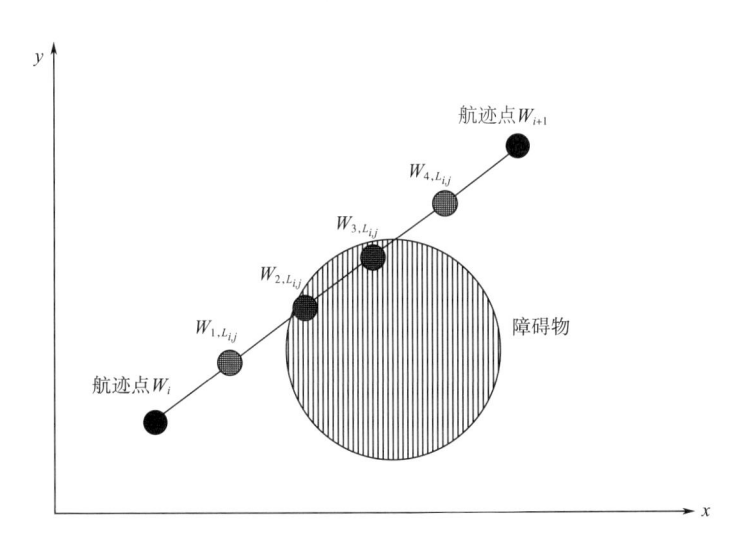

图 3-37 等距参考点示意图

（1）目标函数构建

经过算法生成优化的航迹需要有量化的评价指标才可以确定各航迹之间的优劣关系。本研究所采用的目标函数包括航迹长度代价、相对高度代价、山体碰撞代价、区域威胁代价、禁飞区代价和机动约束违反代价。其中涉及的各种约束采用高惩罚值的方式进行量化。

$$J_{\min} = J_{\text{Length}} + J_{\text{collision}} + J_{\text{threat}} + J_{\text{NFZ}} + J_{\text{Height}} + J_{\text{Yaw}} + J_{\text{Climbing}} \tag{3-46}$$

在解空间内搜索优化过程中所寻找到的，使目标函数获得最小值的解，便是当前所搜索到的最优航迹。

（2）地形环境建模

一般情况下山地是无人机航迹规划问题中最常见与最主要的地形环境因素。本节中，山地区域的建模方式采用如下的数学公式进行构建[22,23]。

$$H_k(x, y) = h_k \times \exp\left[\frac{(x_k^{\text{cen}} - x)^2}{s_k^x} + \frac{(y_k^{\text{cen}} - y)^2}{s_k^y}\right] \tag{3-47}$$

式中，$H_k(x, y)$ 是在水平坐标为 (x, y) 时，第 k 座山对应的高度，每一个水平坐标都对应一个高程值。s_k^x 和 s_k^y 则影响山体由中心沿 x 轴和 y 轴方向的变化幅度，用来控制山地的坡度趋势，本节中每一个山地对应的 s_k^x 和 s_k^y 均采用一个定值。x_k^{cen} 和 y_k^{cen} 分别是第 k 座山中心点位置的横坐标和纵坐标。h_k 是第 k 座山的最高点高度。当规划航迹上存在低于山地地形高程的情况时，目标函数中的碰撞代价将相应增加。

$$J_{\text{collision}}^{i,j} = \begin{cases} C_{\text{collision}}, & z_{i,j} < (H_{x_{i,j}, y_{i,j}}^k)_{\max}(k = 1, 2, \cdots) \\ 0, & \text{否则} \end{cases} \tag{3-48}$$

（3）禁飞区域建模

禁飞区域是规划无人机航迹时应避开的区域，例如存在风暴或区域相关信息未知等情况[5]，会对无人机行驶安全产生威胁，其具体的形状没有特定限制，本节中所设禁飞区域形状为立方体。

$$J_{\text{NFZ}}^{i,j} = \begin{cases} C_{\text{NFZ}}, & z_{i,j} < H_{\text{NFZ}}, x_l \leqslant x_{i,j} \leqslant x_u, y_l \leqslant y_{i,j} \leqslant y_u \\ 0, & \text{否则} \end{cases} \tag{3-49}$$

式中，H_{NFZ} 为禁飞区的高度；x_l, x_u, y_l, y_u 分别为禁飞区区域在 x 轴与 y 轴方向上的上下限。

（4）威胁区域建模

在执行任务过程中，无人机在其行进路线上可能会存在一些对飞行或任务执行产生影响的区域，例如雷达区域、防空炮区域等，规划航迹时要尽可能避免经过相关区域。

本节中的威胁采用的是防空炮区域威胁。防空炮区域一般情况下是一个高于水平面的半球形区域。当无人机进入防空炮的攻击范围内时，会存在被击伤、击毁的风险，因此在飞行过程中要远离以其为中心的区域。同时受防空炮的射程与精度影响，当无人机与其相距一定距离后，被击中的概率会大幅度降低，在必要的情况下可以适当穿越，因此防空炮区域的威胁模型采用分段式构建。

$$J_{\text{threat}}^{i,j} = \begin{cases} C_{\text{threat}} & D_{i,j}^m < R_m \times \rho \\ C_{\text{threat}} \times \dfrac{R_m - D_{i,j}^m}{R_m} & R_m > D_{i,j}^m > R_m \times \rho \\ 0 & R_m < D_{i,j}^m \end{cases} \tag{3-50}$$

式中，C_{threat} 和 R_m 分别为防空炮区域的威胁系数和最大威胁半径；$D_{i,j}^m$ 是当前航迹点和第 m 个威胁区域中心之间的距离；ρ 是小于 1 的比例系数，决定了威胁代价衰减的范围。

利用以上模型，本节在 MATLAB 2020b 仿真平台上进行仿真建模，搭建了仿真试验所需的环境模型，其结果如图 3-38 所示。

该仿真区域大小设定为 130km×130km，图中圆柱形区域为被拉伸截断后的防空炮区域，长方体状区域为禁飞区，等高线所处区域为山地区域。

（5）无人机航迹代价建模

在一条评价无人机航迹优劣的指标中，最重要的便是航程代价，它直接反映了无人机沿

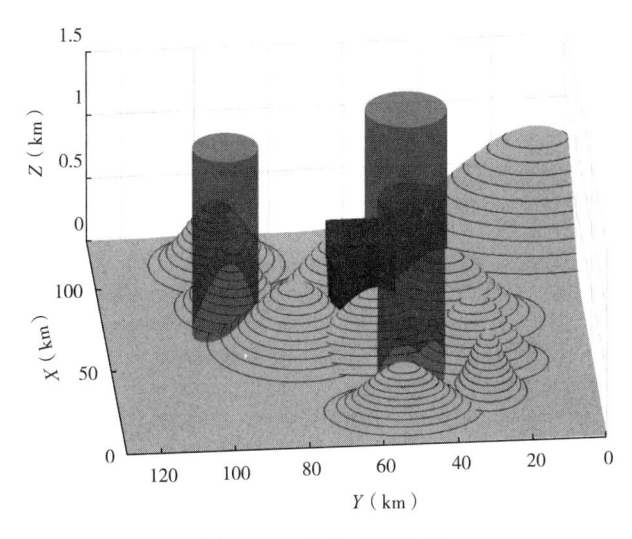

图 3-38　仿真环境模型

航迹飞行时所经过的路程长度。航程代价越小代表着无人机在执行当前任务后剩余的续航越久，后续任务的执行资源越多。本节的航程代价采用各航迹点之间欧氏距离累加和的方式计算。其公式如下：

$$J_{\text{Length}}^i = \sum_{j=1}^{D+1} \sqrt{(x_j - x_{j-1})^2 + (y_j - y_{j-1})^2 + (z_j - z_{j-1})^2} \quad (3\text{-}51)$$

$$J_{\text{Length}}^i = \sum_{j=1}^{D+1} \sqrt{(x_j - x_{j-1})^2 + (y_j - y_{j-1})^2 + (z_j - z_{j-1})^2} \quad (3\text{-}52)$$

式中，$D+1$ 为由 D 个航迹点分割而成的航迹点数量。

(6) 相对高度代价建模

无人机在复杂环境下低空执行任务时，与山地地形之间保持一个较近的相对距离有利于降低被探测到的概率，同时也可以减少被防空炮等火力点捕捉到的时间窗口期。因此本节中加入了一个相对高度代价使生成的无人机航迹尽可能维持在一个相对较低的水平高度。

$$J_{\text{Height}}^i = \begin{cases} C_{\text{Risk}} & , Z_j < H_{x_j, y_j}^k + h_{\min} \\ 0 & , H_{x_j, y_j}^k + h_{\min} \leqslant Z_j \leqslant H_{x_j, y_j}^k + h_{\max} \\ C_{\text{Risk}}(Z_j - H_{x_j, y_j}^k - h_{\max}) & , Z_j > H_{x_j, y_j}^k + h_{\max} \end{cases} \quad (3\text{-}53)$$

式中，C_{Risk} 是一个风险系数；Z_j 是无人机在第 j 个航迹点坐标 (x_j, y_j) 上的水平高度；$h_{\min}$ 和 $h_{\max}$ 是无人机与山地之间保持的最低与最高相对高度。

(7) 无人机机动约束条件

无人机存在一定的机动约束，为保证生成航迹的可行性，需要对搜索过程进行一定的约束，保证搜索算法获得有效的搜索结果。

(8) 偏航约束条件

由于飞行器在飞行过程中存在惯性影响，不能在短时间内以较大的角度改变路线。为了保障飞行安全，在规划阶段需要限制一个最小转弯半径 $R_{\min}$。相关的约束函数如下：

$$R_{\min} = \frac{v_{\min}^2}{g\sqrt{n_{\mathrm{f}}^2 - 1}} \tag{3-54}$$

$$J_{\mathrm{Yaw}} = \begin{cases} 0, & R_{\mathrm{cur}} < R_{\min} \\ C_{\mathrm{Yaw}}, & R_{\mathrm{cur}} > R_{\min} \end{cases} \tag{3-55}$$

式中，$R_{\min}$ 是最小转弯半径；$v_{\min}$ 是无人机飞行中的速度；g 是重力加速度；n_{f} 是无人机能承受的最大过载；R_{cur} 是当前转弯半径。

(9) 爬升角约束条件

当无人机在飞行中进行爬升时，会发生势能和动能的转换，如采用一个较大角度进行长时间的爬升，可能会发生推进力不足以弥补失去动能的情况，进而导致失速情况的发生。为了尽量保持飞行过程中飞行的稳定性，需要保证规划的航迹中尽量避免出现过于极限的机动航迹。因此在本研究中，无人机的最大爬升速度选择为正常飞行情况下，无人机性能参数中满足不产生持续性速度损失的最大爬升速度，以避免失速情况的发生。因此为了保证生成航迹的安全稳定，需要对飞行过程中的爬升角进行约束，其相关约束函数如下：

$$\gamma^i = \arctan\left(\frac{z_{i+1} - z_i}{\|(x_{i+1} - x_i,\ y_{i+1} - y_i)\|}\right) \tag{3-56}$$

$$\gamma_{\max}^i = \arctan\left(\frac{v_{\max}^z}{\|(v_{i+1}^x - v_i^x,\ v_{i+1}^y - v_i^y)\|}\right) \tag{3-57}$$

$$J_{\mathrm{Climbing}}^i = \begin{cases} 0, & \gamma^i < \gamma_{\max}^i \\ 1, & \gamma^i > \gamma_{\max}^i \end{cases} \tag{3-58}$$

式中，γ^i 和 $\gamma_{\max}^i$ 分别为第 i 个航迹点上，当前的爬升角度和最大爬升角度；v_i^x 和 v_i^y 分别为无人机在第 i 个航迹点沿 x 轴和 y 轴的速度分量；$v_{\max}^z$ 为无人机的最大爬升速度。

(10) 航迹平滑

通过本方式所优化获得的为一系列离散航迹点，其连接所获得的航迹段为折线形航迹，而在实际情况下，无人机由于存在惯性与物理约束，无法瞬时完成方向的转变，需要对该飞行轨迹进行平滑处理，以满足无人机对生成轨迹跟踪飞行的要求。B 样条曲线作为曲线平滑方式被广泛应用[24]，本节选择采用 Deboor-Cox 递推定义的 B 样条曲线对生成离散航迹点的航迹连线进行平滑。其定义如下：

$$N_{i,0(\mu)} = \begin{cases} 1, & \mu_i \leq \mu \leq \mu_{i+1} \\ 0, & \text{否则} \end{cases} \tag{3-59}$$

$$N_{i,k(\mu)} = \frac{\mu - \mu_i}{\mu_{i+k} - \mu_i} N_{i,k-1(\mu)} + \frac{\mu_{i+k+1} - \mu}{\mu_{i+k+1} - \mu_{i+1}} N_{i+1,k-1(\mu)} \tag{3-60}$$

$$P_{(U)} = \sum_{i=1}^{n} d_i N_{i,k}(\mu),\ \mu \in [\mu_i, \mu_{i+1}] \tag{3-61}$$

式中，i 对应的是节点序号，k 为递推次数。对 n 个航迹点进行 3 次 B 样条处理需要 n 个 3 次 B 样条基函数 $N_{i,k(\mu)}$。

其优化示意图如图 3-39 所示，实线折线为平滑处理前的原始航迹，在各航迹点处连续却不可导，无人机无法瞬时做出相应的调整，虚线曲线为经过三次 B 样条差值操作后最终航迹曲线，该曲线由更多的点插值拟合构成，使无人机可以在每一个调节周期保持连续跟踪并生成航迹，增强航迹的可行性与安全性。

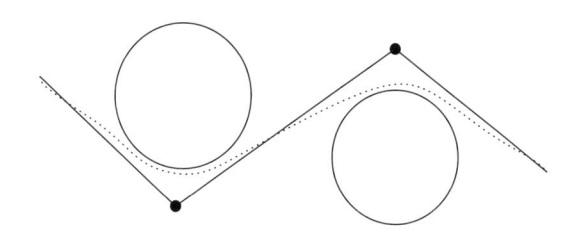

图 3-39　B 样条航迹平滑示意图

本节对无人机航迹规划的相关模型进行了描述，首先利用函数对山地区域环境模型进行了建模，接下来引入了两种威胁源：防空炮威胁（根据相距距离不同，威胁程度不同）和禁飞区威胁。防空炮威胁是指无人机如处在其范围内，则与其的相距距离决定了其威胁程度，距离越近则威胁越大。禁飞区威胁是指无人机在规划与飞行过程中禁止经过的区域。接下来是航迹代价建模，本节中无人机的航迹规划包括了无人机的航程代价和相对高度代价。航程代价为起点到终点间各个航迹段长度的累加之和；相对高度代价则为无人机在飞行过程中相对于地面的高度代价，超出高度限制时，相对高度代价会增加。是约束条件的建模，本节中的无人机约束条件包括爬升角约束和偏航角约束，其决定了算法求解生成的航迹路线是否可行。最后为航迹平滑阶段的模型建立，本节采用三次 B 样条算法对生成航迹进行处理，保证无人机在飞行阶段可以平滑可行地跟踪该航迹。

3.3.2　基于改进人工蜂群算法的规划方法

本研究的规划方法基于人工蜂群算法的思想，针对复杂环境下无人机航迹规划方式设计合理的搜索策略、更新机制、自适应机制等，以保证算法搜索可以在探索和开发能力上得到平衡与提升，增强算法搜索最优解的能力。

针对高维复杂环境下的问题，人工蜂群算法的单维搜索方式存在搜索范围小、收敛速度慢的问题，而现有的多维扰动搜索改进方式存在扰动位置过于随机，导致搜索能力反而更差的情况，本研究决定以航迹点之间的位置关系和航迹点所处航迹段中对应点曲率为参考，倾向性地随机决定参与扰动搜索的连续维数与扰动区域的多维扰动人工蜂群算法（MDP-ABC）。

该算法多维搜索机制主要应用于倾向于全局搜索的雇佣蜂阶段，以加快探索能力与效率，而倾向于局部开发的跟随蜂阶段仍拟采用单维搜索方式，以保证搜索精度。

MDP-ABC 算法的创新之处主要体现在以下两个方面：一是在雇佣蜂阶段采用两种多维扰动策略来加强探索能力与效率；二是在跟随蜂阶段采用基于精英策略的搜索来提高开发的效率。

3.3.2.1　多维扰动策略

因初期食物源均为较劣解而导致跟随蜂对其邻近区域进行局部开发对后期无显著帮助，较多计算资源被浪费，因此为了加速前期收敛同时加强雇佣蜂阶段的算法全局探索能力，提升算法效率，在雇佣蜂阶段选择采用多维扰动策略，改善常见的单维扰动模式的改进算法存在的前期收敛过慢的问题。

为了兼顾雇佣蜂阶段的快速收敛能力与探索能力，多维扰动策略采用双策略形式。

(1) 倾向性选择多维扰动策略

为了加快无人机航迹规划的收敛速度，引入结合无人机航迹规划问题特性的多维扰动策略。该策略通过判断航迹点之间的位置特性与曲率大小决定参与搜索的扰动中心与扰动维数数量。策略的初期阶段，随机选择当前个体的其中一维航迹点，通过当前航迹点的位置特性关系决定扰动中心点，并向两侧依次选取航迹点进行判断，根据对应航迹点与扰动中心点的位置特性关系和其自身的曲率大小关系决定是否纳入搜索范围，当一侧的航迹点经过判断不被纳入扰动范围时，该侧参与扰动搜索的航迹点数量确定，以保证搜索范围的连续性，提高搜索结果获得优化的期望。

图 3-40 给出了一个在复杂环境中规划无人机飞行航迹的例子。该航迹由一系列的航迹点组成，它们当前的航迹点位置接近于最优航迹。在图 3-40 中，航迹点被分为两类。一类是非驻点，如 A_1、A_2、A_3 和 A_4。假设这类航迹点被选为扰动的中心点，那么在优化过程中，以其为中心进行连续多维扰动只有在多个航迹点均只产生较小步长的扰动搜索时才存在改善航迹段的情况，优化期望较差。另一类是驻点，包括 B_1、B_2、B_3、B_4、B_5 和 B_6。假设这种类型的航点被选为扰动中心点，由于其处于一个曲线航迹段内，以其为中心进行连续的相近方向和幅度趋势的多维扰动飞行航迹得到大幅改善的期望更大。

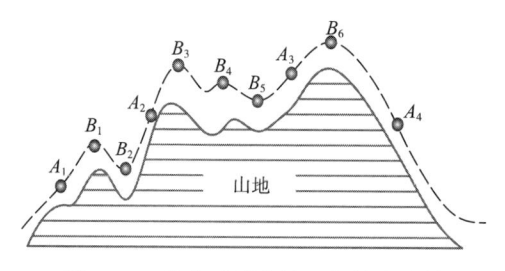

图 3-40 优化过程中的飞行航迹示例

基于上述情况，本节采用倾向性选择机制来选择雇佣蜂阶段的扰动中心点，而不是传统 ABC 算法中的随机选择。对于该方法，第一步是随机选择一个参考点，并确定其扰动的中心点；第二步是随机选定以 x 轴与 y 轴或 x 轴与 z 轴所组成平面上的曲线特征作为参考，确定参与扰动搜索的航迹点的数量（也被称为扰动维数）。为了进一步阐明选择机制，图 3-41 中给出了一个例子，并在下文中进行了详细描述。利用航迹特性与曲率的倾向性多维扰动策略的具体流程由伪代码表述。

由于航迹是由一系列离散的航迹点组成的，为求得其之间形成的离散曲率，需要获得其离散一阶导数与离散二阶导数。本节中求解各航迹点之间的离散曲率的离散一阶导数与离散二阶导数通过采用文献 [25] 法的方式获得。对于平面内的离散航迹点 $P_i = (x_i, y_i)$ 及其邻域 $\{P_k \mid i-n_1 \leq k \leq i+n_1\}$，点 P_i 处的一阶与二阶离散导数如下：

$$y'_i = \frac{\sum_{k=i-n_1}^{i+n_1}(x_k - x_i)(y_k - y_i)}{\sum_{k=i-n_1}^{i+n_1}(x_k - x_i)^2} \tag{3-62}$$

$$y_i'' = \frac{\sum_{k=i-n_2}^{i+n_2}(x_k-x_i)(y_k'-y_i')}{\sum_{k=i-n_2}^{i+n_2}(x_k-x_i)^2} \qquad (3-63)$$

n_1 为点 P_i 其中一侧所选取的邻近点个数，$n_2=n_1-1$。

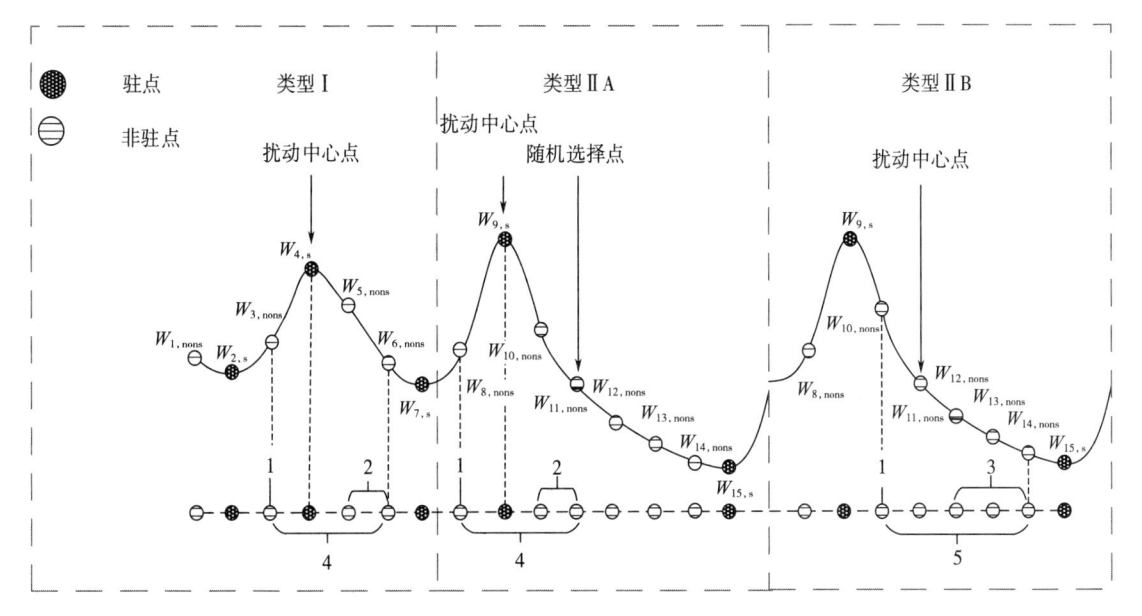

图 3-41　倾向性选择的多维扰动策略的示例

该策略根据当前解中航迹点分布情况，将其分为三种类型，每一种类型下的扰动中心点选择方式如下：

$$W_{cen} = \begin{cases} W_{i,s} & W_{i-1} < W_{i,s} \ \& \ W_{i+1} < W_{i,s} & (类型\text{ I}) \\ W_{i,ns} & W_{i-1} < W_{i,nons} < W_{i+1} \ \& \ Prob_i < rand & (类型\text{ II A}) \\ W_{i,nons} & W_{i-1} < W_{i,nons} < W_{i+1} \ \& \ Prob_i > rand & (类型\text{ II B}) \end{cases} \qquad (3-64)$$

式中，$W_{i,s}$ 和 $W_{i,nons}$ 分别代表着航迹点在 x 轴与 y 轴坐标或 x 轴与 z 轴坐标之间所组成的平面曲线的驻点和非驻点；W_{i-1} 和 W_{i+1} 是与 $W_{i,s}$ 或 $W_{i,nons}$ 相邻的航迹点；$W_{i,ns}$ 是最接近 $W_{i,nons}$ 的驻点；$Prob_i$ 是方案类型 II A 和类型 II B 之间的选择概率。

类型 I：所选的一个参考点（如 $W_{4,s}$）是一个驻点，直接将其选择为扰动中心点。在这种情况下，向两侧依次判断航迹点类型，将两侧连续的非驻点作为扰动点，即 $W_{4,s}$ 两侧的非驻点 $W_{3,nons}$、$W_{5,nons}$ 和 $W_{6,nons}$，则本次的扰动维数为 4。

类型 II A：所选的一个参考点（如 $W_{11,nons}$）是一个非驻点。则距离其最近的一个驻点（$W_{9,s}$）被选为该参考点下对应的扰动中心点，两者之间的航迹点（$W_{10,nons}$ 和 $W_{11,nons}$）均参与扰动搜索，同时以该侧参与扰动的航迹点数量作为上限，依据类型 I 的方式决定 $W_{9,s}$ 另一侧参与扰动的航迹点。在这种情况下，航迹点 $W_{8,nons}$、$W_{10,nons}$ 和 $W_{11,nons}$ 作为非驻点，参与本次扰动搜索。即扰动维数为 4。

类型ⅡB：在对应局部航迹段以 $W_{9,s}$ 作为扰动中心点时长，时间不能改善优化效果的情况下（在类型ⅡA中），在类型ⅡA中以 $W_{9,s}$ 作为扰动中心的参考点（如 $W_{11,\text{nons}}$）被概率性地选为扰动中心点。将相邻两个驻点之间的非驻点航迹点作为扰动搜索参与点，即位于驻点 $W_{9,s}$ 和 $W_{15,s}$ 之间的 $W_{10,\text{nons}}$、$W_{11,\text{nons}}$、$W_{12,\text{nons}}$、$W_{13,\text{nons}}$ 和 $W_{14,\text{nons}}$ 的扰动维数为5。

选择参与扰动搜索的航迹点后，需要确定其两侧相邻参与搜索的航迹点的数量，如仍选择采用标准人工蜂群算法的扰动搜索方式，会有多个航迹点的搜索方向与步长随机性过大、相关性不强，导致生成的新位置中各个航迹点分布过于离散与随机混乱，生成的新航迹段航迹长度代价迅速增高，导致适应度值变得更差的情况发生，绝大多数新生成的航迹因适应度较差而不被更新。为了提高扰动搜索的期望、加快搜索速度，本节采用一种参考点引导的方法，倾向性地生成扰动方向与步长。该方式以扰动参与点在两端不参与扰动搜索的航迹点的连线上的投影作为参考点。扰动中心点随机生成新航迹点位置，将该位置与参考点之间的扰动方向与步长占比作为参考，采用一个新的密度分布函数公式式（3-65）引导其余参与扰动搜索航迹点的扰动步长，并采用式（3-66）进行搜索，使扰动搜索具有倾向性与相关性，提高搜索效率。如图3-42所示，选定的扰动点（如 W_{j-2}、W_{j-1}、W_j 等）被投影生成参考点（如 W'_{j-2}，W'_{j-1}，W'_j 等）。

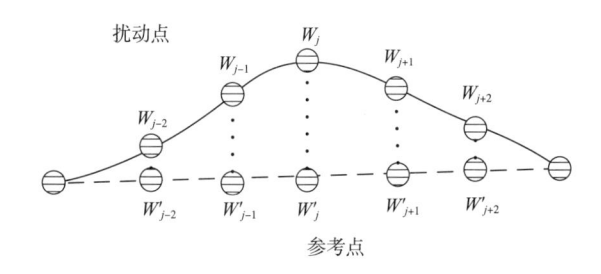

图 3-42 选定的扰动点所对应的参考点

$$v_j = x_j + \left[C - \left(\frac{G}{G_{\max}} \right)^4 \right] \cdot \varphi_j \cdot (x'_j - x_j) \tag{3-65}$$

$$\varphi_j = -Sgn(\varphi_{\text{cen}}) \times \frac{\ln\left[\dfrac{\dfrac{2}{\varphi} - 1}{\exp(D \times |\varphi_{\text{cen}}|)} \right]}{D} \tag{3-66}$$

式中，φ_{cen} 是随机产生的从-1到1的随机数；x' 是参考点坐标；C 是一个常数；G 与 $G_{\max}$ 分别为 φ_j 用于指导其余扰动点的扰动方向和步长大小；D 是问题中航迹点总数量；φ 是 [0, 1] 之间的一个随机数。

C 为一设定的常数，影响了生成 $\varphi_{i,j}$ 的范围，φ 为处于 [0, 1] 范围内的随机数，决定了该函数最终的取值，$\varphi_{i,\text{cen}}$ 为扰动中心点的对应的参数 $\varphi_{i,j}$，其取值影响了其余参与扰动的航迹点的扰动方向与步长的取值倾向，其随机取值范围为 [-1, 1]。

通过该函数的引导和所有参与扰动的航迹点均以同一随机选定个体上扰动中心点对应维的位置作为参考两个操作，可以使参与搜索的航迹点与干扰中心点具有近似的扰动方向和幅度范围，从而增大搜索得到的航迹的平滑度，降低由于生成的航迹不规则（导致生成航迹长度的成本大幅增加）而放弃有助于后续搜索的结果的发生概率，以提高有效搜索的概率。

（2）随机多维扰动策略

采取上述有倾向性的选择方式可以加强局部探索能力，但其过强的倾向性导致算法在雇佣蜂阶段的全局探索能力降低，较易陷入局部最优，使算法较早陷入停滞，导致某些情况下难以搜索到全局最优。因此为了避免这种情况，在雇佣蜂阶段也引入了一种随机选择策略。与倾向性的选择相比，扰动中心点与扰动维数的选择是随机的。扰动维数由当前所有食物源在航迹点 W_j 处的分布情况决定，当局部分布较为密集时，表明当前的所有解在以航迹点 W_j 为中心的区域搜索过于集中，需适当增大该阶段搜索幅度；反之，则表明各解个体在该航迹点对应维度分布较为分散，算法整体陷入局部最优，导致搜索停滞的可能性较低，可选择采用较小的扰动搜索维数，减小探索范围，加强局部开发能力。

$$K_j = \frac{D}{2} \times \left[1 - \frac{\left(\frac{\sigma_{j,y}}{(Y_{j,\max} - Y_{j,\min})} + \frac{\sigma_{j,z}}{(Z_{j,\max} - Z_{j,\min})} \right)}{2} \right] \qquad (3\text{-}67)$$

伪代码

输入：随机选定航迹点 P_i 扰动中心点两侧的航迹点数量 N_{left}，N_{right}，航迹点的曲率值 Cur

输出：参与扰动搜索的航迹点数量 n_{left}，n_{right}

Switch 航迹点类型

Case 类型 I

While $n_{left} \leq N_{left}$

  If $P_{i-nleft}$ 不为驻点   {$n_{left} = n_{left} + 1$}

  elseif $Cur_{i-nleft} < Cur_i$ && $Cur_{i-nleft} < Cur_{Ave}$ {$n_{left} = n_{left} + 1$}

  else   {该侧参与扰动搜索航迹点数量确定}

  End

End

n_{right} 采用相同方式获得

Case 类型 II A

假设 P_s 是一个位于 P_i 左侧并离其最近的驻点，P_s 被选择作为扰动中心点

$n_{left} = i - s$，n_{right} 采用类型 I 相同方式获得

if 找到更优航迹   {$Prob_{i-nleft:i-nright} = 0$}

else   {$Prob_i$ 值增加}

end

case 类型 II B

P_i 作为扰动中心点

n_{left} 与 n_{right} 通过类型 I 的方式获得

$Prob_i$ 值通过类型 II A 方式获得

假设航迹点 W_j 被随机选择为扰动中心点，扰动维度由式（3-67）确定。其中 K_j 是以 W_j

为中心每一侧参与扰动搜索的航迹点数量。也就是说，扰动维数为 $2K+1$。σ_y 和 σ_z 分别是第 j 个航迹点位于 Y 和 Z 轴上所有食物源的坐标分布标准差。$Y_{j,\max}$ 和 $Y_{j,\min}$ 是经过旋转后坐标系中 W_j 沿 Y 轴的最大和最小边界，$Z_{\max}$ 和 $Z_{\min}$ 是沿 Z 轴的最大和最小边界。

当确定好搜索的维数后同样使用式（3-65）与式（3-66）进行新解的搜索。

两种多维扰动策略的选择：

如上所述，本研究采用了两种多维扰动策略：倾向性多维扰动策略和随机多维扰动策略。为了保证算法能实时性地自适应确定策略的使用倾向，本节设定一周期 ng，每一周期内策略选择概率保持不变，以轮盘赌的方式随机选择在雇佣蜂阶段各个个体的搜索策略，并在周期结束时，根据该周期内的两种策略的搜索成功率动态更新。也就是说，在当前周期性能较好的策略在下一期可以获得更大的选择概率。选择多维扰动策略的伪代码显示在伪代码中。

伪代码：策略选择

输入：两种算法的搜索成功率 Sus_1 与 Sus_2

输出：策略选择概率 P

If (G/ng) 为整数

  If Sus_1 > Sus_2

    策略 1 的选择概率增加

  Else

  策略 2 的选择概率增加

  End

End

在算法的初始阶段，参数被初始化，包括蜂群大小 SN、最大迭代次数 $G_{\max}$、航迹点数量 D 等。在两个多维扰动策略中选择概率 P_s 被设定为 0.5，而扰动中心点采用模式ⅡB的概率 P_d 被初始化为 0。在雇佣蜂阶段，根据其概率 P_s 选择一个多维扰动策略，扰动搜索中的扰动中心点和维度根据所选策略确定，并随机选择扰动方向和步长。之后，对个体进行逐一评估，并选择更好的个体进行更新。在跟随蜂阶段，用精英策略随机选择适应度较好的个体，并通过轮盘赌的方法确定扰动维。在侦察蜂阶段，当一个试验计数器超过预定的"极限"值时，用初始化中的相同方法更新个体。当迭代次数是设定评估周期 ng 的整数倍时，两个多维扰动策略的选择概率被重新确定。获胜的策略在下一个评估周期中被选中的概率得到提高（图 3-43）。

3.3.2.2　精英解跟随策略

在跟随蜂阶段，跟随蜂根据雇佣蜂的信息概率性地选择食物源。为保证算法求解的精确性，增强算法的开发能力，在跟随蜂阶段，在本节中依旧采用单维搜索的方式，同时为了将计算资源应用到具有较高期望的解上，该阶段的跟随蜂采用一个精英解跟随策略，只在较好的食物源中进行局部开发，其余食物源只在雇佣蜂阶段参与搜索。当雇佣蜂在大幅度的探索过程中被发现优质食物源位置后，该食物源才会重新被跟随蜂考虑。精英个体数量根据式（3-68）决定。

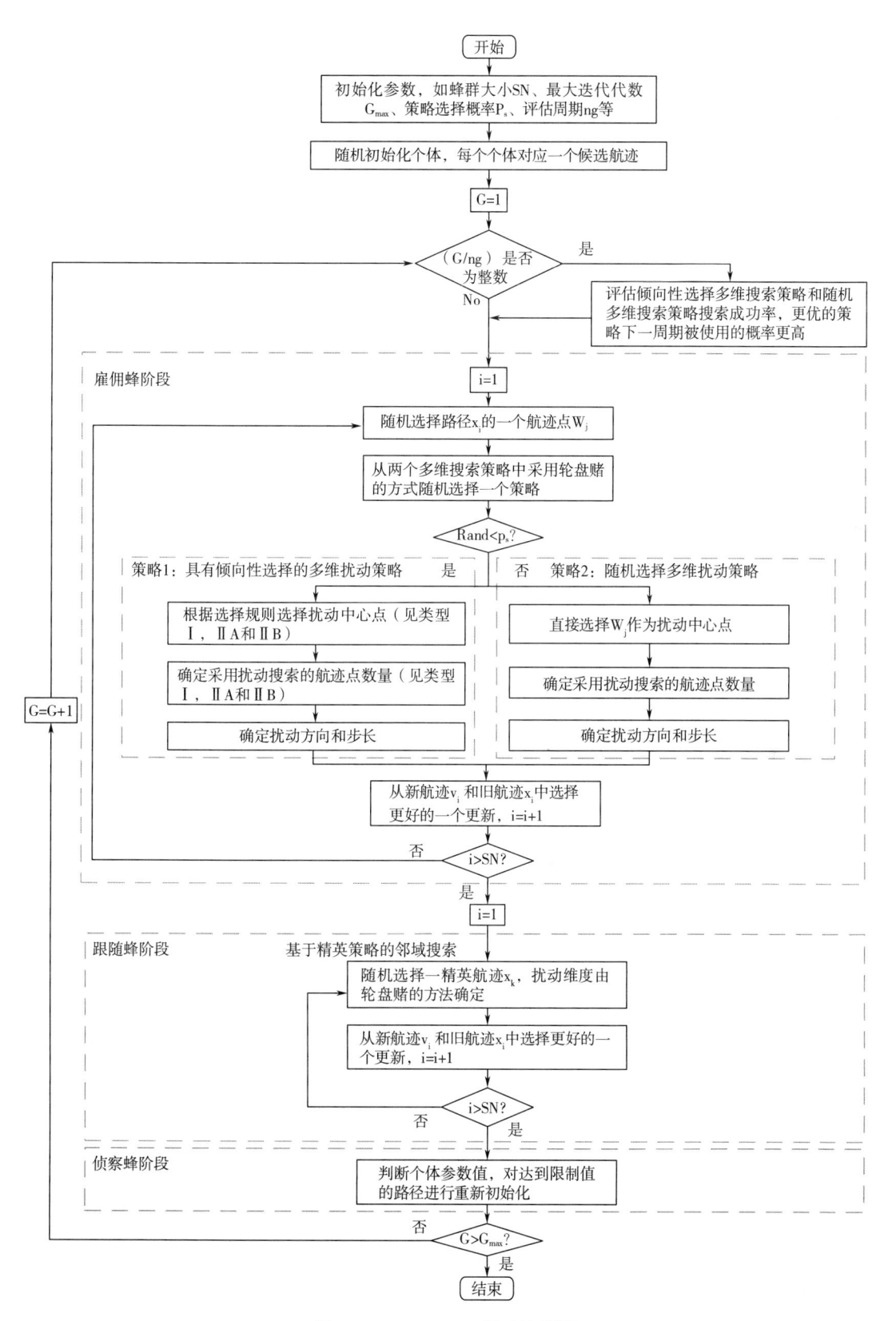

图 3-43　MDP-ABC 算法流程图

$$rn = \frac{pr}{100} \times N \tag{3-68}$$

$$v_{i,j} = x_{i,j} + \varphi \cdot (x_{i,j} - x_{k,j}) \tag{3-69}$$

式中，rn 是精英个体的数量；pr 是精英个体与种群中所有个体的比例；$x_{i,j}$ 是从精英个体中随机选择的；$x_{k,j}$ 是从种群中所有个体中随机选择的（$i \neq k$）。具有高适应度的精英个体被选择作为优化对象的概率更高。

同时，为了增强扰动搜索的成功期望，在随机选择扰动航迹点时加入曲率作为参考，根据个体所组成的航迹中的各离散航迹点的空间曲率大小决定随机选择的概率，曲率越大，表明在该局部航迹段中平滑度较低，对其进行搜索有较高的期望得到优化，反之则相对平滑，接近该局部航迹段的最优，优化优先度降低。最终选择采用轮盘赌的方法随机确定所选个体的扰动航迹点位置。

$$P_i^c = \frac{Cur_i}{\sum_i^D Cur_i} \tag{3-70}$$

式中，P_i^c 是每一个精英个体的被选择概率；Cur_i 是该精英个体的第 i 维航迹点的曲率。

3.3.3 结果与分析

为了验证 MDP-ABC 算法的性能，本章引入了一个复杂环境下的战斗场景，设计相应的威胁，包括防空炮威胁和禁飞区，将其置于从起始点到目标点的连接线附近，目的是增加环境的复杂性。其中威胁源的参数在表 3-7 列出，尺度以 km 为单位。无人机设置飞行速度为 150km/h，最大爬升速度设定为 4m/s。本章在此场景基础上分别进行航迹点数量为 10、20、30、40 的四种不同规划维度的模拟，以证明本算法在高维问题下的求解能力。

表 3-7 防空炮威胁与禁飞区威胁参数

起始坐标	目标坐标	威胁				
		防空炮		禁飞区	
		中心坐标	半径	边界坐标	高度
(13.5, 13.5, 0.1)	(120, 115, 0.25)	(35.5, 49.5)	9	(86.5, 76), (86.5, 89) (98.5, 76), (98.5, 89)	0.7
		(69.5, 96.5)	9		
		(87.5, 46.5)	11		

为更清晰地表明 MDP-ABC 算法在解决无人机航迹规划问题中的优越性，本节引入了 7 种对比算法与 MDP-ABC 进行比较，包括 ABC[25]、ABCiff[26]、NSABC[27]、MoABC[28]、SAEDE[29]、PIO[30]、CIPSO[31]。基本人工蜂群算法和鸽群算法是典型的群体智能算法；ABCiff 和 NSABC 是在一维扰动搜索方式下具有不同搜索[5] 策略的人工蜂群算法变体。MoABC 是采用多维随机扰动搜索方式的人工蜂群算法变体。SAEDE 是采用多策略的差分进化算法变体；CIPSO 为可以加快收敛速度的粒子群算法变体。在本节模拟中，所有的算法都独立运行 30 次，避免偶然性影响。模拟在一台配备 AMD Ryzen 7 4800H CPU @ 2.9GHz、16GB RAM 和

Windows 10 64 位操作系统的计算机上进行，仿真平台为 MATLAB 2020。

表 3-8 给出了 MDP-ABC 算法的参数，表 3-9 显示了对比算法的参数。这些参数值来自以前的文献或模拟验证选择。

表 3-8　MDP-ABC 算法的参数设置

参数		值	文献
最大迭代次数：G_{max}		1000	
蜜蜂数量：N	雇佣蜂：SN	30	参考文献 [28]
	跟随蜂：SN	30	
最大搜索次数的限制：$limit$		$D \times SN$	
精英蜜蜂比例：pr		20	

表 3-9　对比算法参数设置

算法	种群大小	参数	参数来源
ABC			—
NSABC	$N = 60$ 雇佣蜂：$SN = 30$ 跟随蜂：$SN = 30$	$K = 0.1 \times N$	Ref. [28]
ABCiff		$Pr = 20$	Ref. [27]
MoABC		$MR = 0.1$	Ref. [29]
SAEDE		$F = [0.1:0.1:0.9]$, $CR = [0.1:0.1:0.9]$	Ref. [30]
PIO	$N = 60$	$R = 0.2$, $NC_{1max} = 300$, $NC_{2max} = 300$	Ref. [31]
CIPSO		$\omega_{max} = 0.9$, $\omega_{min} = 0.4$, $c_{max} = 3.5$ $c_{min} = 0.5$, $\alpha = 2$, $\mu = 4$	Ref. [32]

$Limit = D \times SN$

D 为算法求解维度，即航迹点数量大小。在本节中，不同场景下的具体数值是不同的。

图 3-44 到图 3-51 分别为航迹点数量设定为 10、20、30、40 时，MDP-ABC 算法与八个对比算法的搜索结果对比。

见附表 3-1 所示的统计结果，MDP-ABC 在航迹点设置为 10 时所搜索到的航迹代价最小值仅次于 NSABC，最大值、平均值和方差均优于其他几种算法，但如图 3-44 的迭代曲线所示，由于航迹点数量过少，MDP-ABC 算法在雇佣蜂阶段的多维搜索策略无法有效发挥作用，因此在收敛速度上与 NSABC、ABCiff 算法无较为明显的区别，PIO 算法过早陷入停滞，无法搜索到可行解，MoABC 与 CIPSO 收敛速度较慢，难以搜索到较优解，此时各算法所搜索到的最优解代价值为 156.482。图 3-45（a）和 3-45（b）显示了在航迹点设置为 10 时，规划的无人机飞行航迹的三维视图与俯视图。这里选择了每个算法的 30 次运行中最好的一次来展示。可以看到，除 PIO 算法与 MoABC 算法外，其余算法搜索到的最优解均未从禁飞区附近经过，且 PIO 与 MoABC 算法在航迹的长度与高度优化上优化效果较差，即所有算法均未能搜索到实际的最优航迹。

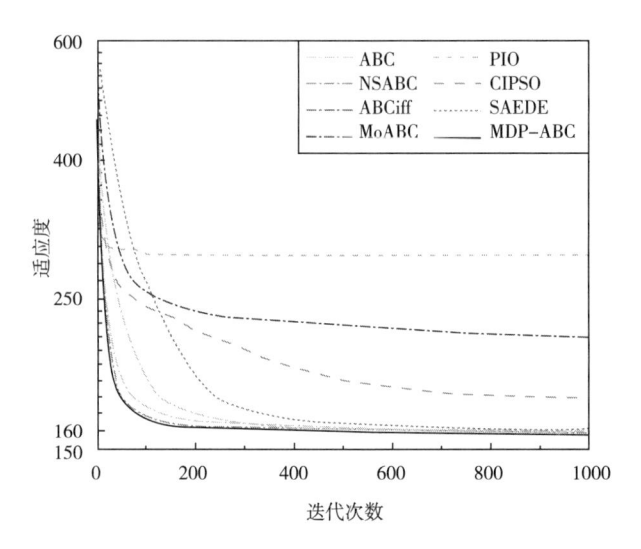

图 3-44　航迹点数量为 10 时 ABC、NSABC、ABCiff、MoABC、PIO、CIPSO、SAEDE、MDP-ABC 的收敛曲线

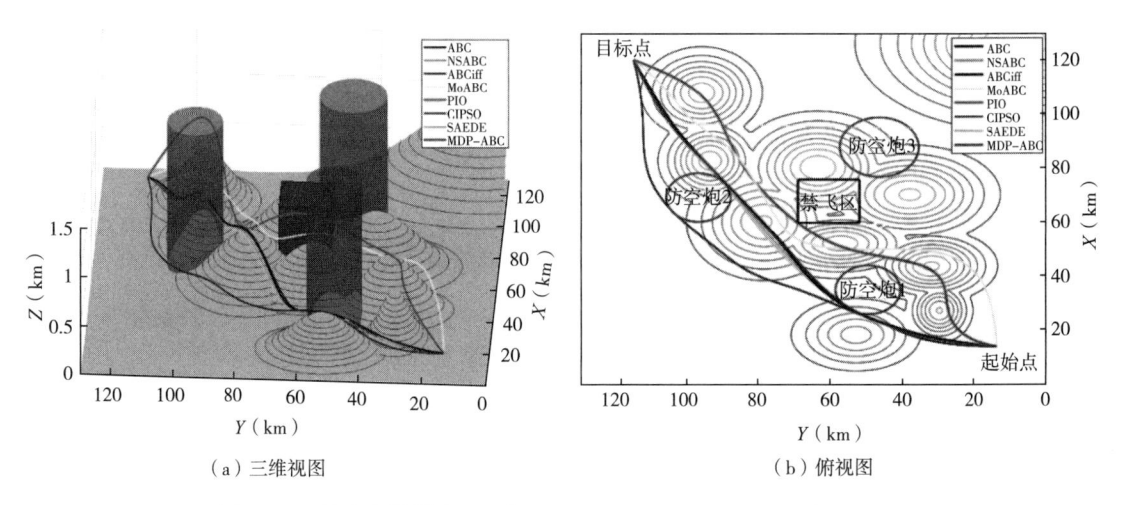

（a）三维视图　　（b）俯视图

图 3-45　航迹点数量为 10 时 ABC、NSABC、ABCiff、MoABC、PIO、CIPSO、SAEDE、MDP-ABC 的最优航迹

而当航迹点数量设置为 20 时（图 3-46、图 3-47），MDP-ABC 算法在所有指标上都明显优于其他对比算法，此时 MDP-ABC 的收敛速度相较于 ABCiff 的差距已有明显提升，同时略优于 NSABC。MoABC、CIPSO 所搜索到的最优航迹相较于航迹点数量设置为 10 时大幅劣化，PIO 算法在垂直方向上优化效果较差。可以看到除 CIPSO、MoABC、PIO 以外的算法均能搜索到与实际的最优航迹近似的航迹，此时各算法所搜索到的最优解代价值为 148.868，证明了当航迹点数量增大时，在一定复杂场景下会使算法可以搜索到实际的最

优解航迹。

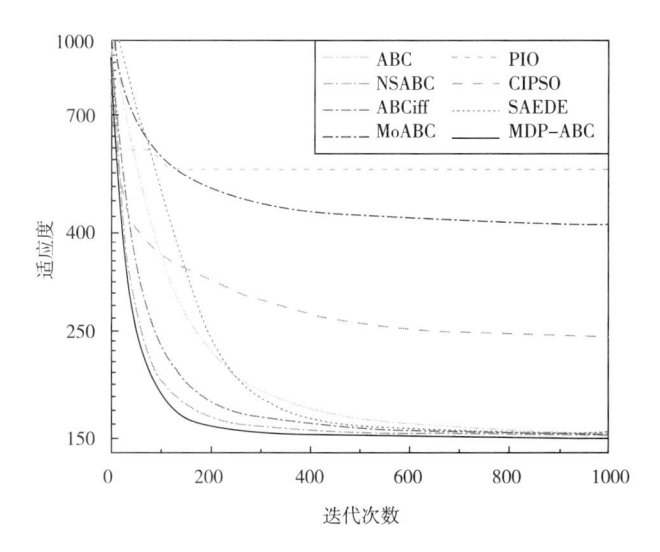

图 3-46　航迹点数量为 20 时 ABC、NSABC、ABCiff、MoABC、PIO、
CIPSO、SAEDE、MDP-ABC 的收敛曲线

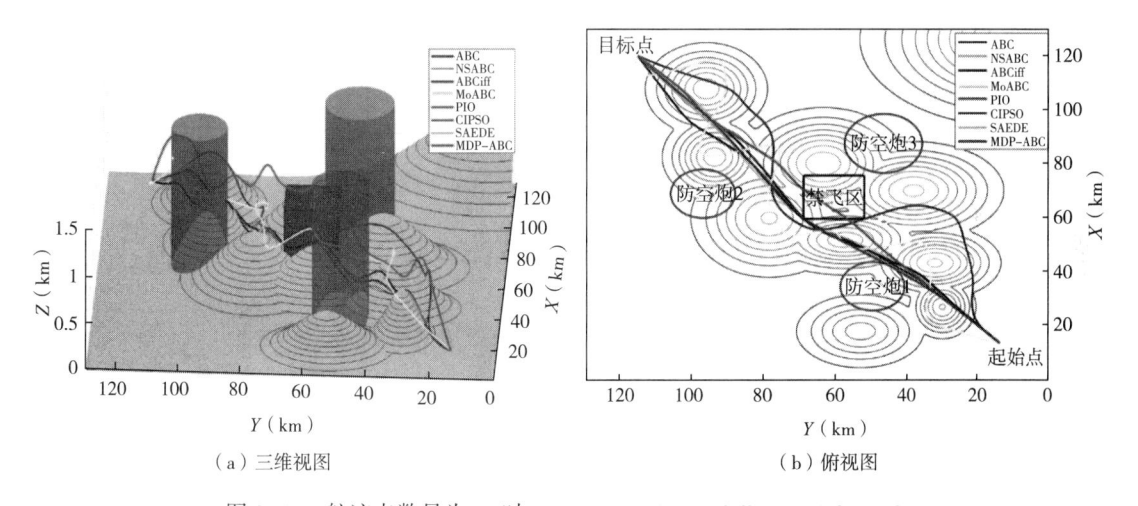

（a）三维视图　　　　（b）俯视图

图 3-47　航迹点数量为 20 时 ABC、NSABC、ABCiff、MoABC、PIO、
CIPSO、SAEDE 和 MDP-ABC 的最优航迹

当航迹点数量增加到 30 与 40 时，各算法的收敛速度均有不同程度降低，其中 MDP-ABC 算法的收敛速度变化最小，且在航迹点数量设置为 30 时（图 3-48、图 3-49），MDP-ABC 算法搜索到四种航迹点参数下最优航迹代价航迹，航迹代价值为 148.358，航迹点数量设置为 40 时（图 3-50、图 3-51），最优航迹仍为 MDP-ABC 算法所搜索到，航迹代价值为 148.476。与此同时其余各对比算法均出现较差解与不可行解。显然，MDP-ABC 在收敛性和稳定性方面仍然优于其他算法。ABCiff 和 NSABC 等算法也陷入局部最优解。这一事实证实了 MDP-ABC 在复杂环境下的无人机航迹规划中优于其他方案，因此所提出的算法 MDP-ABC 在复杂环境下规划无人机航迹方面具有优势。

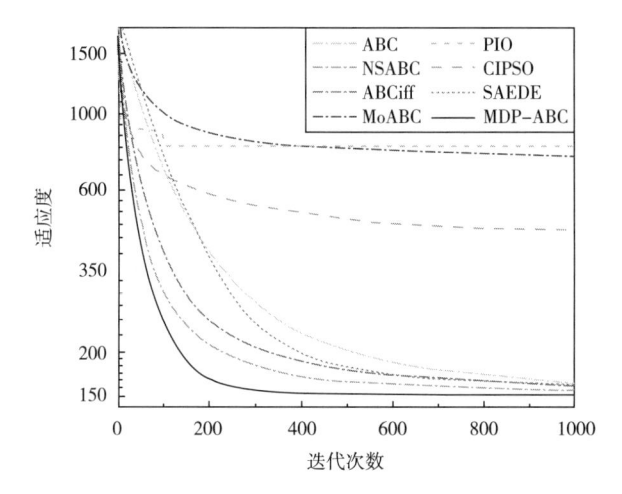

图 3-48 航迹点数量为 30 时 ABC、NSABC、ABCiff、MoABC、PIO、CIPSO、SAEDE、MDP-ABC 的收敛曲线

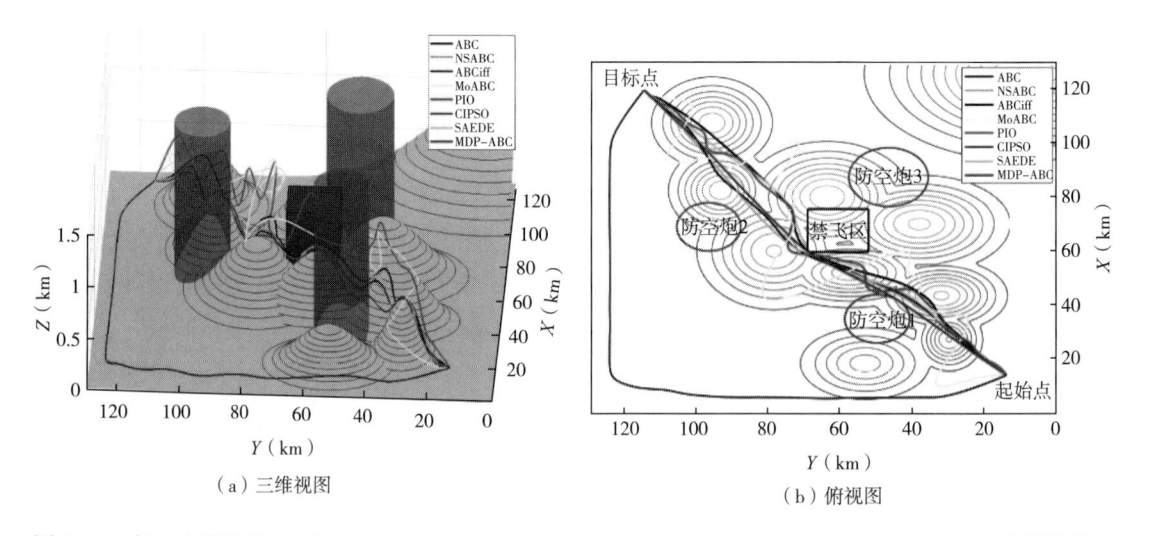

图 3-49 航迹点数量为 30 时 ABC、NSABC、ABCiff、MoABC、PIO、CIPSO、SAEDE、MDP-ABC 的最优航迹

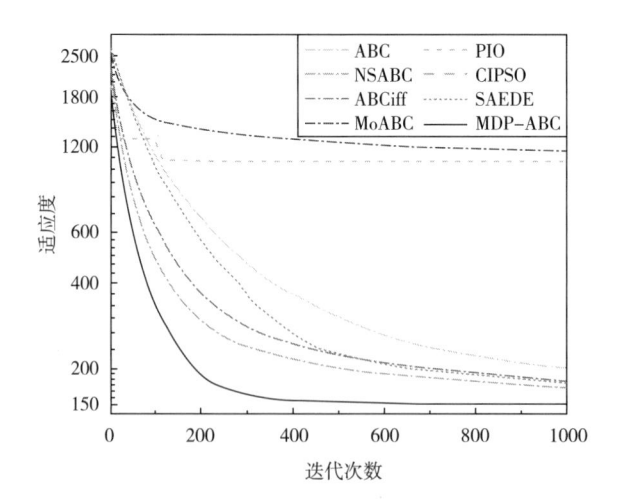

（a）三维视图　（b）俯视图

图 3-50 航迹点数量为 40 时 ABC、NSABC、ABCiff、MoABC、PIO、CIPSO、SAEDE、MDP-ABC 的收敛曲线

(a)三维视图　　　　　　　　　　(b)俯视图

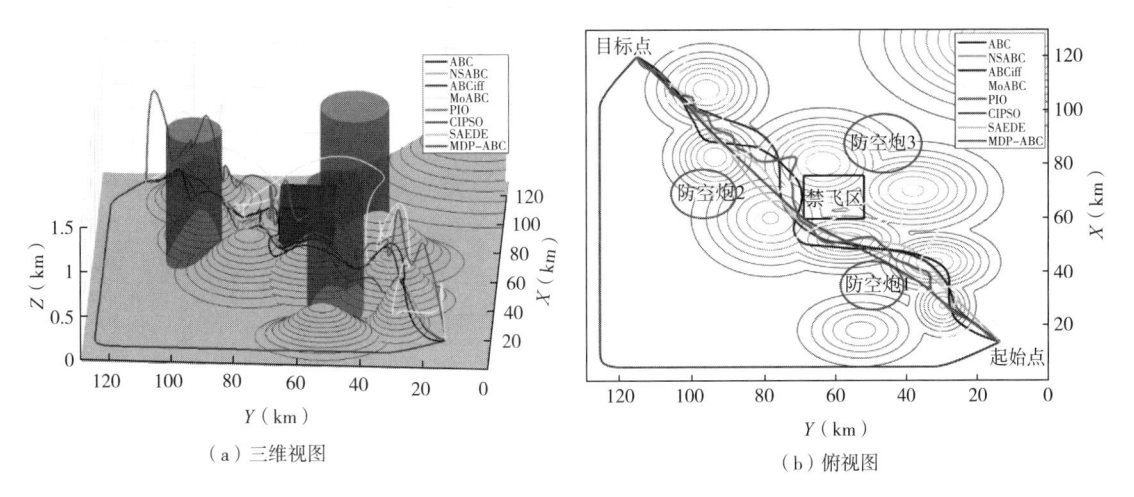

图 3-51　航迹点数量为 40 时 ABC、NSABC、ABCiff、MoABC、PIO、CIPSO、SAEDE、MDP-ABC 的最优航迹

为了系统地评价 MDP-ABC 算法，引入了一个指标 $p_{i,j}^k$ 来定量评价所有算法，该评价方式来自郑志帅[32]。当 $p_{i,j}^k$ 的值为正值时，表示 MDP-ABC 算法优于一个与之相对比的算法；当 $p_{i,j}^k$ 的值为负值时，表示 MDP-ABC 算法劣于一个对比算法，其值计算方法如下：

$$p_{i,j}^k = -\left(\frac{V_{i,j}^{\mathrm{MDP\text{-}ABC}} - V_{i,j}^k}{V_{i,j}^k}\right) \times 100\% \tag{3-71}$$

式中，i 和 j 分别是场景和指标的索引；k 是算法的索引；$V_{i,j}^{\mathrm{MDP\text{-}ABC}}$ 是 MDP-ABC 在第 i 个场景中的指标 j 的值；$V_{i,j}^k$ 是对比算法 k 在第 i 个场景中的指标 j 的值。

图 3-52 给出了 MDP-ABC 与 ABC、NSABC、ABCiff、MoABC、PIO、CIPSO 和 SAEDE 在四种情景下运行 30 次、迭代 1000 次后结果的最小值、最大值、平均值和方差指标的定量比较（附表 3-1）。对于最小指标，航迹点数量为 10 的情况中 MDP-ABC 的条形图高于除 NSABC 之外的其他比较算法，提升的幅度为 0.03%~35%（附表 3-2）。具体来说，MDP-ABC 在实现最优、近似最优方面接近 SAEDE，远远优于 MoABC 和 PIO 算法（这一事实也在上述小节中讨论）。随着航迹点数量的增加，MDP-ABC 在航迹点数量为 20 的情况下最小值指标上均优于其他算法，在航迹点数量为 30、40 时 MDP-ABC 始终保持最小值略优于 NSABC、ABCiff 和 SAEDE，但在最大值与平均值指标上明显优于这些算法，在方差上 MDP-ABC 在四种情况下均远远优于其他算法，显示出较优的稳定性，提升的幅度为 32%~100%。这些事实证实了 MDP-ABC 在复杂环境中规划无人机航迹的优秀能力。

为了进一步说明航迹点设置数量对 MDP-ABC 算法的影响，图 3-53 给出了在这四种情况下 MDP-ABC 随航迹点数量变化的性能指标变化趋势。在该场景中，MDP-ABC 算法在 10 个航迹点数量时搜索结果的指标值相对较差，随着航迹点数量的增加，各指标结果均不同程度地优化。最小值、平均值指标于 30 个航迹点时找到所有模拟结果的最小值，最大值指标于 40 个航迹点时出现最小值，在航迹点数量为 20~40 时三项指标相对稳定，只有方差存在较小波动。而方差指标虽随着航迹点数量的增加而增大，但由于其波动范围小，且波动范围的上限优于 10 航迹点的情况，因此算法的求解结果质量呈现提升趋势。因此选择 20~40 个航迹

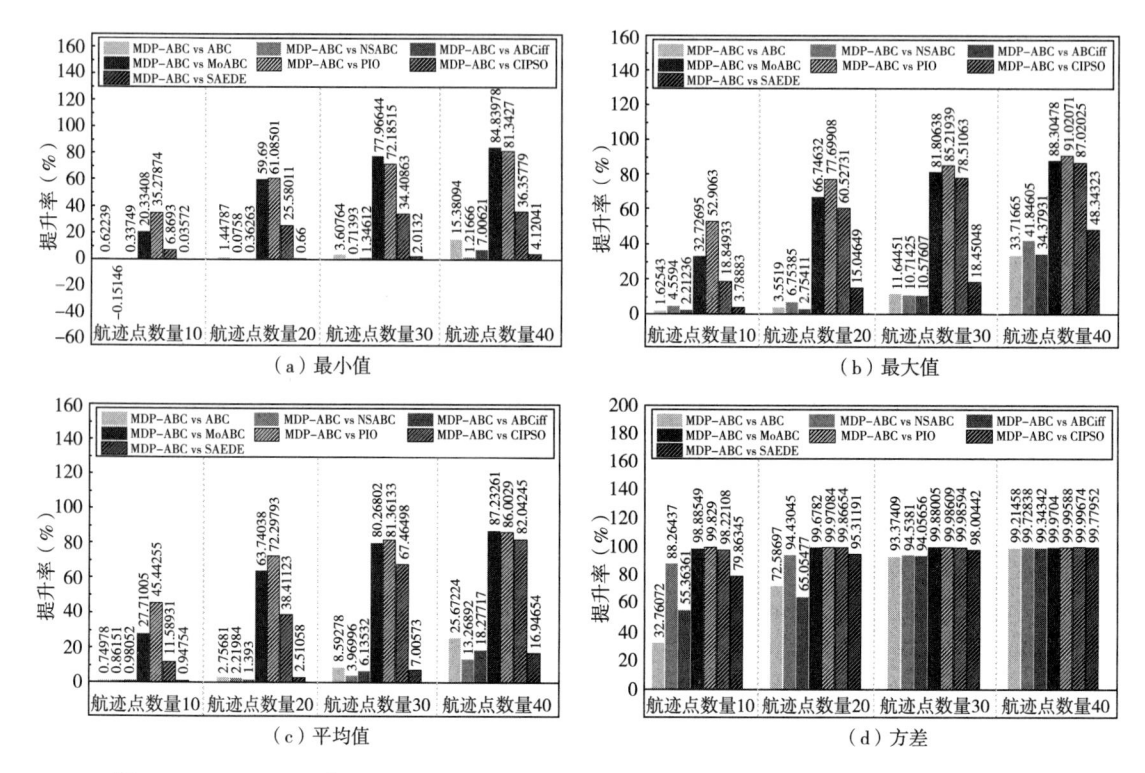

图 3-52 MDP-ABC 与 ABC、NSABC、ABCiff、MoABC、PIO、CIPSO 和 SAEDE 的定量比较

点数量在该场景下来规划无人机航迹是最合适的。综上所述，当无人机飞行环境较为复杂时，MDP-ABC 需要更多的航迹点来实现最优规划。其他算法在航迹点大小的选择上也有类似的趋势，但由于航迹点的增加导致的求解难度增大也存在陷入局部最优的情况，整体性能不如 MDP-ABC。

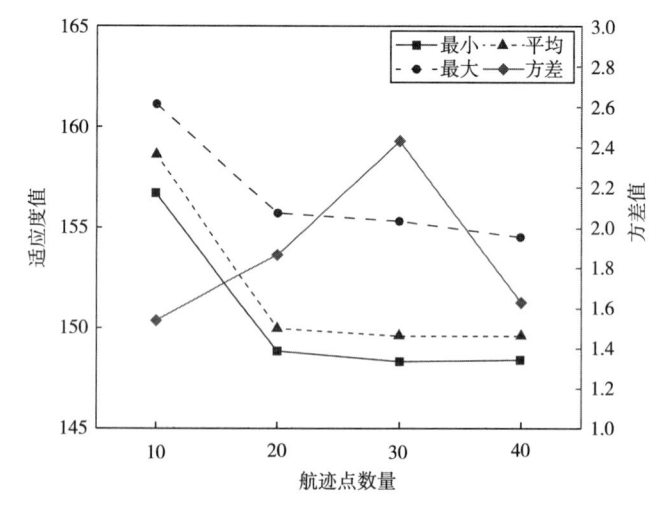

图 3-53 MDP-ABC 算法在不同航迹点数量下的指标对比

本节中，考虑到人工蜂群算法在解的开发能力上的优势，将其作为研究对象。本节首先

介绍了基本人工蜂群算法的流程、种群初始化、搜索方式、新解与原始解的选择方式、侦查蜂阶段停滞解的再初始化。接下来提出了 MDP-ABC 算法，整合了多维扰动策略和精英策略。在雇佣蜂阶段，引入了多维扰动策略来平衡开发和探索能力，将倾向性选择和随机选择相结合；在跟随蜂阶段，采用了基于精英策略的搜索来提高优化效率。最后将算法应用于固定翼无人机的航迹规划问题中，进行仿真模拟。与对比算法相比，该算法已经在四种不同航迹点数量的场景中得到了验证。模拟结果表明，所提出的算法在四种情况下都能为无人机提供一条最优/近似最优的航迹。这一事实证明，这些策略可以有效地提高 MDP-ABC 在复杂环境下解决无人机三维航迹规划的能力。

3.4 本章小结

本章第一节中，基于对标准差分算法引入的三种策略：多种群策略、基于 TLBO 的自适应策略和交互突变策略，与 GWO、IBA、DE、SaDE、MPEDE 等几种经典算法相比，改进的 MSFDE 算法在处理复杂环境下的无人机路径规划具有更好的性能；而在第二节中，采用两步制优化框架，优化前期采用差分进化算法，引入多种群策略以增加种群多样性，而在优化后期引入捕食者算法的第三阶段即莱维运动策略通过采用集成约束的策略，集惩罚函数法、可行性法则和 ε 约束处理，在处理多约束的无人机航迹规划问题具有高效性和稳定性；在第三节中，对 ABC 算法改进，提出了 MDP-ABC 算法，整合了多维扰动策略和精英策略，在雇佣蜂阶段，引入了多维扰动策略来平衡开发和探索能力，在跟随蜂阶段，采用了基于精英策略的搜索来提高优化效率。这些策略可以有效地提高 MDP-ABC 在复杂环境下解决无人机三维航迹规划的能力。

参考文献

[1] 冯春时. 群智能优化算法及其应用 [D]. 合肥：中国科学技术大学，2009.
[2] 徐政超. 基于 voronoi 图算法的航路规划方法研究 [D]. 西安：长安大学，2014.
[3] 刘淑琼. 基于规则格网 DEM 地形特征提取研究 [D]. 抚州：东华理工大学，2014.
[4] ZHAN W W, WANG W, CHEN N C, et al. Efficient UAV path planning with multiconstraints in a 3D large battlefield environment [J]. Mathematical Problems in Engineering, 2014, 2014 (1): 597092.
[5] DA SILVA ARANTES J, DA SILVA ARANTES M, MOTTA TOLEDO C F, et al. Heuristic and genetic algorithm approaches for UAV path planning under critical situation [J]. International Journal on Artificial Intelligence Tools, 2017, 26 (1): 1760008.
[6] SHAN E Z, DAI B, SONG J Z, et al. A dynamic RRT path planning algorithm based on B-spline [C]//2009 Second International Symposium on Computational Intelligence and Design. December 12-14, 2009, Changsha, China. IEEE, 2009: 25-29.
[7] FOO J L, KNUTZON J, KALIVARAPU V, et al. Path planning of unmanned aerial vehicles using B-splines and particle swarm optimization [J]. Journal of Aerospace Computing, Information, and Communication, 2009, 6 (4): 271-290.
[8] WU G H, MALLIPEDDI R, SUGANTHAN P N, et al. Differential evolution with multi-population based ensemble of mutation strategies [J]. Information Sciences, 2016, 329: 329-345.

[9] DAS S, ABRAHAM A, CHAKRABORTY U K, et al. Differential evolution using a neighborhood-based mutation operator [J]. IEEE Transactions on Evolutionary Computation, 2009, 13 (3): 526-553.

[10] RAO R V, SAVSANI V J, VAKHARIA D P. Teaching – learning-based optimization: A novel method for constrained mechanical design optimization problems [J]. Computer – Aided Design, 2011, 43 (3): 303-315.

[11] HUANG C, FEI J Y. UAV path planning based on particle swarm optimization with global best path competition [J]. International Journal of Pattern Recognition and Artificial Intelligence, 2018, 32 (6): 1859008.

[12] STORN R, PRICE K. Differential evolution – A simple and efficient heuristic for global optimization over continuous spaces [J]. Journal of Global Optimization, 1997, 11 (4): 341-359.

[13] WANG G G, CHU H E, MIRJALILI S. Three-dimensional path planning for UCAV using an improved bat algorithm [J]. Aerospace Science and Technology, 2016, 49: 231-238.

[14] MIRJALILI S, MIRJALILI S M, LEWIS A. Grey wolf optimizer [J]. Advances in Engineering Software, 2014, 69: 46-61.

[15] QIN A K, HUANG V L, SUGANTHAN P N. Differential evolution algorithm with strategy adaptation for global numerical optimization [J]. IEEE Transactions on Evolutionary Computation, 2009, 13 (2): 398-417.

[16] LOZANO-PÉREZ T, WESLEY M A. An algorithm for planning collision-free paths among polyhedral obstacles [J]. Communications of the ACM, 1979, 22 (10): 560-570.

[17] 李霜琳, 何家皓, 敖海跃, 等. 基于鸽群优化算法的火星飞行器智能可视图法 [J]. 飞行力学, 2020, 38 (5): 90-94.

[18] FARAMARZI A, HEIDARINEJAD M, MIRJALILI S, et al. Marine predators algorithm: A nature-inspired metaheuristic [J]. Expert Systems with Applications, 2020, 152: 113377.

[19] ZHANG J Q, SANDERSON A C. JADE: Adaptive differential evolution with optional external archive [J]. IEEE Transactions on Evolutionary Computation, 2009, 13 (5): 945-958.

[20] MALLIPEDDI R, SUGANTHAN P N, PAN Q K, et al. Differential evolution algorithm with ensemble of parameters and mutation strategies [J]. Applied Soft Computing, 2011, 11 (2): 1679-1696.

[21] BREST J, GREINER S, BOSKOVIC B, et al. Self-adapting control parameters in differential evolution: A comparative study on numerical benchmark problems [J]. IEEE Transactions on Evolutionary Computation, 2006, 10 (6): 646-657.

[22] YAN C, XIANG X J. A path planning algorithm for UAV based on improved Q-learning [C]//2018 2nd International Conference on Robotics and Automation Sciences (ICRAS). June 23 – 25, 2018, Wuhan, China. IEEE, 2018: 1-5.

[23] 段彩萍, 刘超, 王琪. B样条理论在无人机航迹平滑中的应用 [J]. 无线互联科技, 2018, 15 (3): 141-144.

[24] 慕生鹏, 李红军, 李世林. 三维离散曲线曲率挠率的微中心差分算法 [J]. 智能系统学报, 2019, 14 (1): 194-206.

[25] KARABOGA D, BASTURK B. A powerful and efficient algorithm for numerical function optimization: Artificial bee colony (ABC) algorithm [J]. Journal of Global Optimization, 2007, 39 (3): 459-471.

[26] ASLAN S, KARABOGA D, BADEM H. A new artificial bee colony algorithm employing intelligent forager forwarding strategies [J]. Applied Soft Computing, 2020, 96: 106656.

[27] WANG H, WANG W J, XIAO S Y, et al. Improving artificial Bee colony algorithm using a new neighborhood selection mechanism [J]. Information Sciences, 2020, 527: 227-240.

[28] KARABOGA D, AKAY B. A modified Artificial Bee Colony (ABC) algorithm for constrained optimization

problems [J]. Applied Soft Computing, 2011, 11 (3): 3021-3031.
[29] WANG S L, MORSIDI F, NG T F, et al. Insights into the effects of control parameters and mutation strategy on self-adaptive ensemble-based differential evolution [J]. Information Sciences, 2020, 514: 203-233.
[30] DUAN H B, QIAO P X. Pigeon-inspired optimization: A new swarm intelligence optimizer for air robot path planning [J]. International Journal of Intelligent Computing and Cybernetics, 2014, 7 (1): 24-37.
[31] SHAO S K, PENG Y, HE C L, et al. Efficient path planning for UAV formation *via* comprehensively improved particle swarm optimization [J]. ISA Transactions, 2020, 97: 415-430.
[32] 郑志帅. 基于改进差分算法的无人机航迹规划研究 [D]. 郑州: 中原工学院, 2021.

附　录

附表 3-1　航迹点数量为 10 时 30 次运行结果 1

次数	ABC	NSABC	ABCiff	MoABC	PIO	CIPSO	SAEDE	MDPABC
1	159.276	157.550	160.718	219.837	276.750	172.138	165.391	158.355
2	159.178	158.726	159.049	208.274	271.610	176.166	162.258	160.800
3	158.335	159.196	164.382	212.174	318.209	189.964	160.088	157.022
4	161.401	158.039	160.101	227.547	294.266	196.735	161.507	160.401
5	159.296	157.354	162.825	222.684	297.412	176.222	157.802	159.744
6	158.586	164.197	157.250	220.725	298.919	168.279	162.603	158.867
7	163.744	156.711	159.255	229.022	251.187	181.450	160.810	157.878
8	159.177	160.818	159.577	228.855	245.882	189.510	158.133	157.375
9	158.511	156.586	161.063	226.805	269.937	176.721	159.033	157.313
10	157.903	166.044	164.789	222.737	342.175	196.913	157.458	158.583
11	158.436	159.962	159.934	213.413	314.083	168.552	162.217	159.934
12	159.218	157.416	159.953	237.139	308.214	186.940	167.489	158.872
13	161.481	161.367	159.425	215.932	267.556	168.322	158.421	158.387
14	162.483	156.605	157.422	227.925	283.792	177.996	159.751	159.926
15	157.701	157.616	159.903	224.484	257.101	174.102	157.376	157.417
16	163.806	159.009	159.208	216.996	277.151	176.834	157.566	158.265
17	158.937	160.506	162.799	196.721	336.533	195.649	157.894	156.897
18	158.914	163.512	159.494	226.518	302.791	176.530	160.073	159.768
19	158.783	158.267	160.582	227.015	342.025	169.869	157.717	160.621
20	159.611	160.162	159.583	204.244	302.396	169.848	166.785	158.305
21	160.662	158.783	161.190	198.493	271.785	169.949	159.153	157.056
22	159.410	166.014	159.290	220.600	312.419	181.696	160.804	161.143
23	160.700	156.483	158.822	207.301	330.457	172.394	159.760	158.411

续表

次数	ABC	NSABC	ABCiff	MoABC	PIO	CIPSO	SAEDE	MDPABC
24	159.482	165.464	159.442	207.263	244.306	186.389	156.776	157.955
25	160.190	167.101	160.041	201.220	299.599	179.899	157.767	156.720
26	160.177	156.922	158.636	236.464	284.078	173.939	160.548	158.960
27	159.902	156.818	163.790	233.074	254.548	181.672	157.966	158.068
28	160.508	157.983	158.296	205.535	293.018	180.551	162.754	159.602
29	159.628	168.841	159.144	225.638	242.146	198.573	160.558	159.271
30	160.216	157.002	160.861	239.536	333.838	169.816	158.771	157.777

附表 3-2 航迹点数量为 10 时 30 次运行结果 2

数量		ABC	NSABC	ABCiff	MoABC	PIO	CIPSO	SAEDE	MDP-ABC
10	最小	157.701	156.482	157.250	196.721	242.145	168.279	156.775	156.719
	最大	163.805	168.841	164.788	239.535	342.175	198.572	167.488	161.143
	平均	159.855	160.035	160.227	219.472	290.806	179.453	160.174	158.656
	方差	2.28620	13.0988	3.443	137.929	899.140	86.413	7.634	1.537
20	最小	151.056	148.981	149.410	369.306	382.549	200.039	149.858	148.868
	最大	161.466	167.010	160.141	468.312	698.316	394.528	183.313	155.731
	平均	154.237	153.390	152.104	413.643	541.423	243.527	153.848	149.985
	方差	6.795	33.446	5.330	578.859	6387.585	1395.725	39.734	1.862
30	最小	153.910	149.424	150.382	673.327	533.377	226.185	151.406	148.358
	最大	175.793	173.961	173.692	853.722	1050.857	722.790	190.464	155.323
	平均	163.718	155.837	159.432	758.416	802.904	459.967	160.924	149.650
	方差	36.672	44.487	40.883	2025.819	17465.77	17283.41	121.763	2.429
40	最小	175.464	150.305	159.662	979.382	795.809	233.298	154.857	148.476
	最大	233.164	265.758	235.518	1321.471	1721.170	1190.692	299.184	154.548
	平均	201.380	172.581	183.157	1172.376	1069.377	833.531	180.223	149.681
	方差	207.095	598.827	247.733	5495.107	39497.38	49903.14	737.729	1.626

第 4 章　基于目标攻击的多无人机路径规划方法

本章研究了基于目标攻击的多无人机路径规划方法，特别是对多无人机协同任务下的航迹规划进行了探索。首先，在蜂群与蚁群算法的基础上，提出了多无人机路径规划改进方法。为了解决多无人机执行任务时的碰撞约束问题，采用了机间碰撞代价函数，通过改进的蜂群与蚁群算法的混合方法，实现了低精度初始化与高精度搜索的路径规划。其次，利用异构综合学习粒子群优化算法（Heterogeneous Comprehensive Learning Particle Swarm Optimization，HCLPSO）提升了多无人机协同航迹规划的搜索效率，验证了此方法在复杂环境下的有效性。最后，本章展示了不同求解方式的对比分析结果，证明了所提出方法在收敛速度和搜索质量上的优势。

4.1　基于蜂群与蚁群算法混合的多无人机路径规划方法

在 3.3 中，针对单无人机航迹规划问题，提出了多维扰动的人工蜂群算法（MDP-ABC），经过对比模拟发现，MDP-ABC 相较于其他典型算法在高维数下仍可保持较好的收敛速度与稳定性。但随着无人机所执行任务的复杂化，为了确保高效地执行任务，需要多架无人机协同执行任务来完成任务目标并返航，这就需要考虑无人机间的碰撞约束。因此，本节将在面向单无人机航迹规划的 MDP-ABC 规划方法的基础上，改进多无人机航迹规划方法。

4.1.1　问题描述与模型构建

4.1.1.1　问题描述

本节针对三维复杂环境中在多重威胁下 3 架无人机协同攻击 2 个目标点区域问题（图 4-1）。本问题中，多架无人机以机场为起点，依次对目标 B、目标 A 所在区域依次打击，随后避开威胁区域、障碍地形安全返回起始机场。

在上一章的基于人工蚁群单无人机问题中共考虑了航迹长度代价、相对高度代价、山体碰撞代价、区域威胁代价、禁飞区代价、偏航角代价与爬升角代价。在本节中为满足机间避碰约束，加入机间碰撞代价，同样采用惩罚系数的方式对违反约束的程度进行量化，代价公式如下：

$$J_{\text{uav\_col}}^{i}(t) = \begin{cases} 0 & |P_i(t) - P_k(t)| > d_{\min} \\ C_{\text{uav\_col}} & |P_i(t) - P_k(t)| \leqslant d_{\min} \end{cases} \tag{4-1}$$

式中，$P_i(t)$ 为在 t 时刻时无人机 i 的空间位置；k 为与 i 不相同的其余无人机；$d_{\min}$ 为无人机机间最小安全距离；$C_{\text{uav\_col}}$ 为机间碰撞惩罚系数。

最终目标函数如下。

$$J_{\min} = J_{\text{Length}} + J_{\text{collision}} + J_{\text{threat}} + J_{\text{NFZ}} + J_{\text{uav\_col}} + J_{\text{Height}} + J_{\text{Yaw}} + J_{\text{Climbing}} \tag{4-2}$$

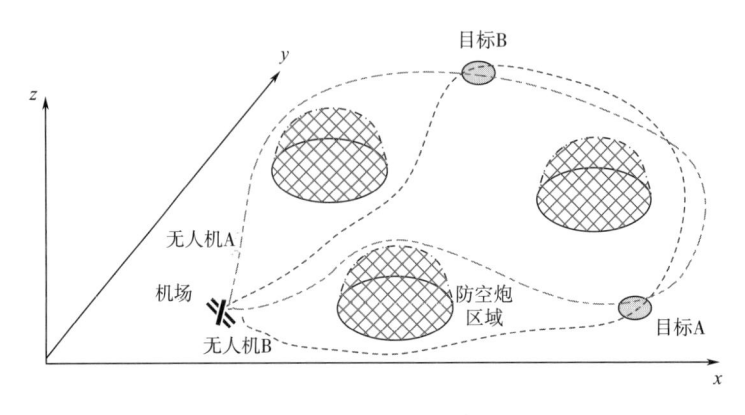

图 4-1　问题描述示意图

4.1.1.2　模型构建

见 3.3.1 问题描述和模型构建部分内容。

4.1.2　基于改进蜂群与蚁群算法混合的规划方法

MDP-ABC 算法及其他人工蜂群算法在搜索过程中具有针对当前航迹段进行局部搜索且只对更优解更新的特点，应用于高精度阶段时由于探索能力有限，只能在原始解的附近进行局部搜索，导致在初始解随机生成均为劣解的情况下浪费较多计算资源用以寻找较优解，同时因初始解的适应度参考性较低，也存在一定因 MDP-ABC 算法跟随蜂阶段的精英个体搜索策略易对非最优航迹区域但约束违反较少的解进行过度开发，而一些有较高搜索期望的解未能获得足够的搜索资源，导致陷入局部最优的情况，而多无人机多任务问题下这一问题被更加放大。因此为提升算法在搜索初期解的质量与探索能力，保证后续搜索的高效性，本节选择在算法规划初期采取低精度栅格航迹的方式进行初始化航迹与搜索，提高初期解的质量。后续采用高精度的搜索方式在其基础上进行搜索。

低精度阶段如仍采用人工蜂群及其改进算法作为搜索算法，则会由于其探索能力的局限性而难以在较小的迭代次数下较为全面地搜索解空间，因此该阶段选择采用对节点路径搜索适用性更优且探索能力更强的蚁群算法，以获得较优的航迹作为 MDP-ABC 算法的初始解，提高算法的后续搜索能力。

低精度搜索阶段下蚁群算法在每一次迭代进行与人工蜂群算法阶段相同的 $2\times SN$ 次搜索，同时为保证后续阶段充分利用蚁群算法的搜索结果，每一代中第 i 次与第 $i+SN$ 次的搜索结果如优于第 i 个个体 POP_i 的历史最优解，则将其作为 POP_i 的最优解进行记录。在低精度搜索阶段结束后将每一个个体的历史最优解作为高精度搜索阶段的初始解，减少因搜索初期适应度参考性不强，使得 MDP-ABC 算法跟随蜂阶段的精英个体搜索策略所选择开发的个体远离最优航迹区域，而其余个体由于未能获得足够的搜索资源而始终无法成为精英个体并被跟随蜂阶段选择开发，而导致陷入局部最优的情况发生。同时因为蚁群算法搜索的随机性较高，在所利用的初始解的整体质量得到提高的同时也能保证具有较好的种群多样性。

一般情况下多无人机多任务目标的问题下算法的规划区域较大，其中任一航迹段所处的区域在整个规划空间占比较小，远离其起点与终点之间连线所处区域的位置作为较优航迹段的其中一个航迹点的可能性较小，因此需要尽可能地减少算法初期对期望较小的区域的探索，因此在本节中采用在经过转换后的 $x'y'z$ 坐标系中，在水平方向上以起点—终点连线为中心向两侧逐步增大 y' 轴方向上栅格间隔的方式规划栅格分布，保证初始阶段与搜索初期生成航迹集中在具有较高期望的起点—终点连线附近，同时又保证两者之间存在大量不可行区域的特殊情况下具有探索到航迹代价高但可行的解的能力。其示意图如图 4-2 所示，x 轴与 z 轴方向上则维持等间隔方式。

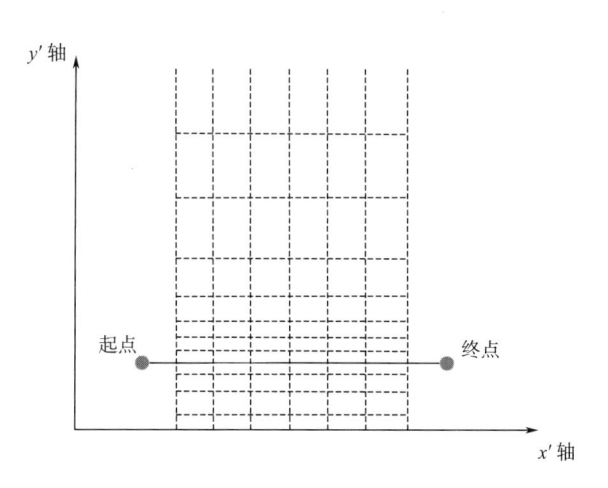

图 4-2　$x'y'z$ 坐标系中变间隔栅格路径示意图

经过该方式获得的航迹点分布相对集中于起点—终点连线之间，提高可初始解的质量与初期低精度搜索的效率。

通过蚁群算法对初始解航迹的搜索优化可以为 MDP-ABC 算法求解飞行航迹时减少较差的初始解，保持多样性的同时提供更多优化潜力较好的解，提高后续算法搜索效率。其流程图如图 4-3 所示：

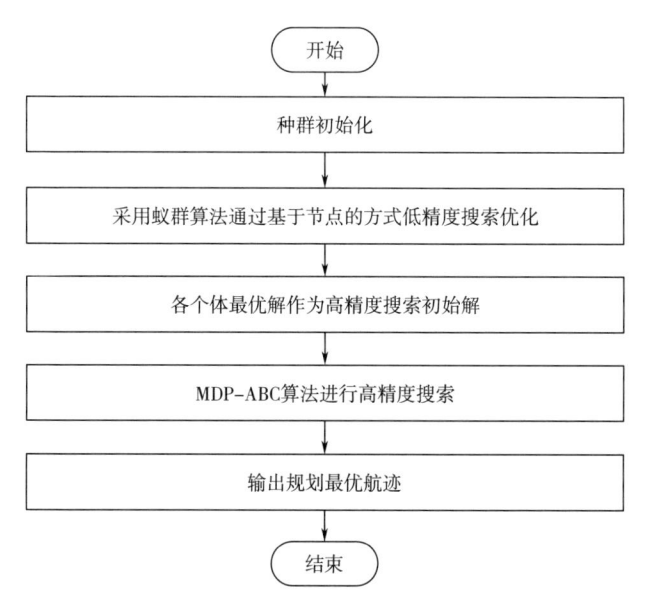

图 4-3　多无人机航迹规划流程图

4.1.3 结果与分析

为了验证该算法在多无人机多任务问题中的航迹规划能力，本节中设计了一种复杂环境的战斗场景。场景由山地、禁飞区、防空炮威胁组成。为降低求解难度，无人机设置飞行速度同样设定为150km/h，最大爬升速度设定为4m/s。其威胁位置参数见表4-1。共计三架无人机参与规划，每一个任务目标之间的航迹点数量设置为20。本改进算法在低精度搜索下ACO算法进行迭代前30代。本节通过对以下几种求解方式进行对比以验证本节改进算法的求解性能：未采用低精度搜索阶段的MDP-ABC算法、低精度初始化+基本ABC算法、低精度初始化+NSABC算法、低精度初始化+MDP-ABC算法、低精度初始化+ACO算法、低精度搜索+MDP-ABC算法。其中NSABC为第三章仿真试验中除MDP-ABC算法外表现最好的算法。模拟在一台配备AMD Ryzen 7 4800H CPU @ 2.9GHz、16GB RAM和Windows 10 64位操作系统的计算机上进行，仿真平台为MATLAB 2020。

表4-1 防空炮威胁与禁飞区威胁位置参数

无人机	起始坐标	目标坐标	威胁 防空炮 中心坐标	威胁 防空炮 半径	威胁 禁飞区 边界坐标	威胁 禁飞区 高度
UAV1	(8.5, 14, 0)	1. (122.5, 36.5, 0.15) 2. (111.5, 151, 0.25) 3. (29, 140, 0.1) 4. (8.5, 14, 0)	(52.5, 21.5) (91, 52.5) (115.5, 87.5)	8 7 8	(60, 69), (60, 97) (100, 69), (100, 97)	0.5
UAV2	(9.5, 12, 0)	1. (124.5, 43, 0.2) 2. (129, 142, 0.3) 3. (34, 133, 0.2) 4. (9.5, 12, 0)	(146, 107) (86.5, 146.5) (59.5, 113.5)	8 8 9		
UAV3	(6.5, 16, 0)	1. (133, 31.5, 0.2) 2. (122.5, 146.5, 0.2) 3. (30.5, 136, 0.2) 4. (6.5, 16, 0)	(12.5, 94) (45.5, 71.5)	8 8		

图4-4为多无人机航迹规划问题下各搜索方式的收敛曲线对比结果。从结果中可以看出，基本ABC与NSABC两种单维搜索的算法由于单次搜索幅度较小，在规划空间更大的多无人机多航迹段问题中搜索效率低下，且会陷入局部最优导致的搜索停滞中。相比之下，基于MDP-ABC算法的三种搜索方式均能搜索到相对较优的可行解且收敛速度较快，证明MDP-ABC算法在随着规划空间的进一步增大仍能维持较优的搜索性能。在这三种搜索方式中，采用变间距的栅格路径节点的方式进行低精度初始化的搜索方式相较于完全随机的初始化的方式，虽然总航迹点数量没有发生改变，但由于栅格初始化策略使初始航迹更加集中分布在具有较高期望的区域，使初始解与搜索初期解的质量相对较优，前期搜索效率得到较高

的提升,表现为收敛速度更快,可以搜索到更优的解。而相较于只采用低精度初始化的 MDP-ABC 算法,在搜索初期采用蚁群算法进行一定代数的低精度搜索的方式,在搜索前 200 代虽与其并无明显差距,但在后续搜索较之存在较为明显的提升,前者搜索陷入局部最优,搜索提前停滞未能搜索到更优的解,而后者的 30 次搜索结果均可搜索到质量更优的航迹。证明在搜索初期进行本节所采用的低精度初始化与搜索方式,可以显著改善提供给后续高精度探索的解的质量,利于后续的算法搜索,同时一定程度上减少陷入局部最优情况的发生,使算法有更高的期望寻找到更优的航迹。

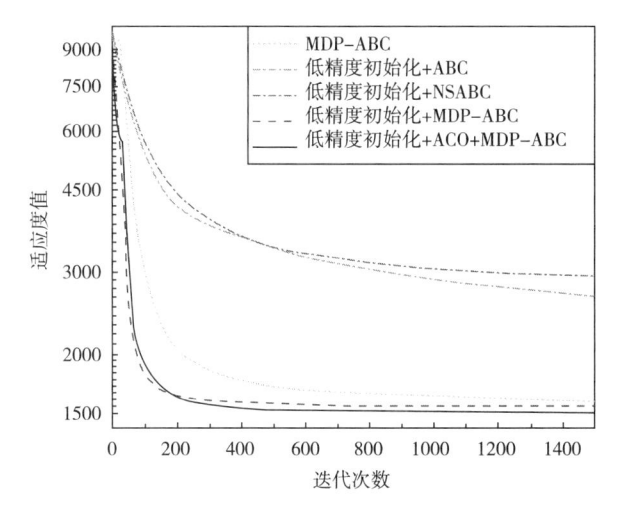

图 4-4 多无人机航迹规划收敛曲线

图 4-5 是本节所提出的改进算法所规划的 30 次结果中适应度最优的航迹的三维视图与俯视图,其已规划出接近最优的航迹组合,所规划的航迹下三架无人机均可避开防空炮威胁区域,并以相对最短的航迹尽可能地贴近山地飞行到达各任务目标区域并返回机场,证明该算法可以规划出满足要求的较优轨迹。

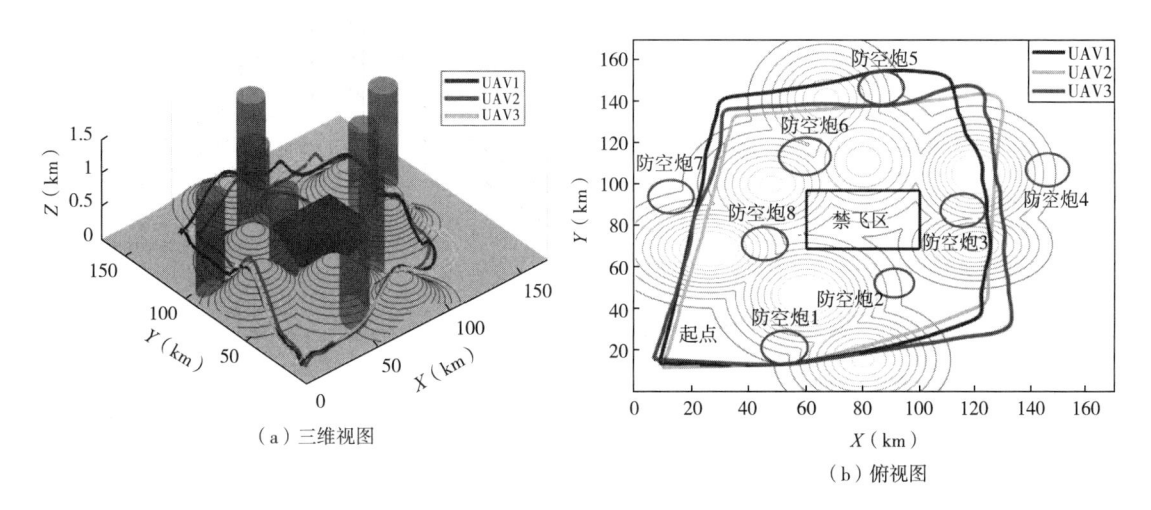

(a)三维视图

(b)俯视图

图 4-5 改进算法规划航迹

图 4-6 是五种求解方式下 30 次运行结果的适应度分布箱线图。从图中可知，在均进行低精度初始化的情况下基本 ABC 与 NSABC 最终获得的航迹适应度分布范围较大，稳定较差，而基于 MDP-ABC 的三种搜索方式下搜索的结果均能获得相对较低的适应度且分布较为集中，同时依次采取低精度初始化与低精度搜索策略后其搜索结果均得到改善，同时获得更好的稳定性。

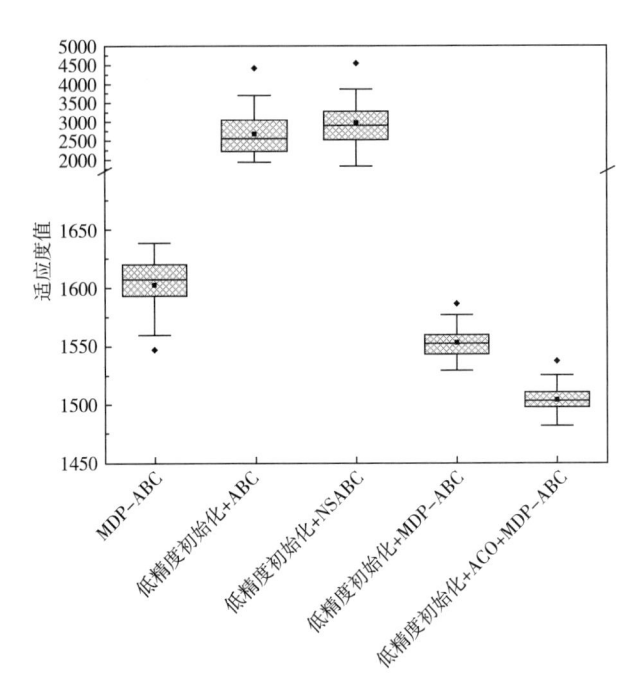

图 4-6　五种优化方式结果箱线图

从表 4-2 与附表 4-1 的数据可以看到本节采用双阶段搜索的方式优化获得的解的适应度在最大值、最小值、平均数、方差四个指标下均优于其余四种搜索方式，30 次搜索中所获得结果的适应度最大值也优于性能指标第二好的只采用低精度初始化的 MDP-ABC 算法的最小值，证明该改进算法具有较好的搜索能力。同时该方式下的搜索结果方差较小，搜索稳定性较强，具有较高的鲁棒性。

表 4-2　多无人机航迹规划结果指标

算法	最大值	最小值	平均数	方差
MDP-ABC	1638.420834	1546.995954	1603.00882	472.9526478
低精度初始化+ABC	4427.771303	1917.401705	2669.15498	316636.1231
低精度初始化+NSABC	4541.958012	1836.954531	2946.018169	337808.0978
低精度初始化+MDP-ABC	1586.575394	1529.576782	1552.453411	158.6411079
低精度初始化+ACO+MDP-ABC	1524.961546	1459.1643	1503.28021	178.1374549

综上所述，在多无人机多任务目标问题中以低精度的节点路径的方式进行初始化，并于算法初期在节点路径的基础上采用蚁群算法进行低精度搜索，可以显著提高后续 MDP-ABC 算法进行高精度搜索的效率与搜索能力，避免其陷入局部最优。

图 4-7 给出了低精度初始化+ACO 算法低精度搜索+MDP-ABC 算法与 MDP-ABC 算法、低精度初始化+基本 ABC 算法、低精度初始化+NSABC 算法、低精度初始化+MDP-ABC 算法在运行 30 次迭代 1500 次后结果的最大值、最小值、平均值和方差指标的定量比较。对于最小值指标，该改进算法全面优于其他方案，提升的幅度为 4.6%~23.8%。在实现最优/近似最优方面接近另外两种不同方案的 MDP-ABC。而在最大值上提升的幅度为 3.8%~66%，在该指标上与只进行低精度初始化的 MDP-ABC 的差距一定程度上缩小，但与其他方案相比提升更为明显。在平均值指标上提升的幅度为 3.1%~49%，相对于其他方案仍然保持领先。在方差指标上的提升幅度为−12%~99%，在该项指标上的本改进算法要略差于只进行低精度初始化的 MDP-ABC 算法，但由于其他指标均存在不同程度提升，因此实际综合性能优于前者。这些事实证实了 MDP-ABC 在复杂环境中规划无人机航迹的优秀能力。

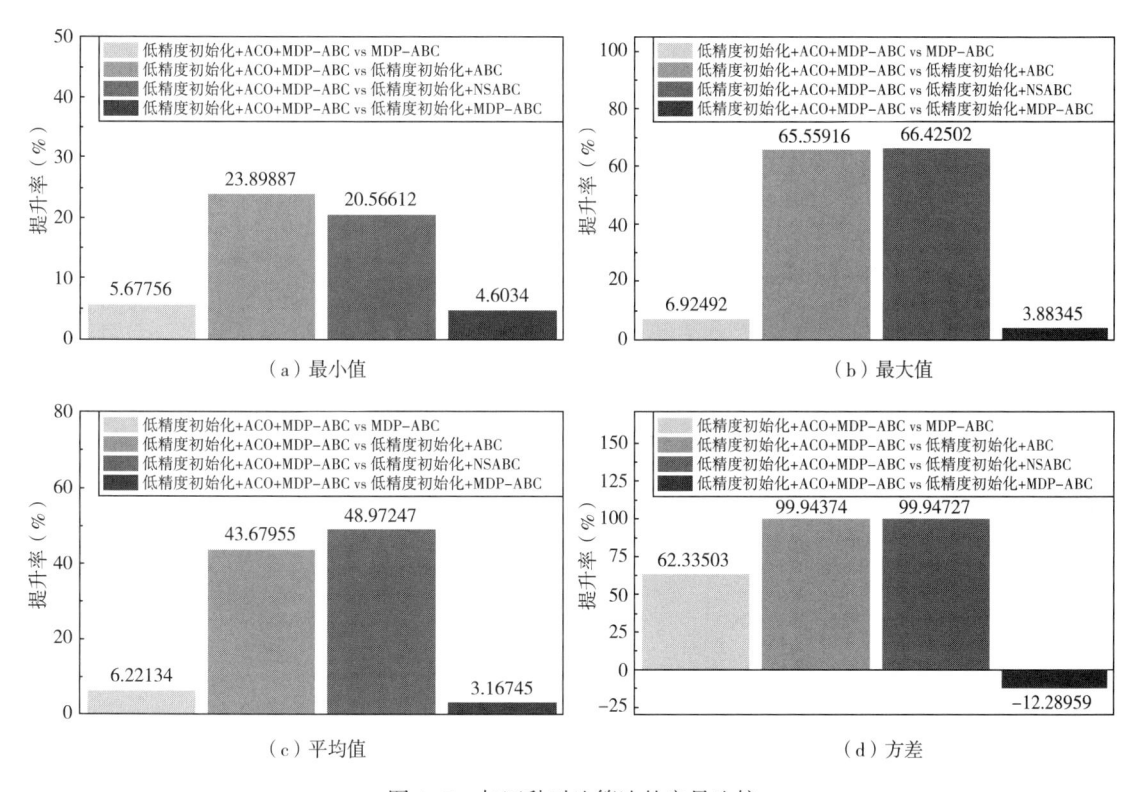

图 4-7　与四种对比算法的定量比较

本节中，将 MDP-ABC 算法应用到多无人机航迹规划问题上，针对多无人机多任务规划问题进行了代价函数建模，同时为提高无人机航迹规划的效率，本节采用一种双阶段的规划方式，在低精度阶段采用蚁群算法进行栅格状节点规划，在该阶段搜索到的 SN 个历史最优解作为 MDP-ABC 算法的初始解，改善随机初始化所生成的解较差的情况，减少 MDP-ABC 算法在较差解上的计算投入。最后将算法应用于复杂的作战环境下多固定翼无人机多任务的航迹规划问题中，并进行模拟。模拟结果表明，与采用随机初始化相比，此方式在低精度阶段可以快速获得较低航迹代价的解，并且在以其为初始解的情况下 MDP-ABC 的收敛速度与搜索结果要远优于随机初始化。这一事实证明，这些策略可以有效地提高 MDP-ABC 在复杂环境下解决多无人机多任务三维航迹规划的能力。

4.2 基于改进异构综合学习粒子群算法的多无人机路径规划方法

粒子群算法具有原理简单、容易实现的优点，能够对所有粒子访问全局最优，但存在容易陷入局部最优的缺点。保持种群多样性一直是多模态优化问题的一个重要方面。不仅是在 PSO 研究中，而且在其他进化算法的背景下许多方法已经被提出来用于改善种群，如小生境技术和多种群策略。如何进一步提高种群多样性以及规划航迹的最优性是本研究的主要动机。

4.2.1 问题描述与模型构建

4.2.1.1 问题描述

假设在一次任务中，有 $n(n>1)$ 架军用固定翼无人机分别从不同地区起飞，前往任务区域，在执行任务之前进行路径规划。规划每架无人机的飞行路径时应考虑自身性能约束、雷达威胁、防空火炮威胁和地形威胁等制约因素。为了提高打击或者侦察任务的成功率，$n(n>1)$ 架无人机需要在复杂的环境中避开障碍物和威胁区，同时到达任务区。此外，考虑到每个无人机的安全和通信畅通，始终需要在无人机之间保持一定的安全距离[1]。与单个无人机的航迹规划类似，多无人机航迹规划需要为每个无人机规划一条可行的路径。

图 4-8 是一个典型的多无人机任务场景，3 架无人机协同执行对特定目标的攻击任务。每架无人机应绕过威胁区，避免内部碰撞，并同时到达目的地，执行攻击任务。同时，它们应保持在所需的通信范围内，以保持积极互动[2]。不同无人机的路径不一定是分散的。如图 4-8 所示，不同无人机路径之间的集合点和分离点说明，两个相邻的无人机在不同的时间会飞过相同的航点，或者在通过狭窄的通道时形成首尾相接的队形。

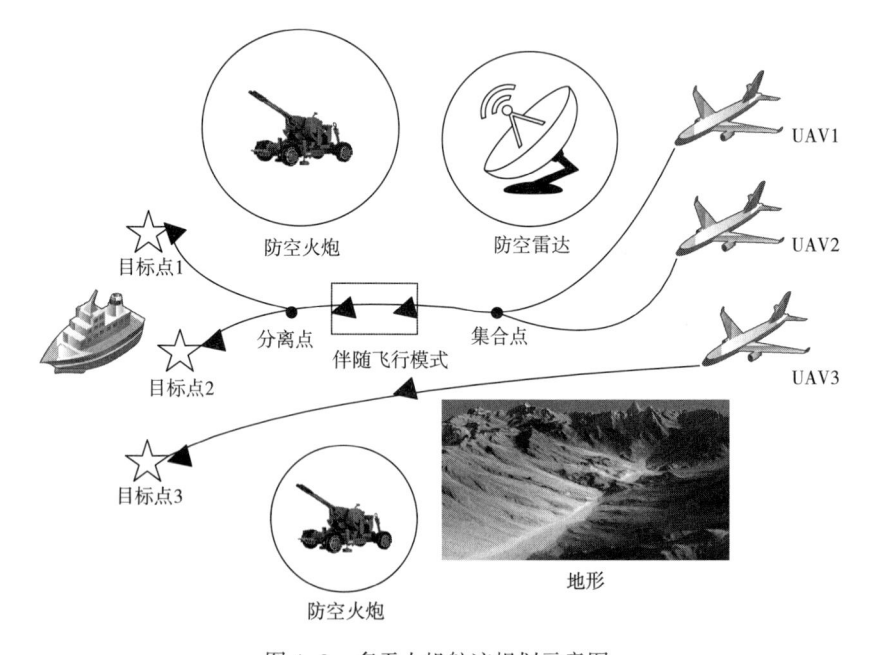

图 4-8 多无人机航迹规划示意图

4.2.1.2 模型构建

(1) TSS 模型

共同配送系统模型 (Time Stamp Segmentation，TSS) 用于处理多无人机协同路径规划的时间协同，通过为所有无人机设置相同的起飞时间和到达时间，将飞行时间划分为多个时间段，以便简化路径协调成本的计算[3]。

(2) 坐标系变换原理

为了建立一个更贴近无人机实际工作空间的模型，达到简化计算过程、加快路径规划算法中全局最优解的搜索速度的目的[4]，本章采用旋转坐标系对无人机工作空间进行建模。图 4-9 显示了无人机航迹规划的环境模型。

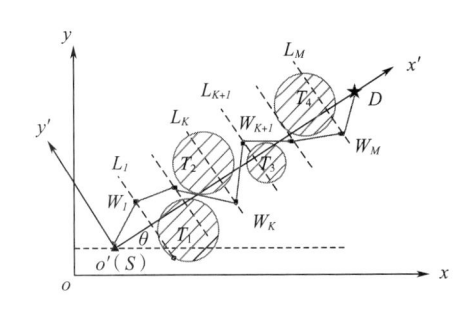

图 4-9 坐标系变换原理图

在该模型中，建立了一个坐标系 xoy，障碍物以不同大小的圆表示。无人机需要从起点 S 绕过障碍物到达目标点 D，并找到一条最优路径。旋转坐标系过程如下。首先将起点到目标点的线段相连，作为新的 x 轴，相对应的 y 轴也旋转过来，此时建立了一个新的坐标系 x'o'y'。其次将 S 到 D 的线段均分为 D+1 段，其中 D 代表无人机航迹规划的路径点数；然后为每个线段点画一条垂直虚线，记为 L_1、L_2、$\cdots L_k$、$\cdots L_M$；最后，在垂直线上随机选择一个节点 W_k，如果选择的节点与任何障碍物相交，则该节点不可行。最后将这些离散的路径点，以及起点和目标点连接起来，形成一条完整的路径[5]。为了得到全局坐标系 x'o'y' 中路径上的任意点，需要一个局部坐标系和全局坐标系之间的变换矩阵。局部坐标系中的点 (x', y') 可以通过变换方程 (2-1) 转化为全局坐标系中的点 (x, y)。

假设原坐标系中的一个航点的坐标为 (x_o, y_o)。相应地，在新坐标系中的转换坐标为 (x_T, y_T)。而同一个点在两个坐标系中的坐标关系，可以用式 (4-3) 来表示[6]。

$$\begin{bmatrix} x_T \\ y_T \end{bmatrix} = \begin{bmatrix} \cos\theta & \sin\theta \\ -\sin\theta & \cos\theta \end{bmatrix} \begin{bmatrix} x_o - x_S \\ y_o - y_S \end{bmatrix} \tag{4-3}$$

式中，(x_o, y_o) 为原坐标系中某一点的坐标；(x_T, y_T) 为新坐标系中某一点的坐标；(x_S, y_S) 为原始坐标系中起点的坐标。

(3) 三维坐标系变换

三维场景下由于无人机高度可变，需要重新进行坐标系变换。设 T_t 和 T_a 为所有无人机的共同起飞时间和到达时间，D 为路径点个数。然后，时间节点 t_s 定义为 $t_s = (T_a - T_t)/D$。在 TSS 模型中，指定两个分量即速度分量 $V_{m,n} = [V_{m,n,x}, V_{m,n,y}]$ 和位置分量 $P_{m,n} = [P_{m,n,x},$

$P_{m,n,y}$]，其中 $V_{m,n,x}$ 和 $V_{m,n,y}$ 分别表示在 x 轴和 y 轴方向的速度。$P_{m,n}$ 根据 $V_{m,n}$ 更新，即

$$P_{m,n} = P_{m,n-1} + V_{m,n} \cdot t_s \tag{4-4}$$

式中，$V_{m,n}$ 和 $P_{m,n}$ 分别是第 n 个时间节点的第 m 个无人机的水平速度和水平位置。

在 TSS 模型中，速度分量的范围和时间节点是由无人机的飞行约束条件决定的，如空速范围 $[V_{\min}, V_{\max}]$。假设起飞点和目标点之间的直线距离为 l_m，时间节点的范围为：

$$t_s \in \bigcap_{m=1}^{M} [t_{m,\min}, t_{m,\max}] \tag{4-5}$$

$$t_{m,\min} = \frac{l_m}{V_{\max} D} \tag{4-6}$$

$$t_{m,\max} = \frac{l_m}{V_{\min} D} \tag{4-7}$$

式中，m 是无人机的数量，$\cap$ 表示相交。在选择了时间节点 t_s 后，可以很容易地得到无人机的共同到达时间 $T_a = Dt_s + T_t$。

假设首先不考虑无人机的飞行高度 H，将无人机的起点 O_m 指向终点 E_m 的这条线段作为无人机新坐标系下 $X_m O_m Y_m$ 的 X 轴。无人机的局部坐标系如图 4-10 所示。在旋转坐标系中，无人机的速度在 X 轴方向的速度是恒定的，即 $\bar{V}_{m,n,x} = l_m/(Dt_s)$。然后使用优化算法搜索高度分量和 Y 轴方向的速度分量 $\bar{V}_{m,n,y}$ 在每个路径点上的最佳配置。之后，根据确定的时间戳 t_s，轨迹点的坐标 $\bar{P}_{m,n} = [\bar{P}_{m,n,x}, \bar{P}_{m,n,y}]$。在本地坐标系中的坐标可以被确定。然后根据 $\bar{P}_{m,n}$ 和相应的高度 H，可以确定路径点在旋转坐标系中的三维坐标，进而可以得到路径点在全局坐标系中的三维坐标，从而得到所需的路径。考虑到最大偏航角 $\psi_{\max}$ 和 X 轴方向的速度分量 $\bar{V}_{m,n,x}$，可以确定 Y 轴方向上的速度分量范围，即 $\bar{V}_{m,n,y} \in [-\bar{V}_{m,n,x}\tan\psi_{\max}, \bar{V}_{m,n,x}\tan\psi_{\max}]$。同样，考虑到最大俯仰角 $\varphi_{\max}$ 和水平速度，相邻路径点之间的高度差范围 $\Delta H_{m,n} \in [-\bar{V}_{m,n,x} t_s \tan\Phi_{\max}, \bar{V}_{m,n,x} t_s \tan\Phi_{\max}]$。这样一来，搜索空间是 T 维的，其中 $T = M \times D \times 2$。即 $S_{\text{Search}} = (\bar{V}_{1,1,y}, \Delta H_{1,1}, \cdots, \bar{V}_{1,D,y}, \Delta H_{1,D}, \cdots, \bar{V}_{2,1,y}, \Delta H_{2,1}, \cdots, \bar{V}_{M,D,y}, \Delta H_{M,D})$。

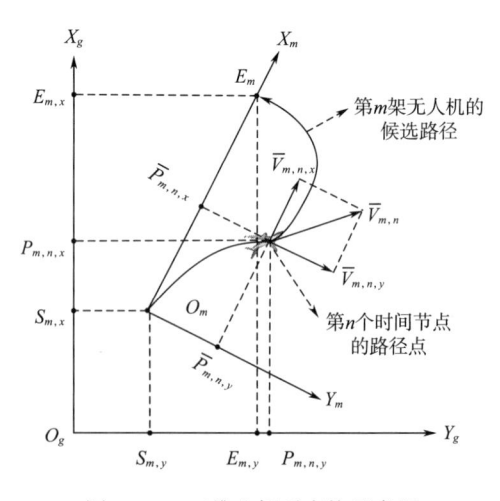

图 4-10 三维坐标系变换示意图

(4) 环境模型

地形建模主要是指将山峰、高建筑物等障碍物模拟出来，真实的地形的构建是无人机航迹规划的基础，一旦地形搭建错误或者遗漏某些复杂地形，将直接造成无人机撞向山峰或障碍物，导致任务失败的后果。目前普遍采用的地形建模方法主要有 Voronoi 图法和栅格法两种[7]。

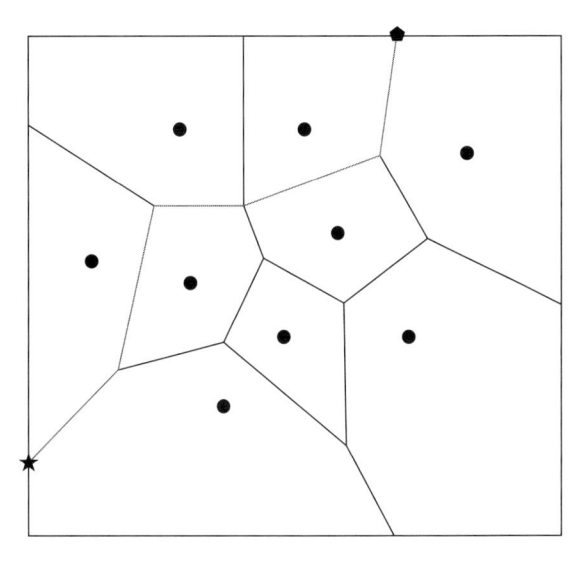

①Voronoi 图法：Voronoi 图法首先根据每个障碍物及其边缘把规划空间划分成由若干个多边形构成的小区域，如图 4-11 所示，每个多边形内的黑点表示障碍物，多边形的区域表示障碍物的边缘范围，多边形的划分由两个障碍物相连的中垂线上的一点来确定[8]。如图 4-11 所示，以 Voronoi 图法划分好规划空间以后，连接起点和终点，选取综合代价最小的多边形线段即为最终规划出的路径。Voronoi 图法的优点是复杂程度低，在某些障碍物改变时，可以在不影响整体效果的情形下做出改变，因此具有局部航迹规划的特点。其缺点是仅适用于二维场景，在三维场景下变得较为复杂，规划出的路径有时不是最优路径，因此不适用于三维场景下的路径规划。

图 4-11 Voronoi 图

②栅格数字高程模型：数字高程模型（Digital Elevation Model，DEM）作为数字地面模型（Digital Terrain Model，DTM）的一种，是对环境地表形态特征属性的数字表达形式，其主要有等高线型、不规则三角网型和规则格网三种形式。规则格网又称栅格法，在无人机航迹规划中被广泛应用。在数字高程模型中，规划区域被划分成大小相等的单元网格，以一个有限三维向量组合 $\{X, Y, Z\}$ 表示地形，其中 X、Y 是该地形特征点在平面中的位置信息，Z 反映的是相应点的高度信息[9]。

无人机在三维环境中飞行，执行任务。在这项工作中，地形地貌的模型如图 4-12 所示。

$$z_1(x, y) = z_0 + \sum_{m=1}^{M} h_m \exp\left[-\left(\frac{x - x_m}{x_{sm}}\right)^2 - \left(\frac{y - y_m}{y_{sm}}\right)^2\right] \tag{4-8}$$

式中，z_0 为基础地形高度；h_m 为第 m 个山峰的高度；M 为山峰的数量；(x_m, y_m) 为第 m 个山峰的中心轴在地面上的坐标；x_{sm} 和 y_{sm} 分别为第 m 个山峰的横向坡度和纵向坡度。

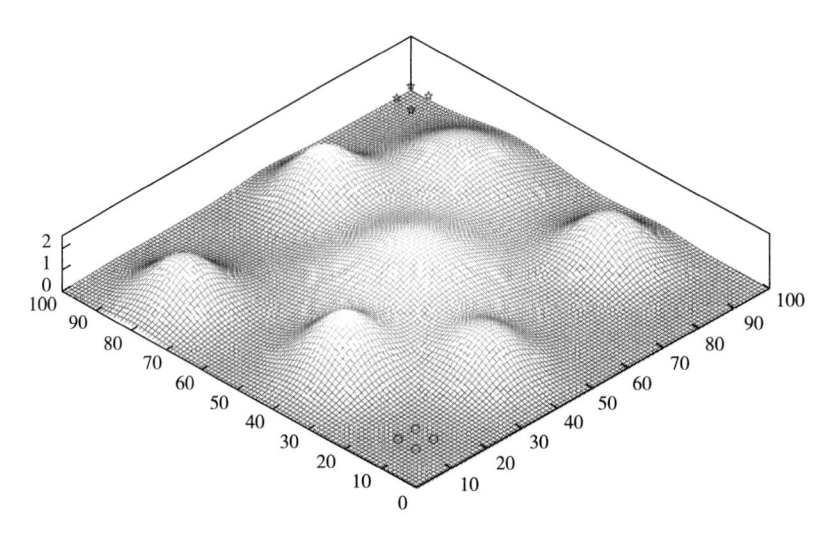

图 4-12 三维地形仿真图

(5) 威胁建模

由于本书主要考虑的是静态航迹规划，而在静态航迹规划中，需要准确确定雷达、防空火炮、风场等威胁因素，以保证规划出的航迹是安全的。因此，在执行任务前会通过各种探测方法获得敌方防空系统的部署位置和相应的武器性能。本书采用雷达、防空火炮等两种常见威胁，在执行侦察任务时，将威胁源等效为具有特定表面中心和半径的半球，在执行打击任务等三维场景下将威胁源简化为圆柱体。两种场景的威胁代价计算方式相同，描述如下：

给定雷达的位置 P_R 和探测半径 R_R，第 m 个无人机在第 n 个时间节点的雷达成本为：

$$J_{m,n}^R = \begin{cases} \left(\dfrac{\lambda}{\|P_{m,n} - P_R\|}\right)^2, & h \leqslant R_R \text{ 且 } \|P_{m,n} - P_R\| \leqslant \sqrt{R_R^2 - h^2} \\ 0, & \text{否则} \end{cases} \quad (4\text{-}9)$$

式中，λ 表示一个危险因素，表明雷达的检测水平。

防空火炮的威胁成本在 3D 全局框架中描述为以下分段模型：

$$J_{m,n}^F = \begin{cases} Q, & \|\tilde{P}_{m,n} - \tilde{P}_F\| \leqslant \dfrac{R_F}{3} \\ \eta\left(1 - \dfrac{\|\tilde{P}_{m,n} - \tilde{P}_F\|}{R_F}\right), & \dfrac{R_F}{3} < \|\tilde{P}_{m,n} - \tilde{P}_F\| \leqslant R_F \\ 0, & \|\tilde{P}_{m,n} - \tilde{P}_F\| > R_F \end{cases} \quad (4\text{-}10)$$

式中，$\tilde{P}_{m,n} = [P_{m,n}^T, h]^T$ 是第 m 个无人机在三维坐标系框架中第 n 个时间节点的坐标；而 $\tilde{P}_F = [P_F^T, 0]^T$ 代表防空火炮的三维坐标；R_F 表示最大射程；η 为防御系数。

①固定高度场景下：在高空侦察任务场景下，无人机需要固定高度飞行，本书设定侦察场景下的威胁主要包括三个：山峰、敌方雷达和防空火炮。每个威胁的危险程度可以通过目标代价函数来评估。

山峰可以近似地简化为由半径和高度确定的梯形圆柱体。设定第 m 个无人机的位置 $P_{m,n}$ 在旋转坐标系中的第 n 个时间节点的山体成本如下：

$$J_{m,n}^{M} = \begin{cases} \dfrac{100}{P_{m,n} - P_{M}}, & h \leqslant h_{M} \text{ 且 } P_{m,n} - P_{M} \leqslant \left(1 - \dfrac{h}{h_{M}}\right) \cdot R_{Ma} + \dfrac{h}{h_{M}} \cdot R_{Mb} \\ 0, & \text{否则} \end{cases} \quad (4-11)$$

式中，P_M 表示山表面中心的位置，h_M 表示山的高度。R_{Ma} 及 R_{Mb}（$R_{Ma} > R_{Mb}$）表示山体表面的顶部和底部半径。

结合山体、雷达、防空火炮等威胁障碍物，本书构建的侦察任务下多无人机航迹规划环境如图 4-13 所示，小圆圈为四架无人机的起点，五角星为四架无人机的终点。

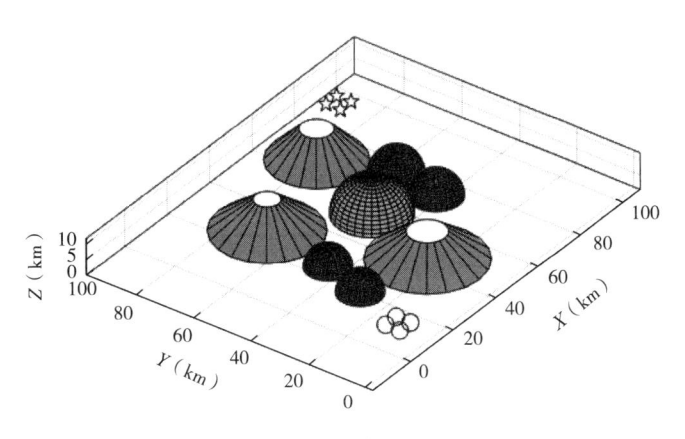

图 4-13　固定高度场景图

②三维高度可变场景下：无人机主要依靠低空突防执行打击任务，在遇到敌方雷达或防空火力时，通常采用近地转弯的方式进行躲避，而不是爬升高度来摆脱。

基于以上考虑，为了保证无人机飞向打击目标的存活率和航迹规划模型的简洁性，本书采用雷达、防空火炮两种常见威胁，并将威胁源简化为圆柱体。结合地形搭建的攻击任务下三维环境模型如图 4-14 所示。

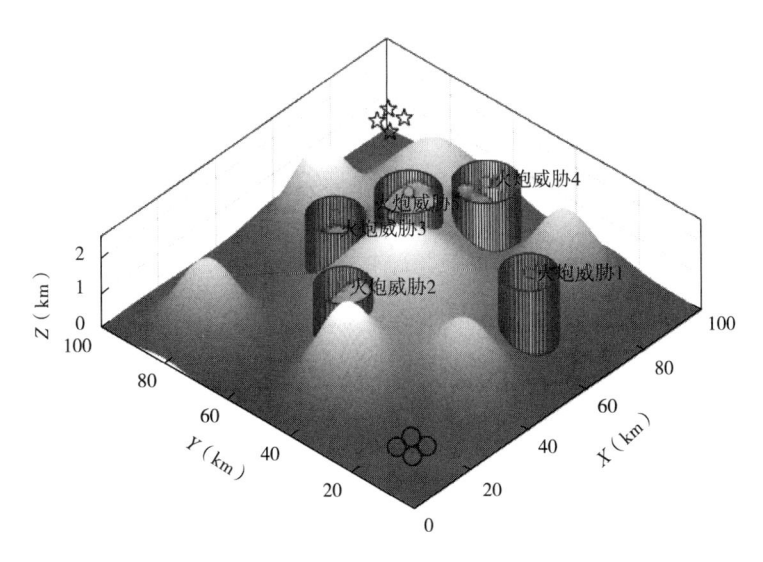

图 4-14　三维场景航迹规划环境图

(6) 无人机机动性能约束建模

在对无人机进行航迹规划时，需要考虑空气动力学带来的机动性能约束。本书在航迹规划过程中将无人机当作质点，不考虑无人机实际的运动学模型和无人机自身的姿态问题，只考虑无人机的速度范围、俯仰角和转弯半径等。

①最小步长：最小步长又称最小航迹段，是指无人机在改变飞行姿态如转弯、爬升之前，必须控制一段短距离直飞。如果最小步长设置过小，会导致无人机在飞行过程中频繁转向，从而增加油耗、出现导航误差甚至发生坠毁。如果最小步长设置过大，则误差会很大，无法获得最佳航迹。

如图 4-15 所示，两个路径点之间的路径 L_i 必须大于或等于最小步长 $L_{\min}$，即

$$L_i \geqslant L_{\min} \tag{4-12}$$

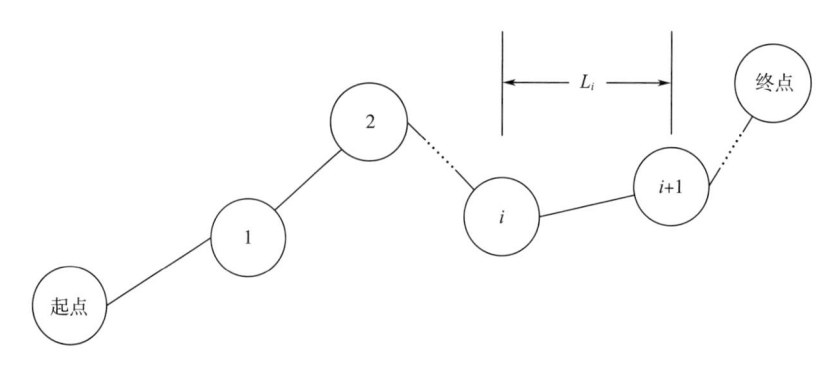

图 4-15　无人机路径示意图

②最大偏航角：最大偏航角是指无人机在飞行中的初始飞行方向与转弯方向的最大角度。当无人机水平方向航向改变时，转弯角应该在最大偏航角范围内，同时在多无人机协同航迹规划的某些场景下，应尽量避免大角度的急转弯，否则会对机体造成损伤，发生碰撞，使当前航向转变失败，影响后续航迹规划。第 i 段航路的飞行方向用向量 $\boldsymbol{a}_i$ 表示，第 i 段航路到下一段航路的最大转弯角为 φ，则该约束条件可以表示为：

$$\frac{\boldsymbol{a}_i \boldsymbol{a}_{i+1}}{|\boldsymbol{a}_i| \times |\boldsymbol{a}_{i+1}|} \geqslant \cos\varphi \tag{4-13}$$

③最大俯仰角：无人机爬升或俯冲最大高度受到自身机动性能的影响。设 $\beta_{\max}$ 是允许最大爬升角或俯冲角，则该约束表示为

$$\tan\left(\frac{z_{i+1} - z_i}{x_{i+1} - x_i}\right) \leqslant \tan\beta_{\max} \tag{4-14}$$

④速度：在多机协同问题中，需要使用无人机的速度计算多机协同时间，因此需对速度设定范围限定：

$$v_{\min} \leqslant v \leqslant v_{\max} \tag{4-15}$$

(7) 综合代价函数设计

解决路径规划问题需要建立一个合适的目标函数，并考虑影响路径质量的各种约束条件。静态全局三维路径规划模型主要包含两个方面。一是成本函数，是智能优化算法的目标函数，需要考虑燃料消耗的成本、飞行高度的成本，以及无人机的综合威胁成本。二是无人机本身

的性能约束，如最大飞行路径约束、最小飞行高度约束、最大转弯角度约束和最大爬升角度约束。

①油耗代价：无人机路径长度成本用以下公式计算：

$$J_m^L = \sum_{k=1}^{D} \sqrt{(x_{k+1} - x_k)^2 + (y_{k+1} - y_k)^2 + (z_{k+1} - z_k)^2} \quad (4-16)$$

式中，(x_k, y_k, z_k) 和 $(x_{k+1}, y_{k+1}, z_{k+1})$ 分别代表第 k 个和第 $k+1$ 个路径点的坐标；D 是路径点的数量。

②高度代价：通常在低空飞行时，无人机可以利用山地等地形提高隐蔽性，以降低被未知雷达探测到的概率。因此，无人机在执行任务时需要在尽可能低的高度上飞行。飞行高度的成本可描述为如下：

$$J_m^H = \sum_{k=1}^{D} z_k \quad (4-17)$$

式中，z_k 是第 k 个路径点的无人机高度。

③威胁代价：雷达和火炮是威胁无人机安全飞行的主要设施，如果无人机与雷达中心之间的距离小于雷达的探测半径，则无人机将受到威胁，从而产生威胁成本。威胁级别取决于雷达覆盖范围内的无人机数量以及这些无人机与雷达中心之间的距离。来自雷达的第 m 架无人机的威胁成本定义为

$$J_m^F = \sum_{k=1}^{D} J_{m,k}^{\text{Artillery}} \quad (4-18)$$

④协同代价：协同代价 J_m^C 指的是当无人机违反协同约束时，即每架无人机之间的距离小于最小安全距离 d_c 或大于最大通信距离 R_c，通过惩罚函数法设定一个惩罚因子 Q，作为多无人机协同代价。

$$J_m^C = \sum_{k=1}^{D} J_{m,k}^{\text{Coor}} \quad (4-19)$$

$$J_m^{\text{Coor}} = \begin{cases} 0, & d_c \leq d_{i,j} \leq R_c \\ Q, & \text{否则} \end{cases}, \quad n = 1, \cdots, D \quad (4-20)$$

式中，$d_{i,j}$ 是无人机在路径点 (x_k, y_k, z_k) 与其他不同无人机的路径点之间的直线距离；d_c 和 R_c 分别代表无人机之间的最小安全距离和最大通信距离。

采用线性加权法，整个目标成本函数描述如下：

$$J_{\text{cost}} = \omega_1 \sum_{m=1}^{M} J_m^L + \omega_2 \sum_{m=1}^{M} J_m^H + \omega_3 \sum_{m=1}^{M} J_m^F + \omega_4 \sum_{m=1}^{M} J_m^C \quad (4-21)$$

式中，ω_1、ω_2、ω_3、ω_4 分别代表四种代价的权重，这些权重相等，其值等于 0.25，J_{cost} 为总成本。

(8) 航迹平滑模型

本章采用 B 样条曲线法对最优路径进行平滑处理。一般由控制点 P_i、B 样条基函数 $N_{i,p}(u)$ 和结向量 $U = [u_0, u_1, \cdots, u_n]$ 组成。曲线方程为：

$$S(u) = \sum_{(i=0)}^{n} P_i \times N_i(u), \quad 0 \leq u \leq u_{\max} \quad (4-22)$$

基函数 $N_{i,p}(u)$ 用德·布尔-考克斯递推公式更新，这里 k 是阶数。

$$\begin{cases} N_{i,\,0}(u) = \begin{cases} 1, & u_i \leqslant u \leqslant u_{i+1} \\ 0, & \text{否则} \end{cases} \\ N_{i,\,k}(u) = \dfrac{u - u_i}{u_{i+k-1} - u_i} \times N_{i,\,k-1}(u) + \dfrac{u_i + k^{-u}}{u_{i+k} - u_{i+1}} \times N_{i+1,\,k-1}(u) \end{cases} \quad (4\text{-}23)$$

如图 4-16 所示，黑色的点表示路径点，将每个路径点相连得到的折线即为算法规划出的航迹，但无法满足无人机真实飞行要求。通过 B 样条曲线进行路径平滑后得到由图中红色点相连的曲线，从而具有可飞性。

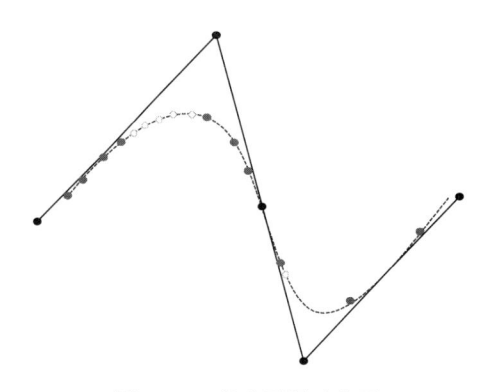

图 4-16　航迹平滑示意图

4.2.2　基于改进异构综合学习粒子群算法的规划方法

4.2.2.1　异构综合学习策略

在标准粒子群算法中，每个粒子在自身最优项 pbest 和全局最优项 gbest 的作用下进化，然而 gbest 可能远离全局最优解或者代表局部最优解。为解决这一问题，Liang 等人提出综合学习粒子群优化算法（Comprehensive Learning Particle Swarm Optimization，CLPSO），即每个粒子不向全局最优项 gbest 学习，只向不同维度的不同粒子的 pbest 学习[10]，其也被称为综合学习策略。其核心实际上是式（4-24）：

$$v_i^d(t+1) = \omega \times v_i^d(t) + c_1 \times r_1 \times [pbest_{f_i(d)}^d(t) - x_i^d(t)] \quad (4\text{-}24)$$

式中，$f_i(d) = [f_i(1), f_i(2), \cdots, f_i(D)]$ 为综合学习因子，表示第 i 个粒子在每一维 d 上结合自身和其他粒子 $pbest_i^d$ 综合学习的结果。综合学习因子 $f_i(d) = [f_i(1), f_i(2), \cdots, f_i(D)]$ 的形成过程如下：对每一个粒子，在整个种群中随机选取两个粒子，比较两个粒子适应度并取较优的一个作为待选，然后依据定义的交叉概率 Pc 按维度将待选粒子与该粒子的历史最优进行交叉，以生成综合学习因子，即公式中的 $pbest_{f_i(d)}^d$。同时在迭代过程中记录粒子没有变化的迭代停滞次数，如果其迭代停滞次数大于等于初始设定的值，则为这个粒子继续实施综合学习策略。

不同的粒子在初始化过程中按照如下方式分配一个固定的学习概率值 Pc：

$$Pc_i = a + b \times \frac{\{\exp[10(i-1)/(ps-1)] - 1\}}{[\exp(10) - 1]} \quad (4\text{-}25)$$

式中，ps 代表种群数量；$a = 0.05$；$b = 0.45$。

粒子的每个维度将产生一个[0, 1]之间的随机数并与 Pc 进行比较。如果随机数大于 Pc，则该粒子会学习其自身 $pbest$ 的相应维度；如果随机数小于 Pc，粒子将从其他粒子的相应维度的 $pbest$ 中学习。当综合学习因子的优化生成达到一定次数时，将为粒子重新生成综合学习因子，然后再按照上述步骤进行。

4.2.2.2 LIPS 小生境技术

自然界中的生物在选择栖息地时总是选择与自己相同或类似的物种，进而在这种特定的栖息地环境中进行生存和繁衍。对于粒子群算法来说，小生境技术正是指模仿这种生活栖息方式，通过一定的操作，将大种群分散到几个特定的区域，即小生境，每个粒子在特定的小生境内进行搜索。小生境技术以其全局搜索和局部搜索能力强的优点已被广泛应用于求解多模态问题。Qu 等人提出了一种基于距离的局部信息粒子群算法（Locally Informed Particle Swarm，LIPS），LIPS 算法基于欧氏距离来判定和选择距离较近的粒子，然后通过这些邻域内的粒子信息来指导粒子搜索[11]。这种通过邻域信息来建立小生境的技术，克服了传统小生境技术需要过多参数的缺点，并且极大地增强了算法的局部搜索能力。但由于为了提高 LIPS 算法的全局搜索能力，LIPS 算法中的每个粒子只向邻域内的多个 $pbest$ 学习，没有向全局最优项 $gbest$ 学习。

为了提升算法的局部搜索能力，本书借鉴 LIPS 小生境的思想，开发子群采用 LIPS 小生境技术，向邻域内的多个 $pbest$ 及全局最优项 $gbest$ 学习。添加向 $gbest$ 学习后的粒子的速度更新使用如式（4-26）和式（4-27）所示，位置更新保持式（2-14）不变。

$$v_i^d(t+1) = \omega(t) \times v_i^d(t) + \varphi \times [P_i(t) - x_i^d(t)] + c_2 \times r_2 \times [gbest^d(t) - x_i^d(t)] \tag{4-26}$$

$$P_i = \frac{\sum_{j=1}^{nsize}(\varphi_j \times nbest_j)/nsize}{\varphi} \tag{4-27}$$

式中，φ_j 为在[0, 4.1/$nsize$]范围内均匀分布的随机数；φ 为 φ_j 的总和；$nbest_j$ 为第 i 个粒子的个体最优的第 j 个最近的邻居；$nsize$ 为邻域内的粒子数量。

由于开发子群内的粒子不仅从邻域内的多个 $pbest$ 学习，还从总种群的 $gbest$ 中学习，在后期搜索阶段，能够在每个基于欧氏距离的邻域内进行搜索，这样一来，就消除了其他小生境的干扰，因此 LIPS 对精细搜索非常高效，从而成功找到最优解。同时，在全局最优解 $gbest$ 的指导下，粒子可以快速向最优解区域靠近，极大地加快了算法的收敛速度。

4.2.2.3 自适应学习因子策略

学习因子 c_1、c_2 又称加速系数，分别表示将每个粒子指引到局部和全局最佳位置的随机加速项的权重，在调整收敛速度和搜索方向方面发挥了重要作用。大多数与 PSO 相关的研究表明，学习因子 c_1、c_2 通常被设置为常量，但是从群体评价的角度来看，如果这两个参数能够随着进化过程的自适应调整，能够较好地保持粒子群优化算法的稳定性。例如，对于搜索性能较差的子群，要尽快消除不恰当的位置，加快对另一个位置的探索。对于粒子群优化的算法，搜索和收敛是两个主要目标。搜索意味着每个粒子都应该丰富群体的多样性，收敛意味着最终要达到一个相同的值，即全局最优解。从理论上讲，搜索过程应该在前半部分占主导地位，而收敛过程应该在最后阶段占主导地位。为了使子群具有更好的搜索性能，有必要加强局部搜索的利用能力并挖掘更好的解决方案。学习因子 c_1 和 c_2 在个体优化中起着极其重要的作用。因此，我们根据不同子群的状态自适应地调整该参数，以改善其性能。因此，自适应学习因子 c_1、c_2 设计如下：

$$c_1 = \sin\left(\frac{\pi \cdot t}{2 \cdot t_{\max}} + \pi\right) + 2.5 \tag{4-28}$$

$$c_2 = \cos\left(\frac{\pi \cdot t}{2 \cdot t_{\max}} + \pi\right) + 2.5 \tag{4-29}$$

式中，t 为当前迭代次数；$t_{\max}$ 为最大迭代次数。

从式（4-29）可以很明显地看出，c_1 从 2.5 到 1.5 是线性递减的，c_2 从 1.5 到 2.5 是线性递增的。在前半阶段满足 $c_1>c_2$，从而增强了搜索空间，有利于快速获得全局最优解，避免陷入局部最优。在后半阶段满足 $c_1<c_2$，具有快速收敛到全局最优解的优点。总之，自适应学习因子将提高粒子群优化算法的最优性和快速性。

粒子群算法作为一种随机优化算法，粒子初始化的分布状况在寻找最优解中起着至关重要的作用。初始分布越均匀、越丰富，就会在算法的初始阶段保持良好的群体多样性。在传统的粒子群算法中，采用随机初始化的方式，随机初始化的方式并不能保证粒子具有良好的均匀分布特性，从而导致算法搜索过程过长，无法充分利用某些潜在区域的最优解，导致收敛速度过慢，甚至过早陷入局部最优。为了使粒子初始化分布更加均匀，本章采用佳点集初始化的方法初始化种群。佳点集初始化的基本原理是：在一个 d 维欧式空间的单位立方体 G_d 中，点 $r \in G_d$，若 $p_d(k) = \{(\{k \times r_1\}, \{k \times r_2\}, \cdots, \{k \times r_d\}), k = 1, 2, \cdots, d\}$，其偏差满足 $\varphi(d) = C(r, \varepsilon)n^{-1+\varepsilon}$，则称 $p_d(k)$ 为佳点集，r 为佳点。其中，$C(r, \varepsilon)$ 是与 r，ε 有关的常数，$r_k = \{\exp(k)\}$。

对 100 个粒子分别进行随机初始化和佳点集初始化两种操作，得出的粒子分布如图 4-17 所示，可以看到，随机初始化的粒子分布比较凌乱，而佳点集初始化的粒子分布相对比较均匀。通过佳点集初始化均匀分布的特点，可以在算法运行前期保持较好的种群多样性，粒子的搜索范围较广，可以及时发现优良解的潜在区域。

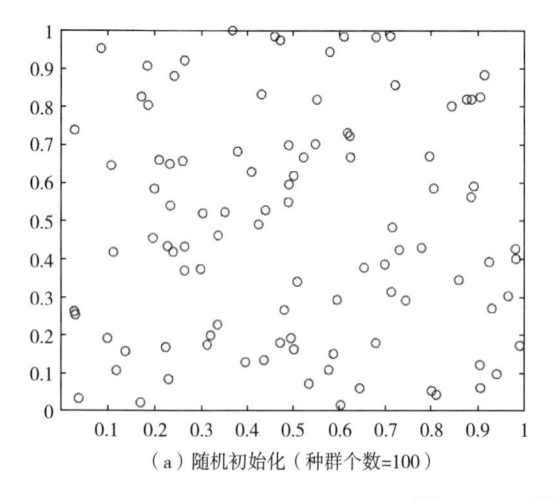

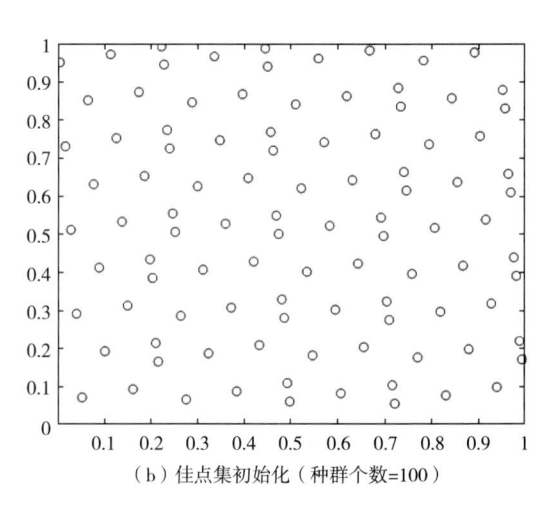

(a) 随机初始化（种群个数=100）　　(b) 佳点集初始化（种群个数=100）

图 4-17　不同初始方法对比

种群多样性可以准确地评价资源的开发利用能力。为了进一步说明本书提出的 MHCLPSO 算法中两个子种群的开发和探索能力的有效性，我们分析了进化过程中基于综合学习策略的探索子群、基于小生境技术的开发子群和整个种群的多样性过程。

$$Diversity = \frac{1}{N} \sum_{i=1}^{N} \sqrt{\sum_{d=1}^{D} (X_i^d(t) - \overline{X^d})^2} \tag{4-30}$$

$$\overline{X^d} = \frac{1}{N} \sum_{i=1}^{N} X_i^d(t) \tag{4-31}$$

式中，N 为群体的大小；D 为搜索空间的维度；X_i^d 为第 i 个粒子的第 d 个维度；$\overline{X^d}$ 为种群中第 d 个维度的平均位置。

一个小的多样性表明粒子在种群中心区域附近聚集，也就是说，当前粒子在一个小的区域内进行开发。一个较大的种群多样性表明粒子远离种群中心，也就是说，粒子在较大的范围内进行探索。

图 4-18 说明了 MHCLPSO 算法在运行过程中种群多样性的变化过程。探索子群的多样性大多高于开发子群，且整个种群多样性介于两个子群之间。基于综合学习策略的探索子群保持了较高的种群多样性，这是因为探索子群中的每个粒子只向自身或其他粒子的 *pbest* 学习，没有借鉴全局最优项 *gbest* 的信息。基于小生境技术的开发子群维持着较小的多样性，因此收敛速度很快，因为其不仅向邻域内的多个 *pbest* 学习，还向全局最优项 *gbest* 学习。同时结合非线性自适应惯性权重递减和佳点集初始化策略，平衡了 MHCLPSO 算法的探索和开发，使种群多样性居于中间位置。实验结果满足我们的期望，即基于综合学习策略的探索子群主要负责探索，而基于小生境技术的开发子群主要负责开发。这两个子群体的互动与合作确保了整个种群的全局寻优能力及快速收敛能力。

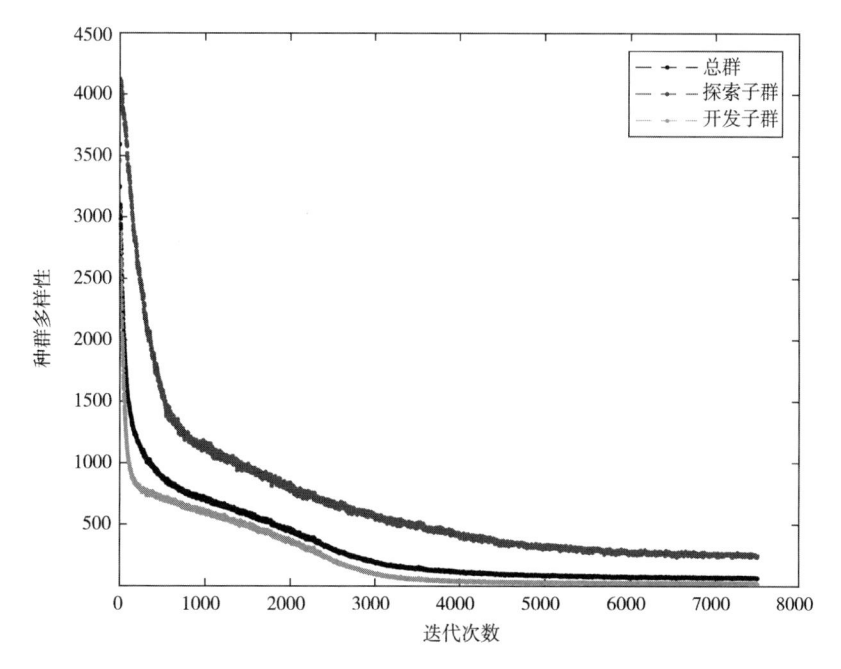

图 4-18 种群多样性

以标准粒子群算法为基础，在上述几种策略的组合下构建了改进异构综合学习粒子群算法，MHCLPSO 算法的实现步骤如下。

步骤一：参数初始化，并利用佳点集初始化操作初始化种群。

步骤二：判断粒子属于探索子群还是开发子群，若为探索子群执行步骤三；若为开发子群，执行步骤四。

步骤三：按照式（1-24）、式（2-14）更新粒子的速度和位置。

步骤四：按照式（1-26）、式（1-27）、式（2-14）更新粒子的速度和位置。

步骤五：更新适应度函数并更新种群全局最优解 $gbest$。

步骤六：如果达到设定的迭代次数，则停止迭代，输出最优解 $gbest$ 否则，返回步骤二。

4.2.3 结果与分析

本工作以 MATLAB R2019b 为仿真平台，在 Intel® Core™ i7-7700 CPU @ 3.60GHz、8GB RAM 和 Windows 10 64 位操作系统的计算机上进行仿真。无人机任务区域为 100km×100km，侦察任务场景下无人机高度固定为 5km。无人机参数设置如表 4-3 所示。每台无人机对应的起点和终点如表 4-4 所示。雷达和火炮用半球表示，如表 4-5 所示。MHCLPSO 算法与其他几种对比算法的参数设置如表 4-6 所示。五种算法分别独立运行 40 次，MHCLPSO 与 PSO、CLPSO 和 LIPS、HCLPSO 四种算法的对比结果如表 4-7 所示。

表 4-3　无人机参数

类别	最大偏航角	最大飞行速度	固定高度	最小飞行速度
参数	45°	300km/h	5km	100km/h

表 4-4　无人机起点和终点

无人机	起点（km）	终点（km）
UAV1	(5, 5, 5)	(85, 85, 5)
UAV2	(5, 10, 5)	(85, 90, 5)
UAV3	(10, 5, 5)	(90, 85, 5)
UAV4	(10, 10, 5)	(90, 90, 5)

表 4-5　威胁模型参数

威胁	威胁中心（km）	范围、半径（km）
雷达	(54, 51)	12
防空火炮 1	(20, 30)	7
防空火炮 2	(72, 42)	8
防空火炮 3	(75, 58)	8
防空火炮 4	(25, 45)	7

表 4-6　对比算法参数设置

算法	种群大小	参数设置
PSO	200	$w=0.9\sim0.4$，$c_1=c_2=1.49445$
CLPSO	200	$w=0.9\sim0.4$，$c_1=c_2=1.49445$，$m=5$
LIPS	200	$w=0.99\sim0.4$，$c_1=c_2=1.49445$，$nsize=2\sim5$
HCLPSO	$N_1=100$，$N_2=100$	$w=0.99\sim0.29$，$c_1=2.5\sim1.5$，$c_2=1.5\sim2.5$
MHCLPSO	$N_1=100$，$N_2=100$	$w=0.99\sim0.29$，$c_1=2.5\sim1.5$，$c_2=1.5\sim2.5$

表 4-7　五种算法独立实验 40 次指标

指标	PSO	CLPSO	LIPS	HCLPSO	MHCLPSO
最好值	131.24	156.04	149.12	128.36	120.96
最差值	214.34	242.71	183.06	182.53	185.75
平均值	179.08	195.51	178.53	157.29	140.27
标准差	18.70	21.05	14.63	8.10	15.23

在 TSS 坐标系变换模型中，位置分量是每架无人机的最佳路径，而速度分量作为无人机导航的辅助信息。由于我们可以在 MHCLPSO 的迭代中更新单个无人机的路径，因此，很容易在同一迭代中对其他无人机进行最优搜索。也就是说，多架无人机可以用 MHCLPSO 并行地实现航迹规划，这当然会降低计算成本。采用 TSS 坐标系变换的另一个好处是有额外的导航源。

正如在 4.2.1 中提到的，x 轴的飞行时间的基础是多架无人机协同的共同参考，可以简化协同成本的计算，并为无人机导航提供了时间基础。同时，由最优解产生的无人机速度分量代表了时间段 (t_0, t_0+t_s) 所期望的速度，其中 t_0 代表时间段的开始时间。理想速度是飞行控制的重要来源，因为它们为接下来的时间段 (t_0, t_0+t_s) 提供了明确的控制参考，例如，在每个时间节点的速度参考。然而，由于路径点的限制，造成输出路径的粗糙性。因此，在对 MHCLPSO 进行优化搜索后，还应该利用路径平滑技术来消除尖锐的角，以达到可飞性。

图 4-19、图 4-20 显示了根据提出的 MHCLPSO 所规划出的无人机航迹图。从图中可以看到 MHCLPSO 算法规划的结果可以满足任务要求，无人机高度固定，每架无人机的路径长度较低且相对平滑。每架无人机在飞行途中，不仅可以避开障碍物和雷达检测区域，也不会与其他无人机发生碰撞。

从图 4-20 来看，不同的无人机在 TSS 模型上肯定存在着一些重叠和交叉点。然而，这并不意味着无人机之间会发生碰撞。我们提取了总飞行时间 18 分钟内三个关键时刻的无人机位置（模拟时间为 6 分钟、9 分钟和 12 分钟）。在每个时刻，四架无人机可以保持密集的队形并在没有任何碰撞的情况下通过威胁区域。这一现象支持了 4.2.1 中的设想，即假设多架无人机之间的路径交叉是必要的。事实上，如果航迹过度分散，长度成本的增长显然是不可避免的。此外，如果不同无人机之间的通信距离过长，也很难满足协同约束。因此，在很多情况下，路径的交叉是很重要的，特别是对于 TSS 模型。

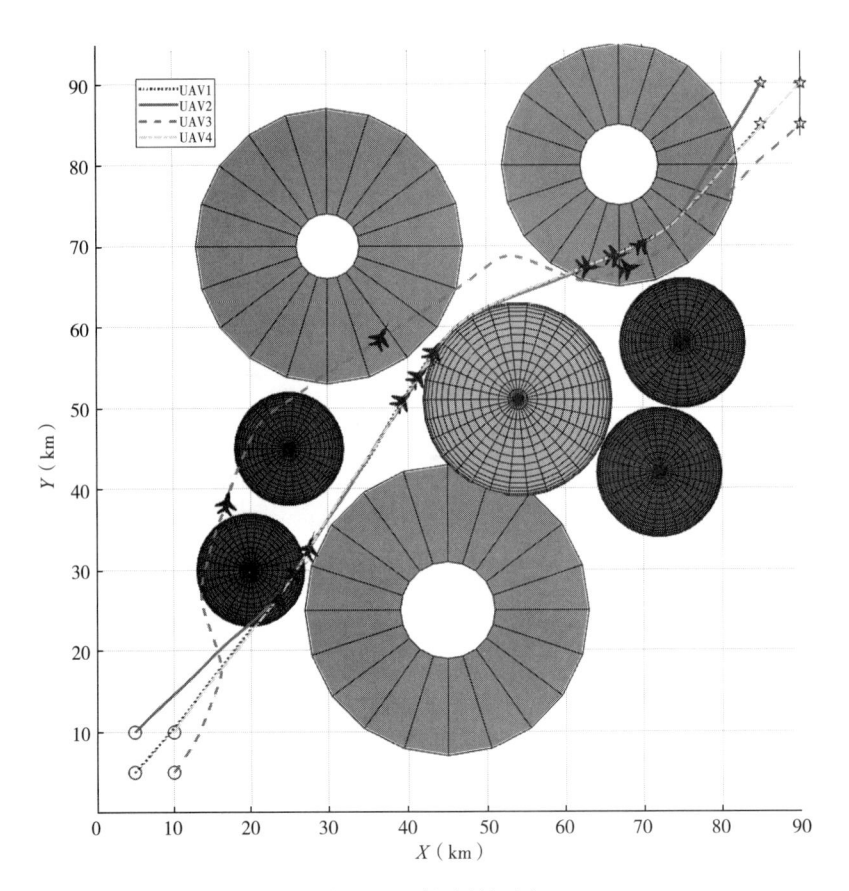

图 4-19 航迹俯视图

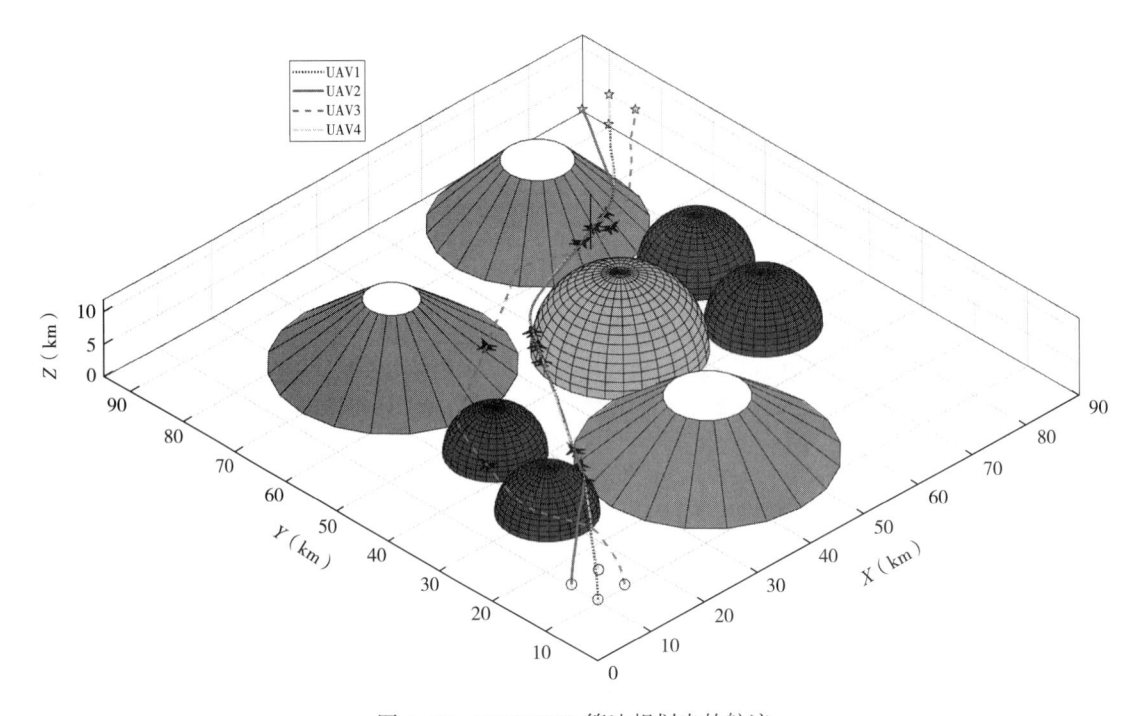

图 4-20 MHCLPSO 算法规划出的航迹

本节将五种算法分别独立实验 40 次，并选取最好的一次进行对比分析。图 4-21 显示了 MHCLPSO 算法与其他四种粒子群算法的收敛曲线对比图，从图中可以看出，本书所提出的 MHCLPSO 算法无论在最终适应度值的结果上，还是在收敛速度上都明显优于其他四种 PSO 算法。表现最差的是 CLPSO 算法，这是因为，虽然 CLPSO 算法采用了综合学习策略，但由于每个粒子只向多个自身最优项 pbest 学习，没有向全局最优项 gbest 学习，导致粒子浪费过多的时间在探索上，收敛速度较慢。由于 LIPS 算法采用了来自最近（欧氏距离）邻居的局部信息来指导粒子的搜索，其前半阶段的优化结果好于标准 PSO 算法、CLPSO 算法及 HCLPSO 算法，但是这种小生境技术在一定程度上损失了种群多样性，从而使 LIPS 算法过早收敛，最终适应度值比标准 PSO 算法略大。HCLPSO 将总群划分为探索子群和开发子群，前半阶段强调粒子的探索能力和保持种群多样性的能力，后半阶段强调粒子的开发能力即在最优解局部进行搜索的能力，这种异构子群的方式可以较好地平衡探索和开发，从而达到较好的结果。HCLPSO 算法的收敛曲线可以验证这种异构子群的方法，如图 4-21 所示，在前半阶段，虽然 HCLPSO 算法结果不如 CLPSO 算法、标准 PSO 算法及 LIPS 算法，但在后半阶段，由于前期保持了较好的多样性，粒子到达最优解附近后开始强调开发能力进行局部搜索，从而可以找到最优解。本章所提出的 MHCLPSO 算法结合了 HCLPSO 算法前期种群多样性好，以及 LIPS 算法局部寻优能力好、收敛速度快这两种算法的优点，通过建立探索和开发两个异构子群，基于综合学习策略的探索子群可以在较大范围内进行搜索，当到达最优解附近时，开发子群凭借小生境技术强大的局部搜索能力，快速定位最优解，达到收敛最快、结果最好的目的。

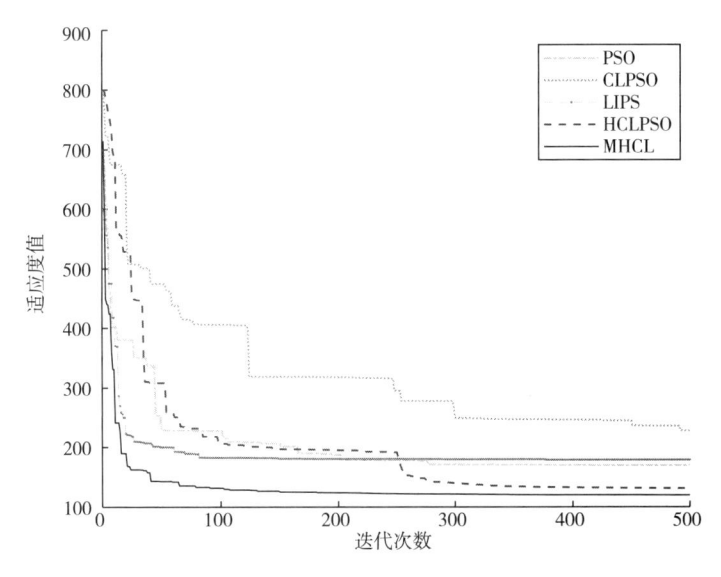

图 4-21　五种算法收敛曲线图

图 4-22 显示了本书提出的算法与其他四种对比算法独立实验 40 次的结果，可以看到，大多数情况下本书提出的 MHCLPSO 算法的适应度值都是最低的。

结合表 4-7 中五种算法独立实验 40 次指标数据，可以看到 MHCLPSO 算法虽然最优适应度值和平均值比其他算法好，但标准差比较大，仍有待改进。

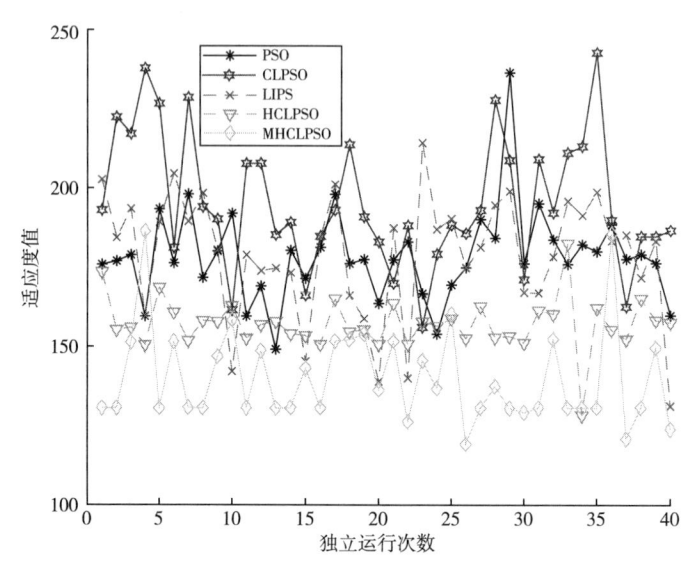

图 4-22 五种算法 40 次独立运行结果图

4.3 基于异构自适应综合学习动态多种群粒子群算法多无人机路径规划方法

在上一节中提出一种改进的粒子群算法，实现了无人机飞行高度固定时的无人机航迹规划，本节主要实现基于改进粒子群算法的多无人机三维航迹规划。当无人机执行打击任务时，需要紧贴山峰等地面障碍物，以减小被雷达发现的概率，其高度是可变的。三维场景下，对算法的要求比较高，在上一节的基础上，首先，提出异构自适应综合学习动态多种群粒子群算法（Heterogeneous Adaptive Comprehensive Learning and Dynamic Multi-Swarm Particle Swarm Optimizer，HACLDMS-PSO），并将其用来求解多无人机三维航迹规划问题。其次，本书采用基于比较准则的约束处理方法来提高某些复杂区域航迹的质量。最后，通过实验仿真，验证了所提出的算法的有效性。

4.3.1 问题描述与模型构建

见 4.2.1 问题描述与模型构建部分内容。

4.3.2 基于异构自适应综合学习动态多种群粒子群算法的规划方法

4.3.2.1 DMS-PSO 算法

DMS-PSO 是一种具有动态拓扑结构的 PSO 算法，是通过将群体划分为几个小组来进行搜索的。每个小组内个体的搜索都是基于其自身最佳经验和组内最优个体的经验，在搜索过程中，不与组外其他粒子交流。从本质上讲，它是一个具有子群平行搜索的协同进化的 PSO 算法。

PSO 快速收敛的特性导致子群内的个体容易收敛到局部最优，为了解决这个问题，DMS-PSO 采取在特定时间间隔内重新分组的策略，每隔 R 代后，小组之间的个体进行信息交换。图 4-23 显示了 DMS-PSO 算法的搜索过程，假设有 9 个粒子，这些粒子被随机分为三个小组。

然后，每个粒子在其子群内搜索，以找到更好的解决方案。为了避免陷入局部最优，每隔几代重新划分小组。DMS-PSO 算法的粒子速度和位置分别由式（2-14）和式（2-15）更新。

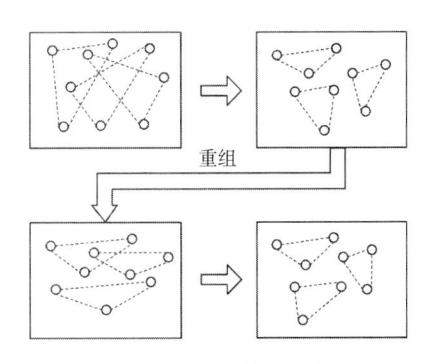

图 4-23 DMS-PSO 算法搜索过程图

4.3.2.2 HACLDMS-PSO 算法

在粒子群优化算法搜索最优解的过程中，探索和开发是两种主要的搜索机制。过分强调探索会导致搜索时间浪费在非最优区域，降低收敛速度。另外，过分强调开发会降低搜索过程中种群的多样性，可能会使群体过早地落入局部最优区域，从而无法搜索到最优解。Wang 等人提出 HCLDMS-PSO 达到平衡探索和开发的目的，其主要思想也是将整个种群分为两个异构子群：一种是开发子群，另一种是探索子群[12]。本章在探索子群中，采用基于综合学习策略；在开发子群中，采用 DMS 学习策略。

PSO 的每个粒子代表无人机的路径，其维度与路径点相对应。在 CLPSO 中，每个粒子通过综合学习策略学习其他粒子在不同维度上的最佳经验。通过这种基于维度的学习方式，航迹规划的质量可以得到提高。然而，CLPSO 并不适合无人机路径规划问题，因为它仅从 pbest 中学习，这种学习策略过于强调探索能力，导致收敛速度过慢。本章提出了一种改进的粒子群算法 HACLDMS-PSO，其采用自适应综合学习粒子群（ACLPSO）作为开发子群，该子群采用自适应机制，在全群 gbest 的指导下调整 CL 的概率。开发子群中每个粒子按照式（4-32）进行速度更新。

$$v_i^d(t+1) = w(t) \times v_i^d(t) + c_1 \times r_1 \times [pbest_{f_i(D)}^d(t) - x_i^d(t)] + c_2 \times r_2 \times [gbest^d(t) - x_i^d(t)] \quad (4\text{-}32)$$

探索子群采用 DMS 的动态拓扑结构增强算法的探索能力，从而保持良好的种群多样性。该算法集成了三种策略：种群动态调整策略、扰动机制和自适应学习概率机制。种群动态调整策略不仅增加了种群的多样性，而且平衡了探索和开发。扰动机制用于鼓励粒子跳出局部最优位置。自适应学习概率机制促进粒子向全局最优方向进化。

4.3.2.3 种群动态调整策略

在 HCLPSO 算法和 HCLDMS-PSO 算法中，探索和开发两个子群内的粒子是固定的，两个子群之间没有信息交流，这显示是不合适的。例如，在算法的初级阶段，应该鼓励更多的粒子在较大的范围内进行探索，当粒子达到全局最优解附近时，应该鼓励更多粒子在最优解附近进行开发，从而达到提升算法的优化结果和效率、加快收敛速度的目的。为了保持两个子群之间的信息交流，本章引入如下的种群动态调整策略。先根据适应度值对整个种群进行排序和重新标记，然后将适应度值小的粒子分类到开发子种群中。开发子种群 N_1 的数量由

式 (4-33) 确定，探索子种群 N_2 的数量由式 (4-34) 确定。

$$N_1 = N_{\max} + (N_{\min} - N_{\max})/\left\{1 + \exp\left[-5 \times \left(\frac{2t}{T} - 1\right)\right]\right\} \qquad (4\text{-}33)$$

$$N_2 = N - N_1 \qquad (4\text{-}34)$$

式中，$N_{\max}$ 和 $N_{\min}$ 分别为开发子种群的最大和最小规模；t 为当前迭代次数；T 为最大迭代次数；N 为总粒子数。

4.3.2.4　莱维飞行和柯西（Cauchy）变异扰动机制

为了防止粒子陷入局部最优，本章将莱维飞行和柯西变异两种不同的扰动策略分别引入不同的子种群中。

(1) 莱维飞行

莱维分布如图 4-24 所示，可以看出多数情况下随机游走的步幅较小，偶尔会出现较大步幅，即莱维分布具有更广泛的搜索能力，因此，可以扩大搜索范围[13]。步长 s 服从莱维分布，其概率密度函数由 Mantegna 函数给出。

$$s = \frac{\mu}{|v|^{\frac{1}{\beta}}} \qquad (4\text{-}35)$$

式中，μ 为服从 $\mu \sim N(0, \sigma_\mu^2)$ 的正态分布；v 为服从 $v \sim N(0, \sigma_v^2)$ 的正态分布；σ_v 的值等于 1。

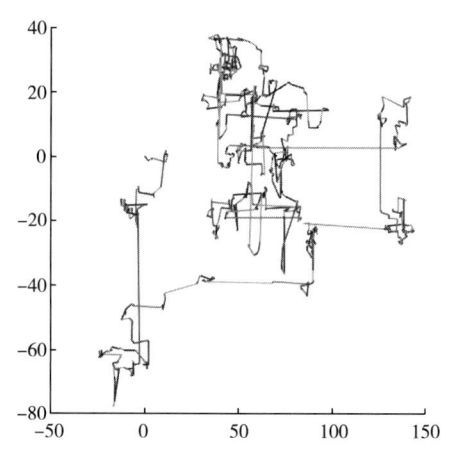

图 4-24　莱维飞行示意图

σ_μ 的表达式如下：

$$\sigma_\mu = \left[\frac{\Gamma(1+\beta) \times \sin\left(\frac{\pi\beta}{2}\right)}{\Gamma\left(\frac{1+\beta}{2}\right) \times \beta \times 2^{\frac{\beta-1}{2}}}\right]^{\frac{1}{\beta}} \qquad (4\text{-}36)$$

式中，β 的值等于 1.5。

这里将莱维飞行扰动引入开发子群，采用莱维飞行的粒子的位置更新方程为

$$x_i^{t+1} = x_i^t + \alpha \oplus Levy(\lambda) \qquad (4\text{-}37)$$

式中，α 为随机步长参数；λ 为 Levy 分布参数；$\oplus$ 表示乘法。

(2) 柯西变异

在 PSO 算法中，粒子通过相互学习以找到更好的位置。在迭代过程中，如果能有一个好的"学习代表"带领其他粒子移动到一个更好的位置，就会促使种群及时找到最优解，从而提升算法的求解效率。

柯西变异正是基于这样的想法，由于其较大的随机数范围和较低的峰值，若将其引入 PSO 算法中，则会促使单个粒子搜索附近的微小区域，及时发现"学习代表"，从而加快最优解的搜索速度，同时可以使粒子快速跳出局部极值[14]。柯西分布概率密度函数为：

$$f_t(x) = \frac{1}{\pi} \times \frac{t}{t^2 + x^2}, \quad -\infty < x < \infty \tag{4-38}$$

式中，t 为范围参数。

由图 4-25 可知，柯西分布在原点处的峰值比高斯分布小，而两端长扁形状趋近于零的速度比高斯分布慢，如果在粒子群算法中对粒子位置采用柯西变异，它的扰动能力就比高斯变异能力强，粒子就更有可能跳出局部极值。

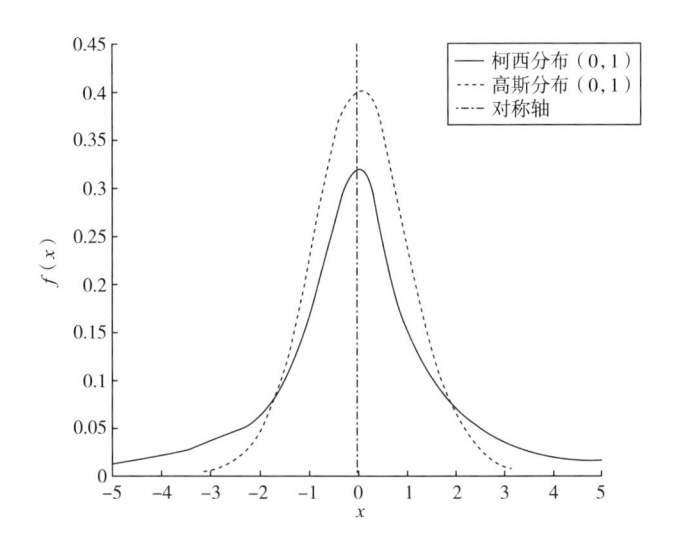

图 4-25 标准柯西、高斯分布概率密度函数曲线

在探索子群中加入具有线性参数变化的柯西变异扰动，以提高局部搜索能力。柯西微扰公式如下：

$$x_i^{t+1} = x_i^t + x_i^t \times Cauchy(0, s) \tag{4-39}$$

式中，s 为柯西变异对线性递减方式变化的尺度参数，对应的公式为

$$s(t+1) = s(t) - \sin\left(\frac{1}{NC_{\max}}\right) \tag{4-40}$$

4.3.2.5 自适应 Pc 机制

在 CLPSO 中，每个粒子自始至终都以初始分配的固定的 Pc 进化，这显然是不合适的。比如，要强调算法前期的探索能力、后期的开发能力，当每个粒子的 Pc 固定后，可能会破坏向其他粒子学习的能力。而且，一旦某些粒子被固定分配了一个不合适的 Pc，搜索效果就会

变差，整个种群的性能都会受到影响。为了克服上述缺点，本章提出了自适应 Pc 机制。在自适应 Pc 机制中，Pc 分为高、中、低三个等级，分别用 P_1、P_2 和 P_3 表示。每个粒子在每次迭代中自适应地选择其合适的 Pc。开始时，为每个粒子随机初始化一个 Pc。随着进化的进行，我们跟踪每个 Pc 等级的粒子，根据其性能结果在刷新 CL 示例之前重新分配 CL 概率[15]。

自适应学习概率机制旨在改进利用子群体的搜索过程。需要自适应地选择利用子种群中的学习概率 Pc_k。这里 k 为级别（$k=1$，2，3）。在初始阶段，每个粒子随机分布一个 Pc。随着过程的发展，需要根据粒子的适应度值来评估粒子的 Pc。

自适应 Pc 的原理如式（4-41）~式（4-44）所示：

$$ps'_{k,t} = \frac{ns_{k,t}}{nc_{k,t}} + \varepsilon \tag{4-41}$$

$$ps_{k,t} = \frac{ps'_{k,t}}{\sum_{k=1}^{3} ps'_{k,t}} + \varepsilon \tag{4-42}$$

$$pl'_{k,t} = \mu \times ps_{k,t} + (1 - \mu) \times pl_{k,t-1} \tag{4-43}$$

$$pl_{k,t} = \frac{pl'_{k,t}}{\sum_{k=1}^{3} pl'_{k,t}} \tag{4-44}$$

式中，t 为当前迭代的次数；$pl_{k,t}$ 为第 t 代中 Pc_k 被选择的概率；$nc_{k,t}$ 为具有概率 P_{ck} 的粒子总数；$ns_{k,t}$ 表示在 P_{ck} 下比它的 pbest 有更好的解的粒子个数；$ps'_{k,t}$ 表示第 t 次迭代 P_{ck} 的成功率；$ps_{k,t}$ 表示 Pc 在 Pc 的三个层次中的权重；ε 为常数，避免搜索成功率为零；μ 是一个常数，表示上一代对当前一代的影响。

在这项工作中，轮盘赌通过跟踪 Pc 的三个级别的性能来为某些粒子分配适当的 Pc_k。在早期阶段，一些粒子需要具有较宽的搜索范围，并且倾向于向自己学习。由于从其他粒子学习的概率较低，因此，以较高的概率选择具有较低值的学习概率 Pc_k。在后期阶段，学习概率 Pc_k 具有较高的值。这样，大多数粒子可以在搜索过程中自适应地改变学习概率，直到找到最优解。

多无人机航迹规划作为一种目标约束优化问题可以描述如下：

$$\begin{aligned}\min_{x} \quad & f(x) \\ s.t. \quad & g_i(x) \leq 0, \ i = 1, 2, \cdots, n \\ & h_j(x) = 0, \ j = 1, 2, \cdots, p\end{aligned} \tag{4-45}$$

式中，$x = [x_1, x_2, \cdots, x_D]$ 为一个 D 维的决策变量；$f(x)$ 为目标函数即无人机的综合代价函数；$g_i(x) \leq 0$ 为不等式约束；n 为不等式约束的个数；$h_j(x) = 0$ 为等式约束；p 为等式约束的个数。

等式约束采用惩罚函数法将约束转化为代价。针对不等式约束，本书通过引入约束违反度函数 $f_v(x)$ 来进行约束处理，约束违反度函数定义为

$$f_v(x) = \sum_{i=1}^{l} \max[0, g_i(x)] \tag{4-46}$$

目前大多数基于粒子群算法的无人机航迹规划研究，在对每个粒子进行评价时仅考虑其

适应度函数值，那些违反约束的粒子通常不参与评价。本书对评价粒子优劣的方法做出改进，避免由于过度舍弃而远离可行解。基于比较准则提出新的粒子评价机制如下。

①当粒子 x_i 和粒子 x_j 都满足约束时，如果 $f(x_i)<f(x_j)$ 则个体 x_i 为优，否则 x_j 个体为优。

②当粒子 x_i 和粒子 x_j 都不满足约束时，如果 $f_v(x_i)<f_v(x_j)$ 则个体 x_i 为优，否则个体 x_j 为优。

③当粒子 x_i 满足约束，粒子 x_j 不满足约束时，如果 $f_v(x_i)<\varepsilon_v$ 且 $f(x_i)<f(x_j)$，则个体 x_j 为优，否则个体 x_i 为优。ε_v 为要求的精度指标。

算法：HACLDMS-PSO 算法伪代码	
1	设置参数 N，N_{min}，N_{max}，Pc_k
2	初始化 x_i 及 v_i
3	评价 x_i 并记录适应度值
4	While （NC<NC_{max})
5	For i=1：N_1
6	对开发子群的每个粒子速度 v_i 按照式（4-26）更新
7	粒子位置 x_i 按照式（2-19）和式（4-37）进行更新；//* 莱维飞行扰动策略* //
8	End For
9	For i=1：N_2
10	对开发子群的每个粒子速度 v_i 按照式（4-27）更新
11	粒子位置 x_i 按照式（2-19）和式（4-39）进行更新；//* 柯西变异扰动策略* //
12	End For
13	对所有粒子 x_i 计算适应度值 fitness；
14	If fitness （i）<pbest
15	Stag（i）=0；
16	else
17	Stag（i）=Stag（i）+1；
18	If Stag（i）>m
19	根据轮盘赌更新 Pc_k；
20	End
21	End
22	按照式（4-41）～式（4-44）更新 $pl_{k,t}$；//* 自适应 Pc 机制* //
23	$nc_{k,t}$=0，$ns_{k,t}$=0；
24	更新自身最优 pbest（i）和全局最优解 gbest；
25	按照式（4-34）和式（4-35）进行种群自适应调整；//* 种群动态调整策略* //
26	End While

结合 TSS 坐标系变换、约束处理方法，将 HACLDMS 算法应用于多无人机三维航迹规划的过程如下。

步骤一：初始化多无人机航迹规划的环境设置，包括无人机的数量、起飞和目的地、无人机飞行约束、威胁模型的构建等。

步骤二：给出起飞时间 T_t 和路径点 D，根据式（1-5）~式（1-7）中的约束条件，选择到达的时间 T_a 和时间戳 t_s。进行坐标系变换，建立第 m 个无人机的局部框架 $X_m O_m Y_m$，并计算恒定的 x 轴元素 $\bar{V}_{m,n,x}$、纵向要素 $\bar{V}_{m,n,y}$ 的变化范围及高度元素 $\Delta H_{m,n}$。

步骤三：对于第 m 架无人机，初始化 HACLDMS-PSO 算法的配置参数。HACLDMS-PSO 算法中的每个粒子代表一种解决方案，每个解决方案由速度和位置分量 $S_{\text{Search}} = (\bar{V}_{1,1,y}, \Delta H_{1,1}, \cdots, \bar{V}_{1,D,y}, \Delta H_{1,D}, \cdots, \bar{V}_{2,1,y}, \Delta H_{2,1}, \cdots, \bar{V}_{M,D,y}, \Delta H_{M,D})$ 组成。确定要优化的元素是 $\bar{V}_{m,n,y} \in [-\bar{V}_{m,n,x}\tan\psi_{\max}, \bar{V}_{m,n,x}\tan\psi_{\max}]$ 和相邻路径点之间的高度差范围 $\Delta H_{m,n} \in [-\bar{V}_{m,n,x} t_s \tan\Phi_{\max}, \bar{V}_{m,n,x} t_s \tan\Phi_{\max}]$。

步骤四：对每个迭代的第 m 个无人机，实施 HACLDMS-PSO 算法，以更新粒子的速度和位置。

步骤五：进行坐标系反变换，计算威胁成本 J_m^F。同时，与无人机进行交互并计算协同代价 J_m^{Coor}。然后将这些成本相加，得到该方案的总成本 J_{cost}。对每个粒子进行评价根据适应度值选择全局最优解 $gbest$ 作为候选解决方案。

步骤六：如果达到设定的迭代次数，则停止迭代，输出最优解 $gbest$，进而得到无人机的最佳航迹。否则，返回到步骤四。

4.3.3 结果与分析

仿真环境中计算机为 Intel® Core™ i5 处理器，主频为 2.6GHz。操作系统为 Windows10 64 位，内存为 8GB，在 MATLAB R2019a 环境下实现。目标环境为 100km×100km。

本次任务包含 4 架无人机，每架无人机的起止位置如表 4-8 所示。总共有 40 个路径点，两个相邻路径点之间的最大偏航角和俯仰角均为 45°。无人机最大飞行高度为 3km，最小飞行高度为 500m。将无人机飞行中的最小安全距离设置为 20m。飞行环境中威胁源的具体参数见表 4-9。

表 4-8 无人机起点和终点

无人机	起点（km）	终点（km）
UAV1	(5, 5, 1)	(85, 85, 1)
UAV2	(5, 10, 1)	(85, 90, 1)
UAV3	(10, 5, 1)	(90, 85, 1)
UAV4	(10, 10, 1)	(90, 90, 1)

表 4-9 威胁信息

威胁	中心（km）	半径（km）
雷达	(60, 67)	8
防空火炮 1	(59, 31)	7

续表

威胁	中心 (km)	半径 (km)
防空火炮 2	(25, 49)	7
防空火炮 3	(35, 70)	7
防空火炮 4	(71, 50)	8

如表 4-10 所示，设定几种算法的种群 N 均为 200，最大迭代次数 NC_{max} 为 500 次，路径点的个数 D 等于 40。对于 PSO、CLPSO 算法，惯性权重 w 从 0.9 减少到 0.4，$c_1 = c_2 =$ 1.49445，m 为 CLPSO 算法的粒子生成综合学习因子需达到的停滞次数。c_2 从 0.5 增加到 2.5，c_1 从 2.5 减少到 0.5。对于 HCLDMS-PSO 算法和 HACLDMS-PSO 算法，每隔 5 代 DMS 子群重新分组。三种学习概率 $Pc_1 = 0.1$，$Pc_2 = 0.5$，$Pc_3 = 0.9$。

表 4-10　对比算法参数设置

算法	种群大小	参数设置
DE	200	$CR = 0.9$, $F = 0.5$
PSO	200	$w = 0.9 \sim 0.4$, $c_1 = c_2 = 1.49445$
CLPSO	200	$w = 0.9 \sim 0.4$, $c_1 = c_2 = 1.49445$, $m = 5$
HCLPSO	$N_1 = 100$, $N_2 = 100$	$w = 0.9 \sim 0.4$, $c_1 = 2.5 \sim 1.5$, $c_2 = 1.5 \sim 2.5$
HCLDMS-PSO	$N_1 = 101$, $N_2 = 99$	$w = 0.9 \sim 0.4$, $c_1 = 2.5 \sim 1.5$, $c_2 = 1.5 \sim 2.5$
HACLDMS-PSO	$N_1 = 101$, $N_2 = 99$	$w = 0.9 \sim 0.4$, $c_1 = 2.5 \sim 1.5$, $c_2 = 1.5 \sim 2.5$

图 4-26 和图 4-27 显示了该算法生成的多无人机航迹。每架无人机的规划路径都能满足安全可飞的条件。规划的路径可以避开威胁源，其飞行路径较短，应保持较低且不会与山体相撞的飞行高度。值得注意的是，从俯视图看无人机 1 和无人机 2 的部分航迹似乎发生了碰撞，但实际上从三维图上看它们不在同一飞行高度，这是因为 4.2.1 中提到的，多无人机在执行任务时，需要一段时间进行伴随飞行模式。

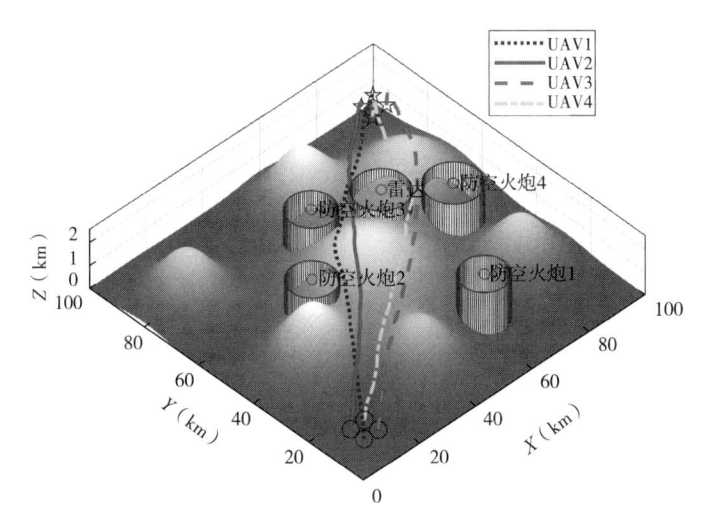

图 4-26　HACLDMS-PSO 算法规划出的航迹图

从图 4-27 航迹俯视图上看，无人机 3 和无人机 4 可以在雷达和防空火炮 4 之间狭窄的区域飞行，这归功于基于比较准则的约束处理方法。在可行解区域较小的情形下，若对所有约束条件都采用惩罚函数法来处理，则会导致适应度函数值变大，从而使无人机过度舍弃可行解，无法通过这些狭小的区域。

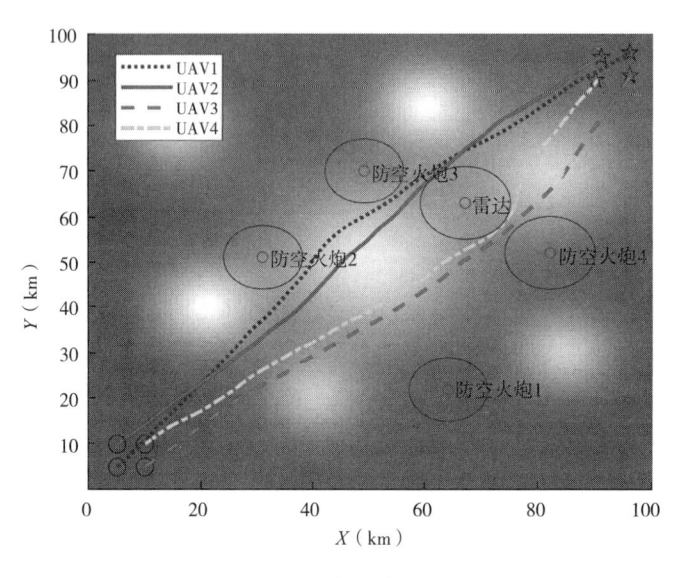

图 4-27　航迹俯视图

图 4-28 展示了五种对比算法独立实验 40 次后，挑选最好的一次所规划出的航迹俯视图。差分进化算法规划出的航迹最差，每架无人机都进入雷达、防空火炮等威胁区域。在标准粒子群所规划出的航迹中，四架无人机虽然没有进入威胁区域，但由于其过多地偏离威胁区域而导致路径长度最长，一旦无人机携带燃油有限，则无法完成任务。

在 CLPSO 算法规划出的航迹中，UAV3 进入了威胁区域，无法满足任务要求。HCLPSO 算法规划出的航迹相较 CLPSO 算法有所提升，路径长度有所缩短，但无法避免 UAV4 进入威胁区域。HCLDMS-PSO 算法规划出的航迹中，每架无人机都没有进入威胁区域，满足安全性要求，但路径长度不是最短的，明显还有可以提升的地方。通过对比发现，本书提出的 HACLDMS-PSO 表现最好，无论是无人机不能进入威胁区域的安全性要求，还是路径长度最短的距离要求，其都可以满足。

图 4-29 显示了基于 HACLDMS-PSO 算法规划出的多无人机航迹中，四架无人机在飞行途中与山体的垂直坡剖面图。从图中可以看到，每架无人机都贴近山体，以较低的飞行高度进行飞行，且不会与山体发生碰撞。本章设定无人机的优化目标为路径长度和高度，并通过线性加权的方式，将多目标优化问题变为单目标优化问题，其中长度和高度的权重相等。图 4-29 验证了这种方法的有效性，如图 4-29 所示，在 UAV3 的航迹中，有一段山谷高度较低，若过度考虑无人机的飞行高度，则会导致无人机频繁俯冲和爬升，增加油耗代价。

第 4 章 基于目标攻击的多无人机路径规划方法 | 117

(a) DE

(b) PSO

(c) CLPSO

(d) HCLPSO

(e) HCLDMS-PSO

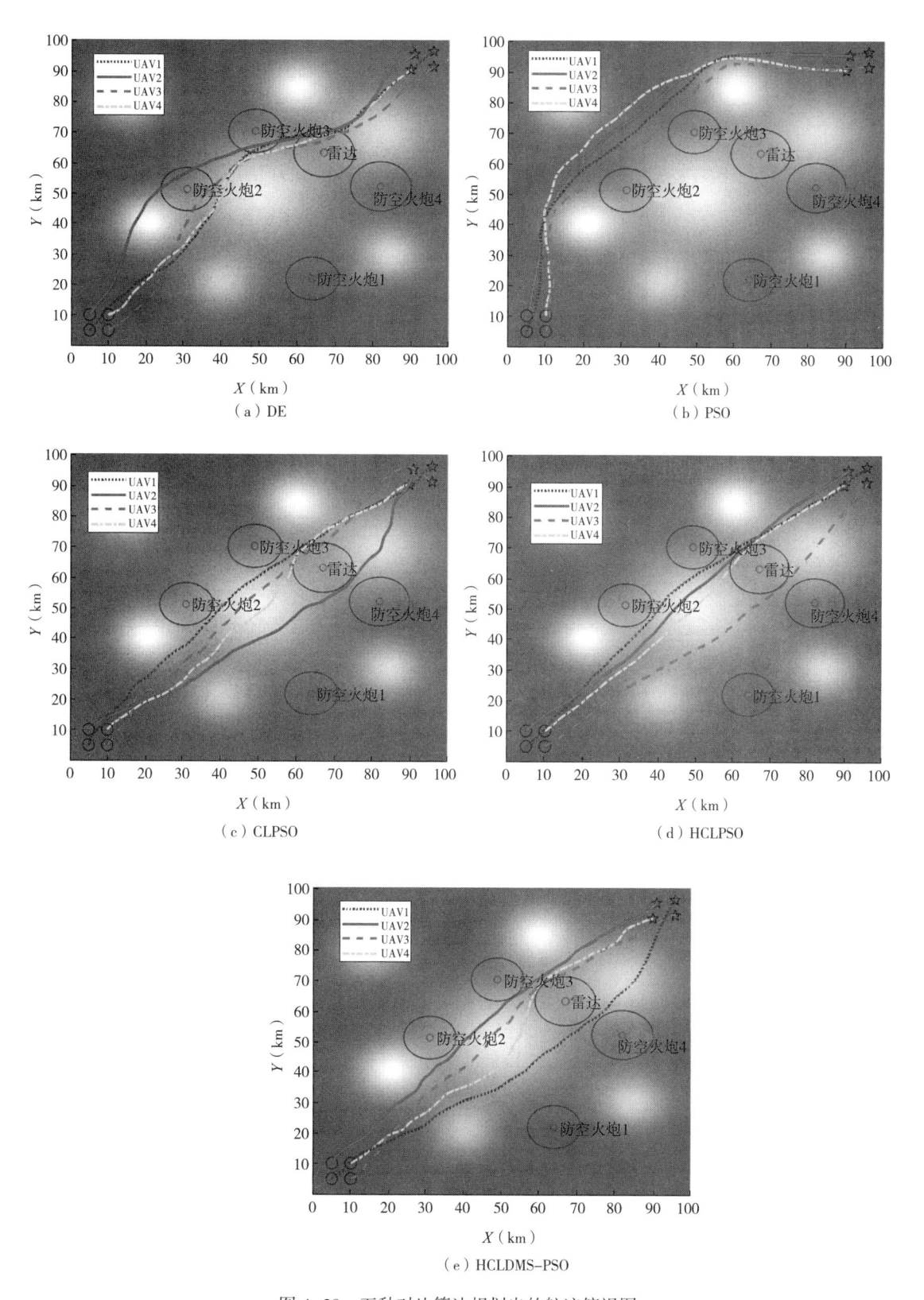

图 4-28 五种对比算法规划出的航迹俯视图

(a) UAV1

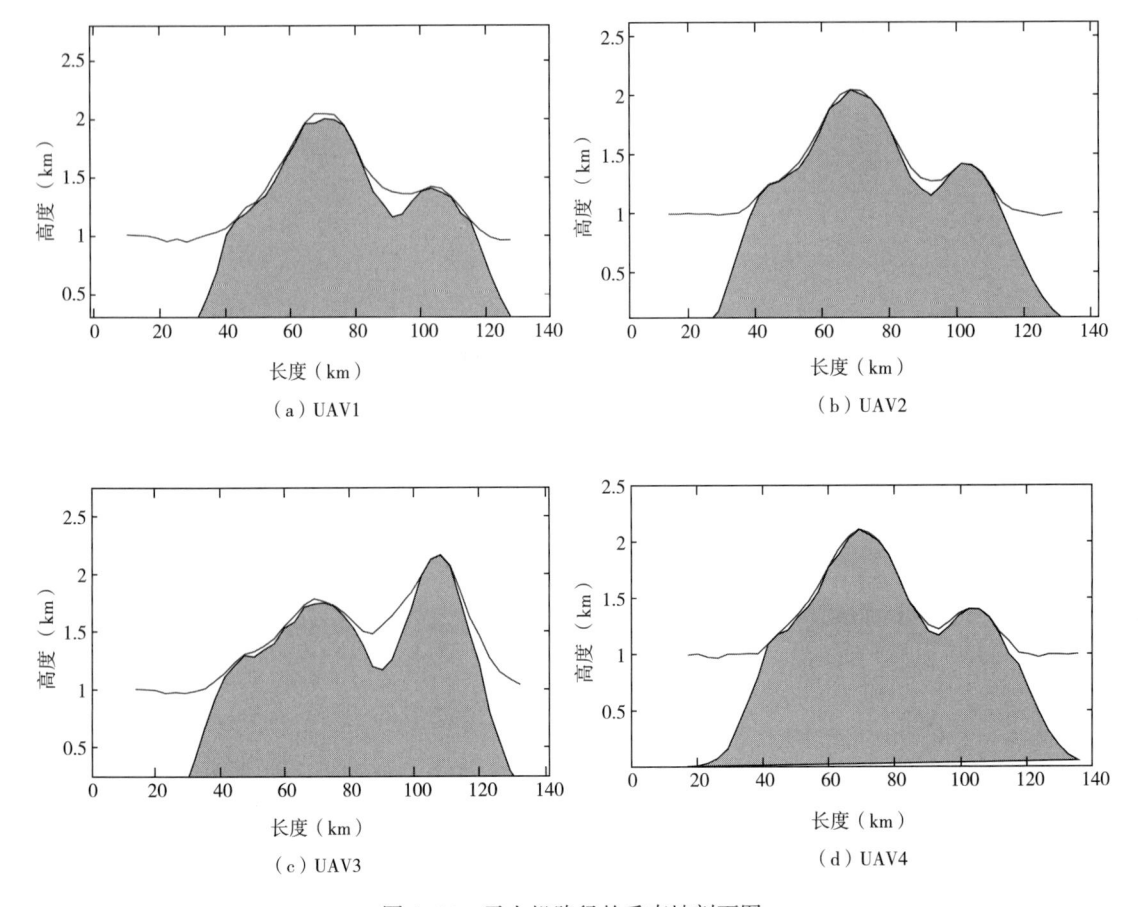

(b) UAV2

(c) UAV3

(d) UAV4

图 4-29 无人机路径的垂直坡剖面图

本次将六种算法分别独立实验 40 次，并选取最好的一次进行对比分析。图 4-30 显示了所提出算法的收敛曲线（附表 4-2）。它说明了所提出的算法表现出最好的收敛性能。最快的收敛速度证实了动态分组策略明显优于其他五种算法。显然，所提算法的收敛效果优于其他五种算法。CLPSO 和 DE 表现最差，原因是 CLPSO 的开发能力较弱，当 DE 陷入局部最优时，可能不适用于该模型。由于 CLPSO 算法的负面影响，HACLDMS-PSO 的收敛速度不如 PSO，但收敛精度优于 PSO。HCL 前期效果较好，但后期不能像 HACLDMS-PSO 那样自适应改变其 Pc，导致最终结果不如 HACLDMS-PSO。

图 4-31 展示了 HACLDMS-PSO 与 DE、PSO、CLPSO、HCLPSO、HCLDMS-PSO 其他五种算法分别独立实验 40 次的结果。很显然，HACLDMS-PSO 算法的适应度值最小，且更稳定。表 4-11 列出了这六种算法的性能指标，HACLDMS-PSO 算法在最优值、平均值和标准差方面比其他比较算法好。从而验证了算法的有效性。

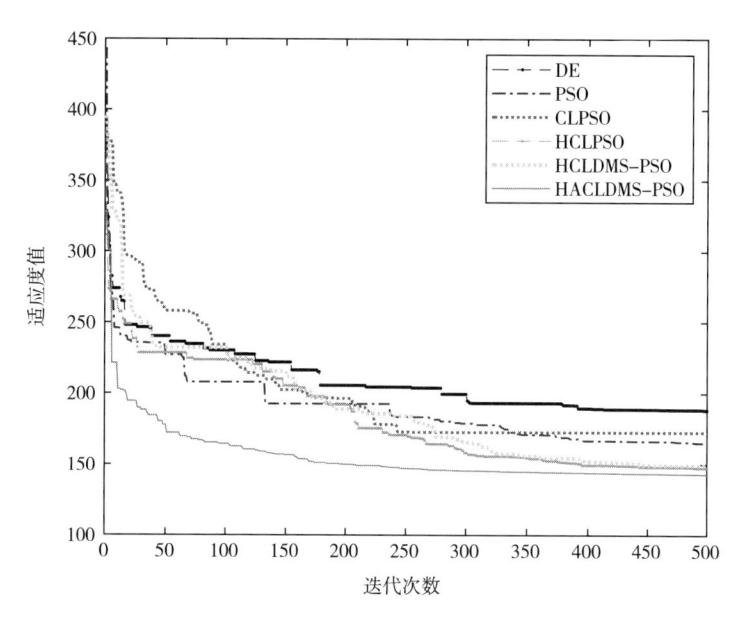

图 4-30 六种算法收敛曲线对比图

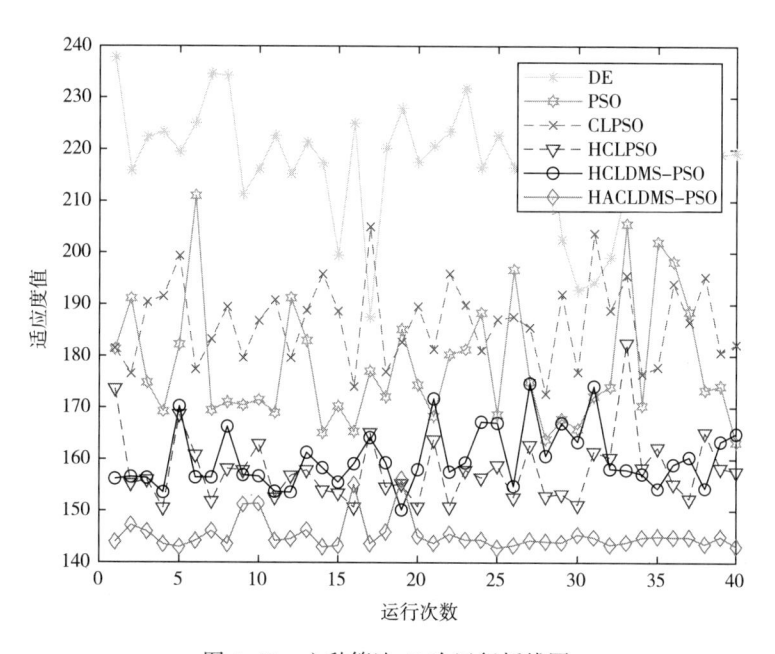

图 4-31 六种算法 40 次运行折线图

表 4-11 六种算法的性能指标

算法	最差	最好	平均值	标准差
DE	280.67	187.53	226.55	18.70
PSO	211	163.25	178	12
CLPSO	204.95	174.05	186.47	7.96
HCLPSO	173.63	150.55	158.03	6.60

续表

算法	最差	最好	平均值	标准差
HCLDMS-PSO	185.75	152.83	160.18	5.90
HACLDMS-PSO	156.19	142.95	145.32	3.02

4.4 本章小结

本章提出并实现了三种改进的算法用于多无人机航迹规划。首先，采用双阶段策略提升 MDP-ABC 算法的效率。初始阶段，使用蚁群算法在低精度栅格节点上规划，获得的最优解用作 MDP-ABC 算法的起点，以此减少算法在差解上的计算。结果显示，与随机初始化相比，该方法能更快速地获得低航迹代价的解，并加速 MDP-ABC 的收敛速度。其次，提出了 MHCLPSO 算法，结合基本 PSO 的速度和 CLPSO 的探索能力，将总群分为两个子群，并通过自适应学习和佳点集初始化策略提高算法性能，实验验证了 MHCLPSO 算法在此场景下的有效性。最后基于 HACLDMS-PSO 算法，实现了三维场景下的航迹规划，通过动态拓扑和自适应策略改进算法性能。仿真实验证明，该算法在复杂的三维场景中具有优越性。这些改进展示了在多无人机多任务规划中，优化算法组合与策略调整能够显著提升性能。

参考文献

[1] ZHANG D F, DUAN H B. Social-class pigeon-inspired optimization and time stamp segmentation for multi-UAV cooperative path planning [J]. Neurocomputing, 2018, 313: 229-246.

[2] XU C, XU M, YIN C J. Optimized multi-UAV cooperative path planning under the complex confrontation environment [J]. Computer Communications, 2020, 162: 196-203.

[3] LIU Y, ZHANG X J, GUAN X M, et al. Potential odor intensity grid based UAV path planning algorithm with particle swarm optimization approach [J]. Mathematical Problems in Engineering, 2016, 2016: 7802798.

[4] 于霜, 丁力, 吴洪涛. 基于改进人工蜂群算法的无人机的航迹规划 [J]. 电光与控制, 2017, 24(1): 19.

[5] WU X D, BAI W B, XIE Y E, et al. A hybrid algorithm of particle swarm optimization, metropolis criterion and RTS smoother for path planning of UAVs [J]. Applied Soft Computing, 2018, 73: 735-747.

[6] LIU Y, ZHANG X J, GUAN X M, et al. Adaptive sensitivity decision based path planning algorithm for unmanned aerial vehicle with improved particle swarm optimization [J]. Aerospace Science and Technology, 2016, 58: 92-102.

[7] HE W J, QI X G, LIU L F. A novel hybrid particle swarm optimization for multi-UAV cooperate path planning [J]. Applied Intelligence, 2021, 51 (10): 7350-7364.

[8] 郑志帅. 基于改进差分算法的无人机航迹规划研究 [D]. 郑州: 中原工学院, 2021.

[9] 马丽莎. 基于数字高程模型栅格地图的移动机器人路径规划研究 [D]. 杭州: 浙江大学, 2012.

[10] MENG H, XIN G Z. UAV route planning based on the genetic simulated annealing algorithm [C]//2010 IEEE International Conference on Mechatronics and Automation. August 4-7, 2010, Xi'an, China. IEEE, 2010: 788-793.

[11] QU B Y, SUGANTHAN P N, DAS S. A distance-based locally informed particle swarm model for multimodal optimization [J]. IEEE Transactions on Evolutionary Computation, 2013, 17 (3): 387-402.

[12] WANG S L, LIU G Y, GAO M, et al. Heterogeneous comprehensive learning and dynamic multi-swarm particle swarm optimizer with two mutation operators [J]. Information Sciences, 2020, 540: 175-201.

[13] KAMARUZAMAN A F, ZAIN A M, YUSUF S M, et al. Levy flight algorithm for optimization problems -A literature review [J]. Applied Mechanics and Materials, 2013, 421: 496-501.

[14] LI J, LUO Y K, WANG C, et al. Simplified particle swarm algorithm based on nonlinear decrease extreme disturbance and Cauchy mutation [J]. International Journal of Parallel, Emergent and Distributed Systems, 2020, 35 (3): 236-245.

[15] LIN A P, SUN W, YU H S, et al. Adaptive comprehensive learning particle swarm optimization with cooperative archive [J]. Applied Soft Computing, 2019, 77: 533-546.

附　　录

附表 4-1　所有算法 40 次运行结果 1

次数	PSO	CLPSO	LIPS	HCLPSO	MHCLPSO
1	193.0695	175.9451	202.7028	173.6293	130.7308
2	222.4335	177.0167	184.4159	155.3121	130.6933
3	217.1835	178.9493	193.4829	156.0416	151.4269
4	237.8182	159.5650	159.6160	150.5450	186.3996
5	226.7008	193.4119	189.2764	168.6742	130.6411
6	181.2667	176.3963	204.6992	160.8493	151.5854
7	228.6107	198.0863	189.5928	151.8737	130.7906
8	194.0563	171.8029	198.4071	158.2105	130.6942
9	190.1945	180.1490	180.5228	157.8931	146.8910
10	161.5786	192.0259	142.1178	162.9492	158.4548
11	207.7951	159.6488	178.8951	152.6107	130.6926
12	207.8539	169.1237	173.9549	156.8794	148.7009
13	185.2923	149.1180	174.7683	157.9547	130.6293
14	189.1704	180.3666	173.3846	154.0480	130.7247
15	166.2000	171.5088	145.3810	153.4396	143.1895
16	184.7953	181.3246	184.7147	150.6795	130.6879
17	193.0393	198.0296	201.1473	165.1338	151.7693
18	213.7682	176.2061	166.2296	154.6387	152.1510
19	190.9313	177.5350	158.8097	155.3218	153.9341
20	183.0382	163.6427	139.0539	150.7418	136.3351

续表

次数	PSO	CLPSO	LIPS	HCLPSO	MHCLPSO
21	170.0192	177.4448	187.3545	163.7764	151.6731
22	188.1665	183.0564	140.0150	150.7670	126.3354
23	156.0436	166.7772	214.3413	157.9173	145.5479
24	179.2088	153.9236	187.0082	156.4661	136.8159
25	188.3544	169.5156	190.3212	158.8503	160.2846
26	185.7203	174.9252	174.8501	152.5702	119.2667
27	193.0101	190.1323	181.3440	162.7602	130.6268
28	227.7625	184.2625	194.5981	152.8277	137.4672
29	208.8411	236.4517	199.0249	153.2486	130.5757
30	171.2141	176.1966	167.1991	151.1506	129.2295
31	209.1513	195.1046	166.9148	161.4540	130.6758
32	192.2303	183.7305	178.3706	160.3419	152.2962
33	211.1895	176.0125	195.8450	182.5275	130.7032
34	213.2422	182.1934	191.3828	128.3567	130.7034
35	242.7148	180.0219	198.7579	162.2584	130.6750
36	189.9094	188.4858	183.3089	155.2693	185.6455
37	162.6599	177.6341	185.1988	152.3077	120.9610
38	184.7948	179.0756	171.7843	165.1799	130.7818
39	184.7616	176.3631	183.3346	158.3488	149.6222
40	186.6668	159.8747	131.2416	157.6490	124.0000

附表 4-2 所有算法 40 次运行结果 2

次数	DE	PSO	CLPSO	HCLPSO	HCLDMS-PSO	HACLDMS-PSO
1	237.8039	181.3350	181.4973	173.6293	156.2276	143.9839
2	215.8492	191.1266	176.5137	155.3121	156.6001	147.2472
3	222.4004	174.7942	190.3992	156.0416	156.4050	146.0036
4	223.3102	169.2400	191.5407	150.5450	153.6202	143.5421
5	219.4866	182.2251	199.3355	168.6742	170.2511	142.9972
6	225.0349	211.0078	177.3575	160.8493	156.4939	144.1972
7	234.6065	169.4742	183.2834	151.8737	156.4856	146.1088
8	234.2770	171.0317	189.4835	158.2105	166.3210	143.5487
9	211.3680	170.4607	179.6442	157.8931	156.9530	151.2303
10	216.2779	171.4761	186.8533	162.9492	156.7361	151.4040

续表

次数	DE	PSO	CLPSO	HCLPSO	HCLDMS-PSO	HACLDMS-PSO
11	222.6932	169.0146	190.8138	152.6107	153.7812	144.2149
12	215.2441	191.2289	179.6144	156.8794	153.6151	144.5630
13	221.3392	182.9876	188.8396	157.9547	161.3240	146.2902
14	217.3641	165.1021	195.8452	154.0480	158.3627	143.0189
15	199.4391	170.2731	188.6487	153.4396	155.5769	143.2617
16	225.0284	165.3824	174.0546	150.6795	159.1466	155.1490
17	187.5334	177.0381	204.9500	165.1338	164.1934	143.6263
18	220.1373	172.0849	176.9102	154.6387	159.3582	145.9116
19	227.9280	185.1685	182.7095	155.3218	150.1826	156.1850
20	217.5720	174.3690	189.5682	150.7418	158.0336	145.0575
21	220.6719	168.3052	181.3417	163.7764	171.7310	143.7196
22	223.4013	180.2738	195.9244	150.7670	157.5841	145.5179
23	231.7661	181.2959	189.8695	157.9173	159.3807	144.3816
24	216.5743	188.3665	181.0694	156.4661	167.2595	144.3837
25	222.7076	168.6648	187.1130	158.8503	167.0347	142.8284
26	216.5356	196.7052	187.5837	152.5702	154.8197	143.3196
27	210.5674	174.9596	185.5095	162.7602	174.6762	144.2668
28	226.0753	163.8871	172.6492	152.8277	160.6658	144.0475
29	202.5722	167.8114	191.9701	153.2486	167.0127	143.8769
30	192.8330	165.8811	176.8503	151.1506	163.3900	145.3581
31	194.2079	172.2019	203.7327	161.4540	174.1328	144.8596
32	199.0652	173.9899	188.8178	160.3419	158.1667	143.4025
33	213.6264	205.5020	195.5377	182.5275	157.9850	143.8920
34	223.4274	170.3804	176.4684	158.3567	157.1947	144.8291
35	221.0002	202.0086	177.7931	162.2584	154.2930	145.0192
36	213.3239	198.2381	193.9868	155.2693	159.0232	144.8728
37	217.5000	188.5664	186.5370	152.3077	160.4261	144.8794
38	214.3148	173.3837	195.3202	165.1799	154.3714	143.5965
39	219.0232	174.1549	180.6594	158.3488	163.4368	144.9786
40	219.3027	163.2507	182.2272	157.6490	164.9564	143.1296

第5章　多区域多无人机协同搜救覆盖路径规划方法

本章以四旋翼无人机覆盖式航迹规划为主要研究对象，围绕多区域多无人机协同覆盖式搜救问题，构建了复杂三维环境城市多区域坍塌模型。由于蚁群算法在路径规划上有着优异的表现，且不受数据维度的约束，在处理航迹点不固定的无人机路径方面有着得天独厚的优势。因此，本书采用了蚁群算法作为基础优化算法，设计了合理的搜索策略以及能量消耗模型。针对多区域多无人机协同覆盖式搜救问题，确立了明晰的目标函数及约束，致力于减少无人机的能量消耗，以获得高效且节能的搜索路径。

5.1 基于改进蚁群算法的多无人机覆盖路径规划

在本章中，提出了三种机制来改进传统蚁群算法的缺点，以提高算法的搜索效率和收敛速度。首先是基于 Q-learning 的自适应参数。通过引入 Q-learning 的思想，可以根据蚂蚁的经验和环境的变化，自适应地调整算法的参数。其次是精英策略（ACS）。精英策略通过保留搜索过程中的最优解或部分优秀解，引导其他蚂蚁更快地聚集到更优的解决方案附近。最后提出了基于相对距离的不均匀初始化信息素策略。基于相对距离的不均匀初始化信息素策略根据路径上各个点之间的相对距离，合理分配初始的信息素浓度。这三种机制的引入，改正了传统蚁群算法的缺点，使得算法能够更加灵活地进行局部搜索和全局搜索，加速搜索过程，提高搜索的效率和解的质量。

5.1.1 问题描述与模型构建

覆盖路径规划是一种旨在确定路径的任务，无人机的飞行路径需要避开障碍物，并穿过感兴趣区域的所有点。本章的研究目标是在多个约束条件下进行多无人机多区域的覆盖路径规划，以应用于搜救任务。为此，本章模拟城市环境，建立了三维多区域坍塌模型，并详细设定了约束条件和目标函数。通过构建合理的实验模拟环境来更有效地模拟并解决在城市环境中进行多区域多无人机救援行动的问题，包括如何高效地覆盖感兴趣区域，并尽可能减少无人机自身的飞行消耗。

本章旨在解决多无人机在城市环境下的多区域三维覆盖式搜救问题，其中以四旋翼无人机作为载体，在环境信息保持不变的情况下进行静态路径规划。研究的目标是充分利用有限的无人机群能量，尽可能覆盖所需搜索区域，并在飞行过程中减少无人机自身的能量消耗。

城市环境的复杂性增加了路径规划的难度。通过研究，本章将探索如何有效地规划无人机路径，以实现高效的覆盖搜索。在路径规划过程中，通过对多个因素的综合考虑，本书将设计合适的目标函数，以优化路径规划的效果。此外，本章还将详细研究无人机飞行过程中的能量消耗问题。通过合理规划路径，尽量减少无人机在飞行过程中的能量消耗，延长无人机的飞行时间和扩大覆盖范围。这将有助于提高搜救过程中的搜索效率并降低无人机的能量成本。

要实现覆盖式路径规划，首先要对所需搜索区域的地形信息做出扫描、统计并建模，即构造出路径规划空间。通过对路径规划空间的构造，可以选择合适的覆盖方式，进而形成可覆盖的规划路径。本章将通过列举多种覆盖式路径规划方法并针对其优劣性进行分析，最终选取最为合适的模型构建方法对二维城市环境信息进行建模。

根据分解方式，CPP 通常分为单元分解法和网格分解法[1]。单元分解法将搜索区域分解为一系列不重叠的单元或子区域，每个单元都可以由机器人独立进行搜索和覆盖[2,3]。单元分解法可以进一步分为梯形分解[4] 和 Boustrophedon 分解[5,6]。精确单元分解将区域分解为可以完全覆盖的单元，而近似单元分解则允许单元有一部分区域未被覆盖。但是在实际问题中，这种方式存在着如无法将同一感兴趣区域同时分配给多个无人机，无法实时考虑无人机剩余续航等问题。

网格分解法[7] 是将搜索区域分解为一系列的网格，每个网格都可以由机器人独立地进行搜索和覆盖。网格分解法有着简单有效的区域划分方式，被用于许多领域[8-10]。同时，这种方法对于解决复杂环境下的覆盖式路径规划也有着良好的效果[11,12]。但是，网格分解后航迹点数量通常较多，导致计算工作量大，复杂度高，所以诸多学者将此类 CPP 问题视为旅行商问题进行求解[13,14]。

5.1.1.1 梯形分解

覆盖式路径规划可以根据分解方式分为单元分解法和网格分解法两种。单元分解中包括多种具体分解技术，其中梯形分解是最简单和精确的一种单元分解技术。如图 5-1 所示，梯形分解是一种简单有效的路径规划方法，适用于解决需要完整覆盖搜索区域的问题。

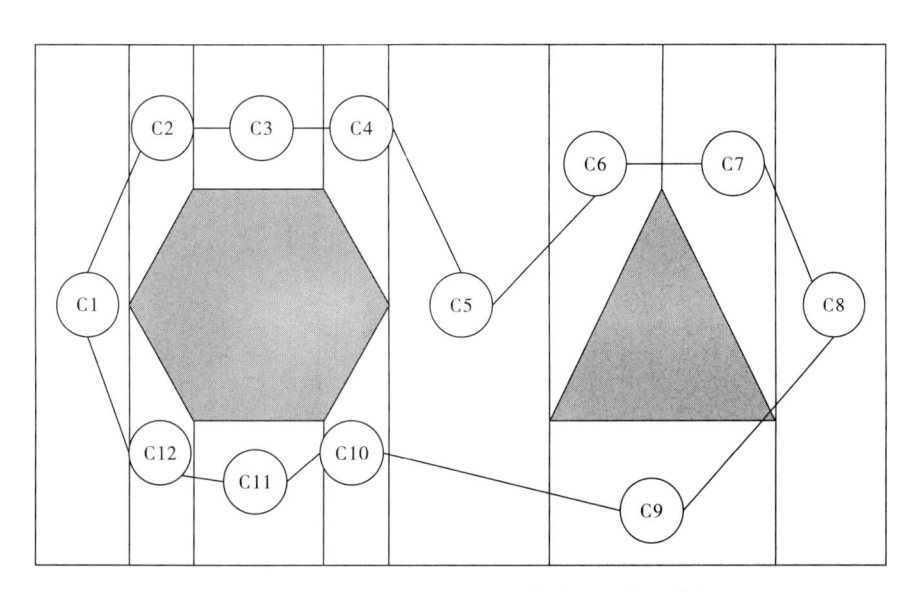

图 5-1 适用扫描空间及其对应邻接图的梯形分解

将区域划分为梯形单元格，可以确保每个区域都得到覆盖，并且可以通过简单的来回运动来实现覆盖。通过对分解单元进行排序，可以确定无人机的访问次序，从而完成整个搜索任务。然而，梯形分解的适用范围有限，仅适用于不需要考虑障碍物避让和路径优化的完全覆盖式路径规划问题。对于更复杂的环境和任务要求，可能需要采用其他分解方式或结合其他路径规划方法来实现更高效和灵活的路径规划。

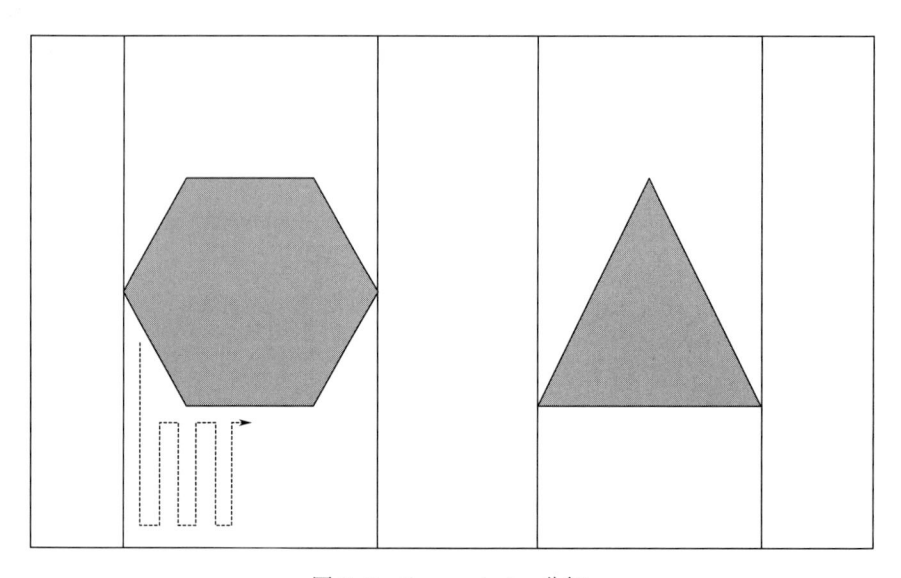

5.1.1.2 Boustrophedon 分解

Boustrophedon 分解是一种类似于梯形分解的方法[15,16]，但它只考虑可以在上方和下方扩展的顶点所构成的垂直线段，这些顶点被称为临界点。通过遵循这种策略，Boustrophedon 分解有效地减少了梯形分解中的单元数量，从而获得了更短的覆盖路径。如图 5-2 所示，Boustrophedon 分解相较于梯形分解会产生更少的分解单元数量，对覆盖路径的规划能力在多数情况下也会更优秀。

图 5-2 Boustrophedon 分解

这种方法的优点是可以生成更短的覆盖路径，并且适用于需要完整覆盖搜索区域的问题。然而，与梯形分解一样，Boustrophedon 分解也有其局限性。如果环境和障碍物是已知的，并且只需要考虑完全覆盖搜索区域，那么 Boustrophedon 分解可以作为一种有效的离线路径规划方法。但面对复杂的环境则需要采用其他路径规划方法。

5.1.1.3 网格分解法

网格分解法最早由 Moravec 和 Elfes 提出[17]，这种方法被使用于安装声呐环的移动机器人，用来绘制室内环境模型。在网格分解法中，所有区域将通过传感器搜索范围的大小进行网格划分，每个网格都有着唯一的相关值，用来表示此网格是否可被搜索。这个值通常为布尔值或者一个概率值。在多数情况下，网格划分为相同大小的正方形，但是也有部分工作将其划分为三角形或其他形状。图 5-3 为一个网格分解法的示例图，阴影部分表示为障碍物或不可行区域。网格分解法有着易构建性且适用性强的优点，在对其进行处理时，可以将其看成一个多维数组，每个数组元素为此单元格所包含的环境信息。所以，网格分解法也是目前覆盖式路径规划中用于区域分解的最常用方法。

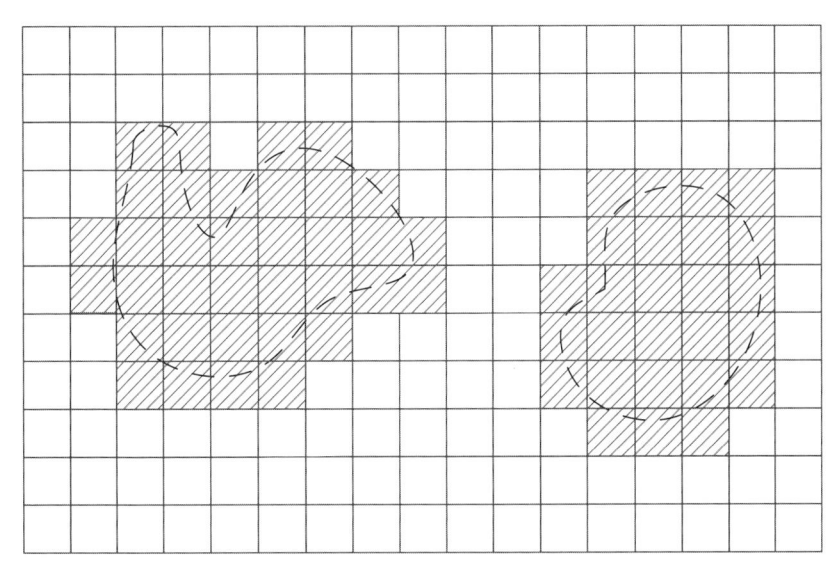

图 5-3　网格分解法示例图（阴影部分为障碍物或不可行区域）

然而，网格分解法也存在一些限制。首先，网格图的内存使用量随着环境复杂性的增加而呈指数增长，因为分辨率需保持不变。其次，为了保持地图的一致性，需要准确定位。因此，网格分解法更适用于室内移动机器人操作，因为要覆盖的区域通常相对较小。通常情况下，网格图中的单元格是正方形，与机器人形状相匹配。有研究者提出了一种使用三角形单元格的网格覆盖算法[18]。选择三角形单元格的基本原理是，与相似大小的正方形单元格相比，三角形单元格能够提供更高的分辨率。然而，使用更细粒度的正方形单元格，也可以增加网格的分辨率。在无人机覆盖式路径规划中，大多数情况下不需要超高分辨率，因为无人机在飞行中无法进行非常精细的运动调整。因此，三角形单元格并没有足够广泛的应用场景。

5.1.1.4　基于网格分解的城市多区域模型

结合上述的分解方法及其优缺点，针对所提出的问题模型，本章选用了网格分解法对环境模型进行区域划分，将多无人机多区域覆盖式搜救问题转换为旅行商问题并对其进行求解。

在这项研究中，本章使用数量为 n 的一组无人机 $U=\{U_1, U_2, \cdots, U_n\}$ 执行位于最大搜索区域 R 中的 m 个子区域 $\{R_1, R_2, \cdots, R_n\} \in R$ 的搜索任务。无人机在距离扫描区域同一高度进行扫描工作，每架无人机的最大飞行时间可以不同。

所有无人机在定高的情况下将对地面的搜索范围视为边长为 d 的正方形，每架无人机的最大飞行时间为 $T_{\max}$，且在执行任务的过程中，必须在能量耗尽之前返回基站。无人机的特征可以表示为 $U_n \leq T_{\max}, T_s, E_c >$。其中，$T_{\max}$ 为此架无人机的最大飞行时间，T_s 为无人机剩余飞行时间，E_c 为无人机的能量消耗，本章中能量消耗为飞行能量消耗与转弯能量消耗。

将最大搜索区域 R 根据无人机搜索范围 d 进行网格区域分解，网格彼此相邻放置，每个分解区域 D 由自身所在的 X、Y 轴坐标进行编号。其编号可以由式（5-1）求得：

$$Number = (R_{\text{length}}/d) \times x + y \tag{5-1}$$

式中，$Number$ 为分解区域编号；R_{Length} 为最大搜索区域的边长；d 为无人机扫描范围的边长；x 和 y 为当前分解区域所在位置的 X、Y 轴坐标。

每个扫描区域都有对应的高度和一个布尔值，表示为 $D_i \leq H_i, B \in \{0, 1\}$。其中，高度

值 H_i 为此区域的 Z 轴坐标；布尔值 B 为此区域是否为感兴趣区域。如 $D_i \in \{R_1, R_2, \cdots, R_m\}$，则其布尔值为 0，否则为 1。

城市多区域网格化地图示意图如图 5-4 所示。

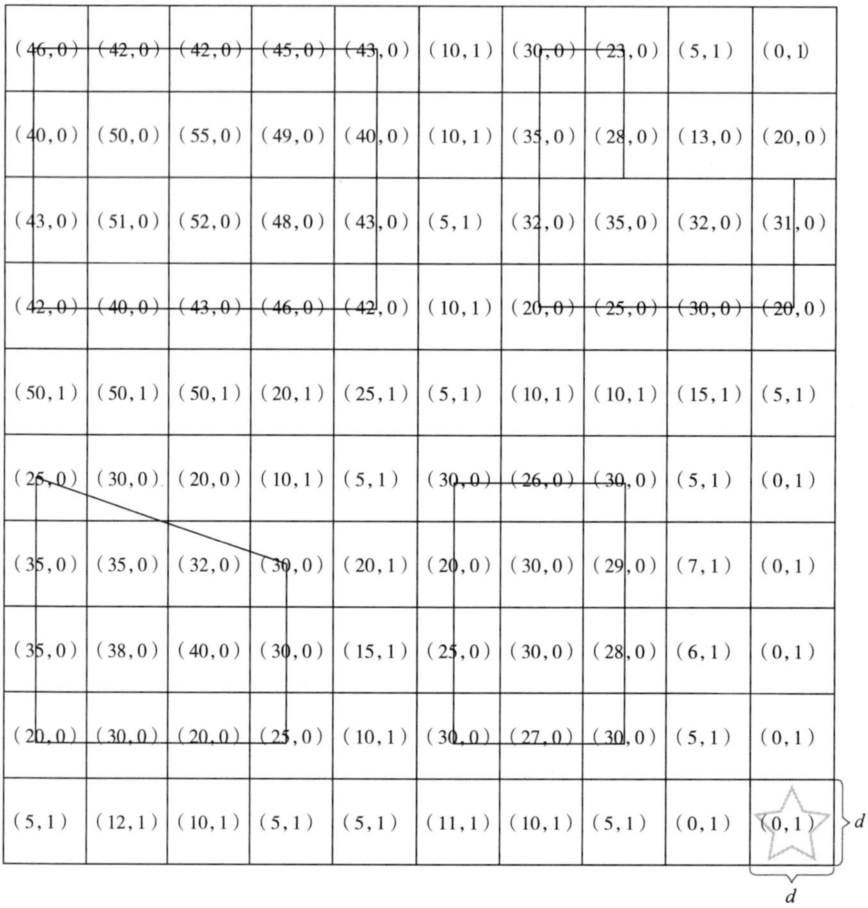

(46,0)	(42,0)	(42,0)	(45,0)	(43,0)	(10,1)	(30,0)	(23,0)	(5,1)	(0,1)
(40,0)	(50,0)	(55,0)	(49,0)	(40,0)	(10,1)	(35,0)	(28,0)	(13,0)	(20,0)
(43,0)	(51,0)	(52,0)	(48,0)	(43,0)	(5,1)	(32,0)	(35,0)	(32,0)	(31,0)
(42,0)	(40,0)	(43,0)	(46,0)	(42,0)	(10,1)	(20,0)	(25,0)	(30,0)	(20,0)
(50,1)	(50,1)	(50,1)	(20,1)	(25,1)	(5,1)	(10,1)	(10,1)	(15,1)	(5,1)
(25,0)	(30,0)	(20,0)	(10,1)	(5,1)	(30,0)	(26,0)	(30,0)	(5,1)	(0,1)
(35,0)	(35,0)	(32,0)	(30,0)	(20,1)	(20,0)	(30,0)	(29,0)	(7,1)	(0,1)
(35,0)	(38,0)	(40,0)	(30,0)	(15,1)	(25,0)	(30,0)	(28,0)	(6,0)	(0,1)
(20,0)	(30,0)	(20,0)	(25,0)	(10,1)	(30,0)	(27,0)	(30,0)	(5,1)	(0,1)
(5,1)	(12,1)	(10,1)	(5,1)	(5,1)	(11,1)	(10,1)	(5,1)	(0,1)	(0,1)

图 5-4 城市多区域网格化地图示意图

图 5-4 中，多边形表示为需探索的感兴趣区域，五角星代表基站，所有无人机从基站出发，且在探索完成后返回基站。每个区域都有其对应的唯一特征值，以数组形式对其进行记录。前者为此区域的平均高度，后者为此区域是否需要探索。

城市的三维环境模型是基于二维城市环境地图信息进行构建的，其坍塌程度由指数函数根据楼宇中心高度进行模拟。公式如下：

$$H_k(x, y) = h_k \times \exp\left[\frac{(x_k^{\text{cen}} - x)^2}{s_k^x} + \frac{(y_k^{\text{cen}} - y)^2}{s_k^y}\right] \tag{5-2}$$

式中，$H_k(x, y)$ 是在 X、Y 轴上坐标为 (x, y) 的第 k 座楼宇对应高度，每个二维坐标都对应了唯一高度值；s_k^x 和 s_k^y 为影响楼宇由楼宇中心沿 X 轴和 Y 轴方向的变化幅度，用来模拟楼宇的坍塌趋势；x_k^{cen} 和 y_k^{cen} 分别为第 k 座楼宇中心点所在的横坐标和纵坐标；h_k 是第 k 座楼宇的最高高度。二维城市多区域环境模型如图 5-5 所示。

城市多区域环境模型俯视图如图 5-5 所示，其中以多边形斜线填充的区域构成了 8 区域地图模型，斜线区域和正网格区域构成了 10 区域地图模型，10 地图区域和点阵区域构成了 12 区域地图模型，12 地图区域和斜网格区域构成了 14 区域地图模型。并且，在 8 区域和 10 区域时，地图模型单元格数量为 10×10，而在 12 区域和 14 区域时，单元格数量增加到 15×15。

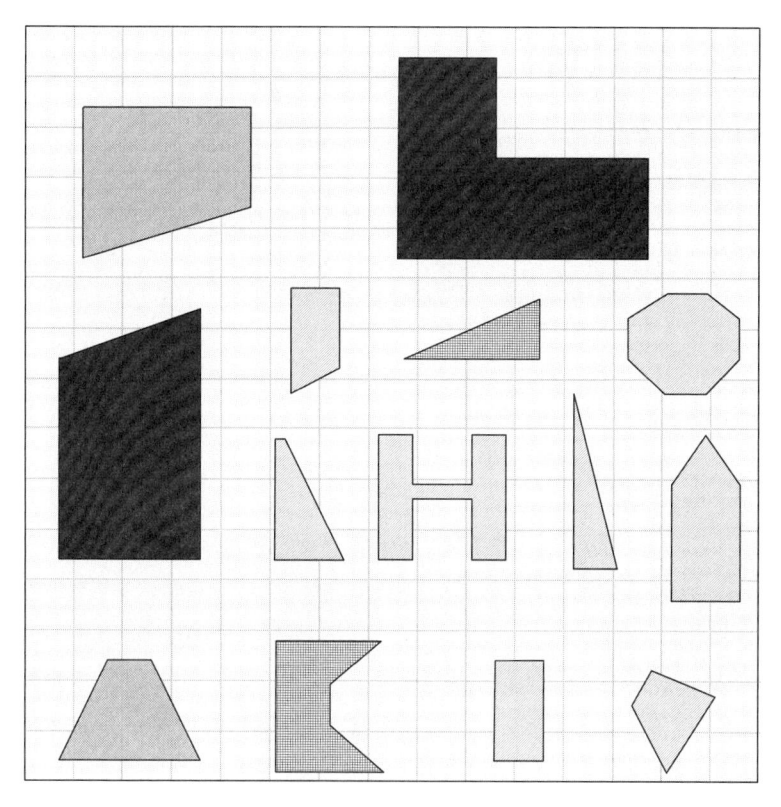

图 5-5　二维城市多区域环境模型

图 5-6、图 5-7 为不同区域环境下三维地图模型。

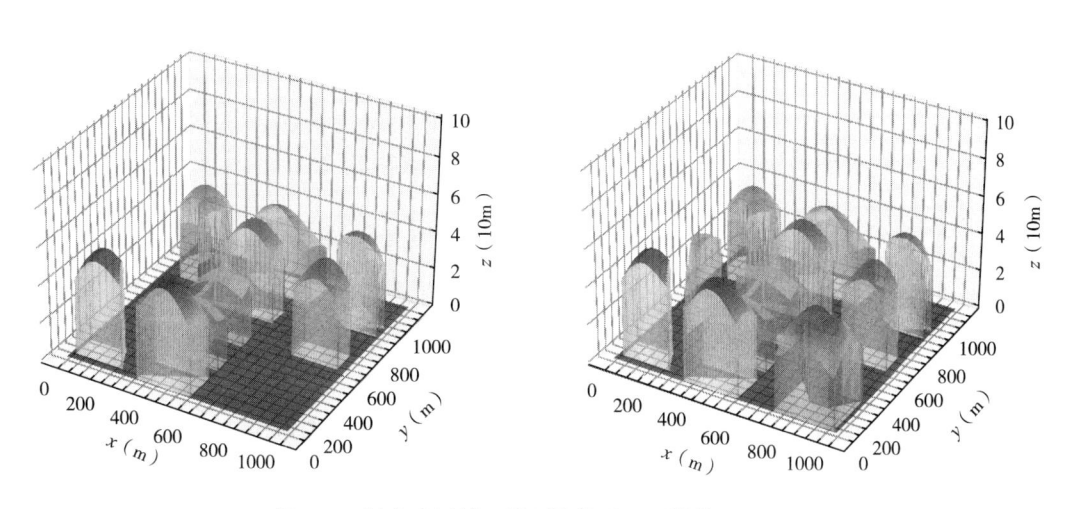

图 5-6　城市多区域三维环境模型（区域数＝8/10）

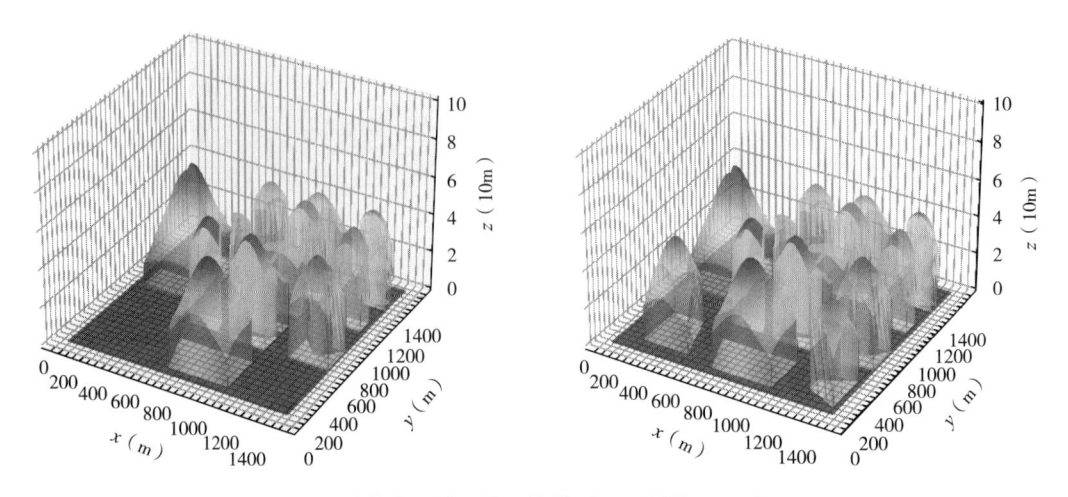

图 5-7 城市多区域三维环境模型（区域数 = 12 或 14）

5.1.2 基于改进蚁群算法的规划方法

5.1.2.1 基于 Q-learning 的自适应策略

本章提出了一种基于 Q-learning 的自适应策略来优化蚁群算法中的启发式因子参数，使算法在探索过程中可以自主选择偏向于局部搜索还是全局搜索。

（1）Q-learning 算法概述

Q-learning 是强化学习算法的一种[19,20]，可以被视为一个连续的决策问题，通常用马尔科夫决策对所需解决的问题进行建模。Q-learning 是一种无模型的在线学习算法，通过 Q 表对当前状态采取动作选择，以获得更高的奖励期望。Q 表由状态和动作两部分构成，且初始 Q 值多设为 0。在每一次获得奖励后，Q-learning 算法根据所得奖励更新上一时刻状态和动作的 Q 值，并通过 Q 表对当前时刻所处状态和对应动作的 Q 值进行分析，来预测下一时刻应选择的动作。通过不断更新 Q 值，Q-learning 算法能够学习到在不同状态下选择最优动作的策略。

Q 值更新策略可以计算为：

$$Q(S_{t+1}, A_{t+1}) = Q(S_t, A_t) + \alpha [R_{t+1} + \lambda \max_a Q(S_{t+1}, a) - Q(S_t, A_t)] \quad (5-3)$$

式中，$Q(S_t, A_t)$ 为第 t 个状态、第 t 个动作对应的 Q 值；$\max Q(S_{t+1}, a)$ 为第 $t+1$ 个状态的所有动作中最大的 Q 值；R_{t+1} 为第 $t+1$ 时刻对应的奖励值，即此子种群的目标函数值；α 为对历史信息的学习率；λ 为对未来期望的衰减值。

（2）基于 Q-learning 的自适应参数策略

本书将路径规划的优化算法分为了两个阶段。在第一阶段时，使用了蚁群算法进行种群初始化路径规划。此时所用参数是根据实验得出的一组对于此问题模型性能最好的参数。在初始化路径规划后，记录此时的覆盖率、转弯能量消耗及剩余飞行时间奖励；将信息素根据初始化信息所得目标函数值进行更新后，生成一个初始数据为 0 的三行三列的初始 Q 表，并随机选择其中一组状态作为初始状态。

第二阶段由第二代路径规划开始。在第二阶段时，将原初始化种群平均分为三个个体数量相同的子种群，并将每个子种群分别对应 Q 表中的一种动作。通过判断当前时刻和上一时刻的平均覆盖率（f_1）与平均飞行能量消耗（f_2）的大小关系，确定当前时刻状态，并动态调整启发式因子的参数大小，从而使算法可以自主调节全局搜索和局部搜索。

在本书中，我们将针对启发式因子的参数设置，对其进行 Q-learning 学习，使其在面对不同状态时能够自适应调整。

初始化 Q 表见表 5-1。

表 5-1 中，$S(t)$ 为当前代种群的状态；$c_g^t = f_1 + f_2$ 为 t 时刻的总代价；c_g^{t-1} 为上一代 $t-1$ 的总代价。β 表示启发式因子参数，$\Delta\beta$ 表示启发式因子 β 变化差值，设为 0.1。

表 5-1 初始化 Q 表

$S(t)$	$\beta=\beta+\Delta\beta$	$\beta=\beta-\Delta\beta$	$\beta=\beta$
$c_g^t < c_g^{t-1}$	0	0	0
$c_g^t = c_g^{t-1}$	0	0	0
$c_g^t > c_g^{t-1}$	0	0	0

在完成初始化路径规划和初始化 Q 表后，本书于第二代个体进行路径规划时进行并行操作。具体为：将初始化种群分为三个子种群，每个子种群对应 Q 表中不同的动作，即采用不同的启发式因子参数设置。在每代完成路径规划之后，分别计算三个子种群的目标函数值，对应为三个动作分别的奖励值。随后将上一时刻状态对应的三个动作的 Q 值进行更新。第一子种群的选择策略改变如下：

$$P_{ij}^k(t) = \begin{cases} \dfrac{[\tau_{ij}(t)]^\alpha [\eta_{ij}(t)]^{\beta+\Delta\beta}}{\sum\limits_{u \in allowed} [\tau_{iu}(t)]^\alpha [\eta_{iu}(t)]^{\beta+\Delta\beta}}, & j \in allowed \\ 0, & \text{其他} \end{cases} \quad (5-4)$$

第二、第三子种群选择策略同理。Q 值更新策略使用式（5-3）进行计算。

算法 1：城市多区域多无人机覆盖式路径规划
输入：搜索区域 R，无人机 U，无人机个数 N，机载雷达扫描范围 d，种群规模 M，最大迭代次数 G，信息素因子 α，启发式因子 β，挥发因子 ρ
输出：每架无人机的最优覆盖路径
1　Di←根据 R 及 d 对区域 D 根据式（5-1）进行编号并赋予特征值
2　for g=1 to G do
3　　if g=1 使用算法 2 进行规划
4　　else
5　　　for m=1 to M/3 do
6　　　　$\beta=\beta+\Delta\beta$
7　　　　使用算法 2 进行规划
8　　　for m=M/3 to 2M/3 do
9　　　　$\beta=\beta-\Delta\beta$

续表

算法 1：城市多区域多无人机覆盖式路径规划
10　　　　使用算法 2 进行规划
11　　for m=2M/3 to M do
12　　　　使用算法 2 进行规划
13　　Vg←根据当前代所有个体的 ANT_p 计算奖励值
14　　if g=1　初始化 Q 表
15　　else 更新 Q 表
16　　选择 Q 值最大的动作并执行
17　　更新信息素

5.1.2.2　精英选择策略

在迭代过程中，一些较差的解会使结果波动较大，从而使种群无法快速找到更优秀的解。为解决此问题，本书引进了精英策略，在每次迭代过程中，只保留部分表现较为优秀的解，放弃部分表现较差的解。为避免过度依赖精英解而陷入局部最优，本书将保留种群大小的 1/4 的解进行信息素更新，更新公式如下：

$$\tau_{ij}^m(t+1) = (1-\rho)\tau_{ij}^m(t) + 4 \times \sum_{m=1}^{M} \Delta\tau_{ij}^m(t) \tag{5-5}$$

算法 2：种群个体路径规划
输入：可选点集 P，当前迭代次数 g，种群个数 m，启发式因子 β
输出：当前个体飞行路径 ANT_p
1　for i=1 to m do
2　　while 存在 U 有剩余航程 and 存在剩余未探索区域
3　　　for n=1 to N do
4　　　　if Un 存在剩余航程
5　　　　　可选点 P←搜索所有可行路径点并判断是否有能量去到此区域并返回基站
6　　　　　if P=∅　break
7　　　　　else　U_i←算法三；记录路径

算法 3：单步路径规划
输入：可选点集 P，信息素因子 α，启发式因子 β，当前点 P_{now}
输出：下一航迹点 P_{next}，剩余飞行时间 T_s
1　d_k←$P_k \in P$ 与 P_{now} 的三维距离
2　I_k←P_k 与 P_{now} 之间的信息素浓度
3　P_{next}←根据式（5-4）选择下一航迹点
4　T_s←目前无人机所剩航程-P_{now} 与 P_{next} 的三维距离

精英策略的引入可以提高蚁群算法的收敛速度和搜索效率。通过保留优秀解决方案，精英策略可以帮助算法在搜索空间中更快地找到高质量的解，并对算法的全局搜索能力产生积极的影响。

5.1.2.3　不均匀初始化策略

在传统的蚁群算法中，信息素是均匀分布的，但是在搜救过程中，无人机应该更加重视对相对距离较近的区域进行连续探索，因此本篇提出了一种基于相对距离的不均匀初始化信息素策略：根据两个航迹点之间的相对距离进行初始化信息素浓度更新，使蚁群个体更偏向于进行相邻区域的搜索。

初始化信息素浓度公式如下：

$$\tau_{ij}^0 = 1/T_{ij} \tag{5-6}$$

式中，τ_{ij}^0 为 i 点到 j 点的初始路径信息素浓度；T_{ij} 为两点之间的真实距离。

5.1.3　结果与分析

为验证基于 Q-learning 的自适应改进蚁群算法（QAACS_UP）的性能，本章将在区域数分别为 8、10、12、14 的城市三维多区域坍塌环境下，分别使用无人机个数为 2、3、4 的无人机群对离散多区域进行覆盖式搜索。

同时，在相同环境和无人机数下，使用基本蚁群算法（ACO）、精英蚁群算法（ACS）、线性自适应精英蚁群算法（AACS）和不均匀初始信息素的线性自适应精英蚁群算法（AACS_UP）对所使用的策略进行消融，从而证明各策略的有效性。此外，使用经典的群智能算法粒子群算法（PSO）和文献［21］提出的基于共生生物的自适应改进蚁群算法（ACO_SOS）进行性能对比（附表 5-1），从而体现本书所提算法性能的优越性。其中，对比算法参数（ACO、ACS、AACS、AACS_UP、ACO_SOS）选择均与所验证算法（QAACS_UP）相同。

5.1.3.1　算法参数优化

蚁群算法的参数设置直接影响了算法的性能，然而在解决不同的问题时，参数组合并不相同[22]。在本部分，为了找到 QAACS_UP 算法的适合参数，进行了综合实验对比，对比实验设置根据文献［23］所提方法进行。在测试阶段，每个部分只有一个参数发生改变，为减少误差，每组实验均多次运行并取平均值进行比较。参数化实验的环境模型如图 5-8 所示，其中星形代表基站，黑色多边形代表感兴趣区域。

在首次实验中，测试的是信息素因子 α。将 α 的值分别设置为 1，2，…，9。同时设置其他主要参数如下：$G=50$，$M=300$，$\beta=9$，$\rho=0.3$，$Q=1$。对于不同的 α 值，实验将通过三个方面进行对比，分别为覆盖率、剩余飞行时间的奖励值、转弯角度奖励值。如图 5-9 所示，随着 α 值的增加，覆盖率逐步达到 100%，飞行时间成本有所波动且具有最高点；而当 α 值到达 3 时，无人机转弯时间奖励值大幅增加，说明其转弯成本大幅减少，并于 α 值为 4 之后成本缓步上升。因此，为了算法性能更能贴合城市环境救援问题，信息素因子 α 的值设置为 4。

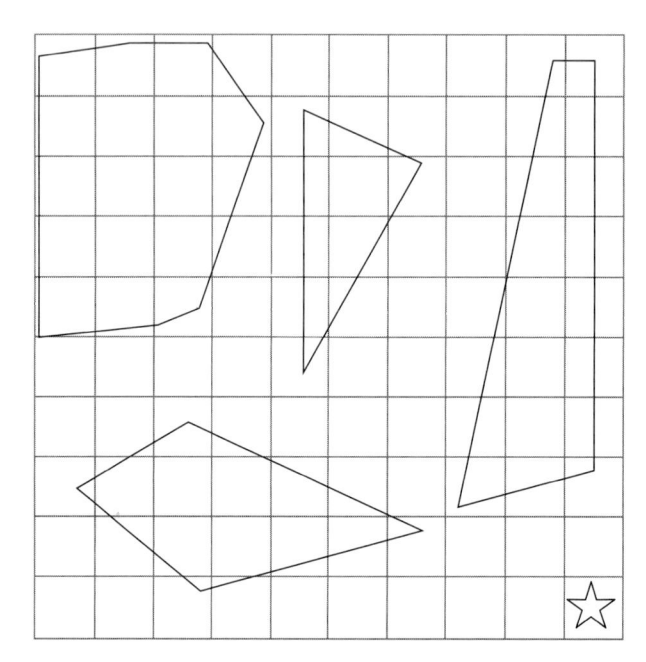

图 5-8 参数优化实验的环境模型

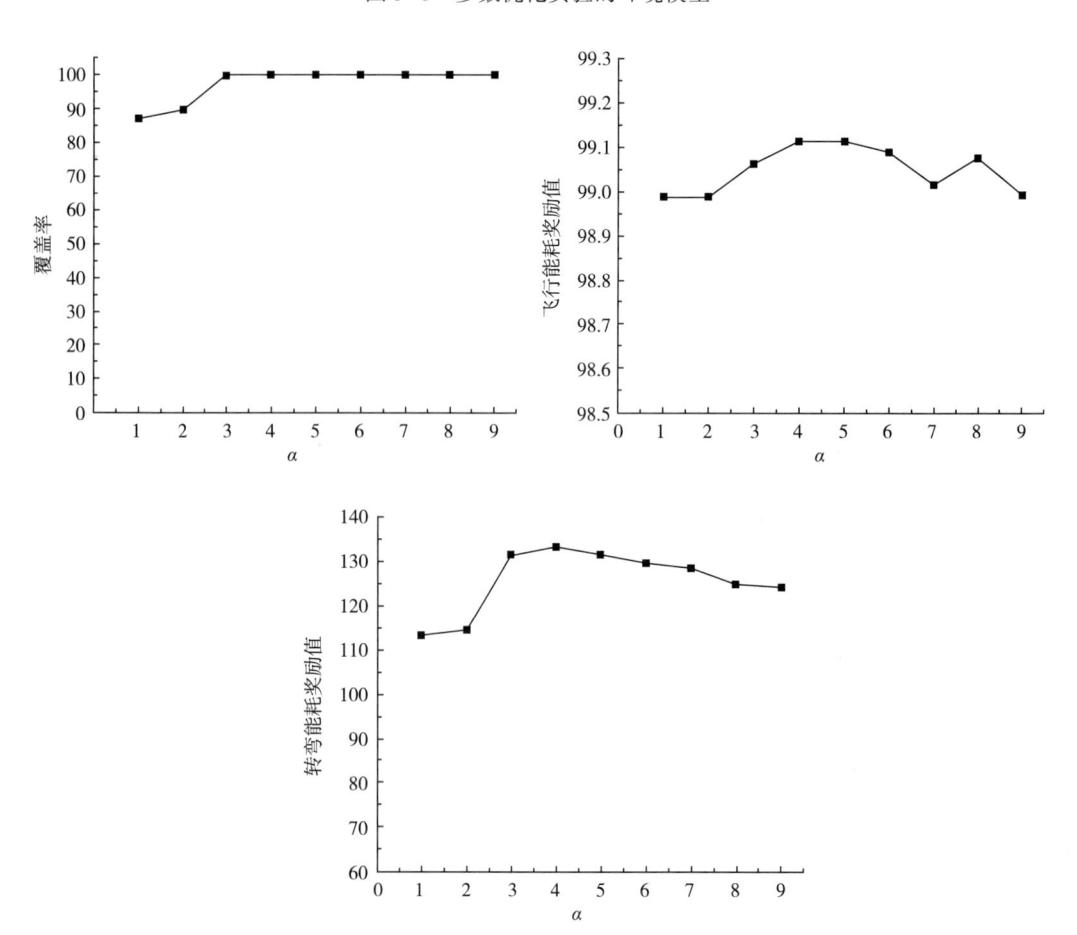

图 5-9 信息素因子 α 对覆盖率、飞行时间、转弯时间的影响

第二次实验测试了启发式因子 β 对算法性能的影响。在 β 值取 1，2，$\cdots$，12 时，其他主要参数设置如下：$G=50$，$M=300$，$\alpha=4$，$\rho=0.3$，$Q=1$。不同值的实验结果如图 5-10 所示。由实验结果可以看出，在 β 值较大时其转弯能耗均小于 β 值较小时，但是当 β 值超过 9 时，算法性能出现了较大的下滑。原因在于 β 值过大会使蚁群算法信息素的引导作用减小，并且造成搜索能力下降、物种多样性减少等弊端。总而言之，将 β 值设置为 9。

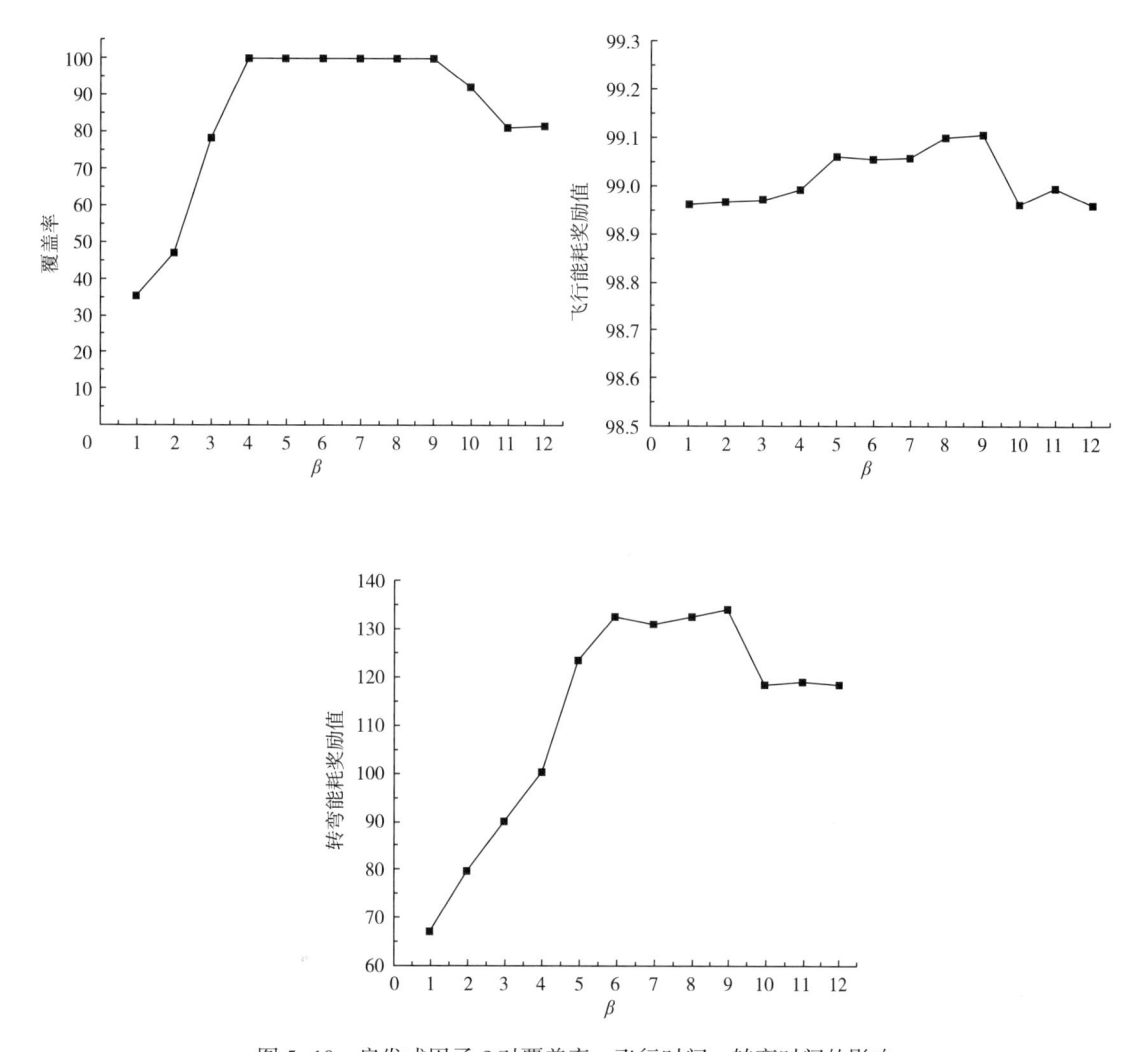

图 5-10　启发式因子 β 对覆盖率、飞行时间、转弯时间的影响

第三次实验测试了挥发因子 ρ 对算法性能的影响，在 ρ 值取 0.1，0.2，$\cdots$，0.9 时，其他主要参数的值设置为：$G=50$，$M=300$，$\alpha=4$，$\beta=9$，$Q=1$。实验结果如图 5-11 所示，在其他参数均较为合理时，覆盖率并不会随着 ρ 值改变而改变，均处于一个较好的结果；飞行时间奖励值虽然随着 ρ 的值增加而减小，但是在 0.1~0.5 之间浮动幅度较小；转弯时间奖励值随着 ρ 值的改变呈一个单峰型，且峰顶处于 0.3~0.4 之间。故而将挥发因子 ρ 的值设置为 0.3。

最终，在进行了实验对比的情况下，将参数设置如下：最大迭代次数 $G=50$，种群大小

$M=200$，信息素因子 $\alpha=4$，启发式因子 $\beta=9$，挥发因子 $\rho=0.3$。

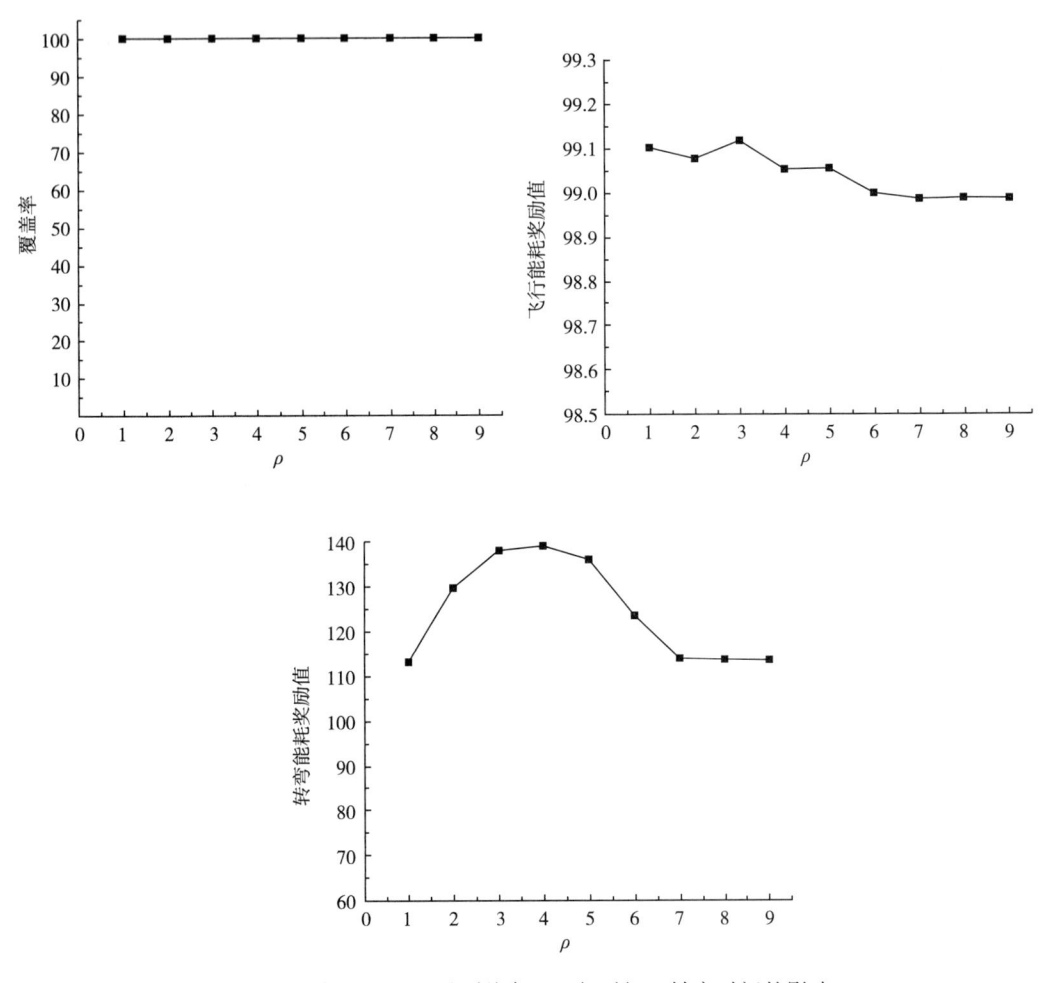

图 5-11 挥发因子 ρ 对覆盖率、飞行时间、转弯时间的影响

5.1.3.2 同区域飞行奖励值评估

本部分探究需覆盖式探索的区域数相同时，无人机数量分别为 2、3、4 的时候，最终得到的覆盖路径的目标函数值。因为目标函数的设立是通过区域的覆盖完成率、无人机剩余飞行时间奖励值和无人机飞行时转弯时间能耗值加权求和而得的，所以此优化问题是一个最大值问题，目标函数值也可视为当前路径规划所得路径的奖励值（图 5-12）。

表 5-2~表 5-5 展示了不同算法在相同条件下得到的最优值。通过表 5-2 可以看出，在搜索区域较少时，QAACS_UP 算法性能均优于其他对比算法，表明该算法在解决该问题时具有较好的优化效果。通过对比 ACO 和 ACS 算法可以证明精英策略具有良好的优化效果；通过对比 AACS 和 AACS_UP 两种算法可以证明不均匀初始化信息素策略对算法性能的提升也起到了积极作用。

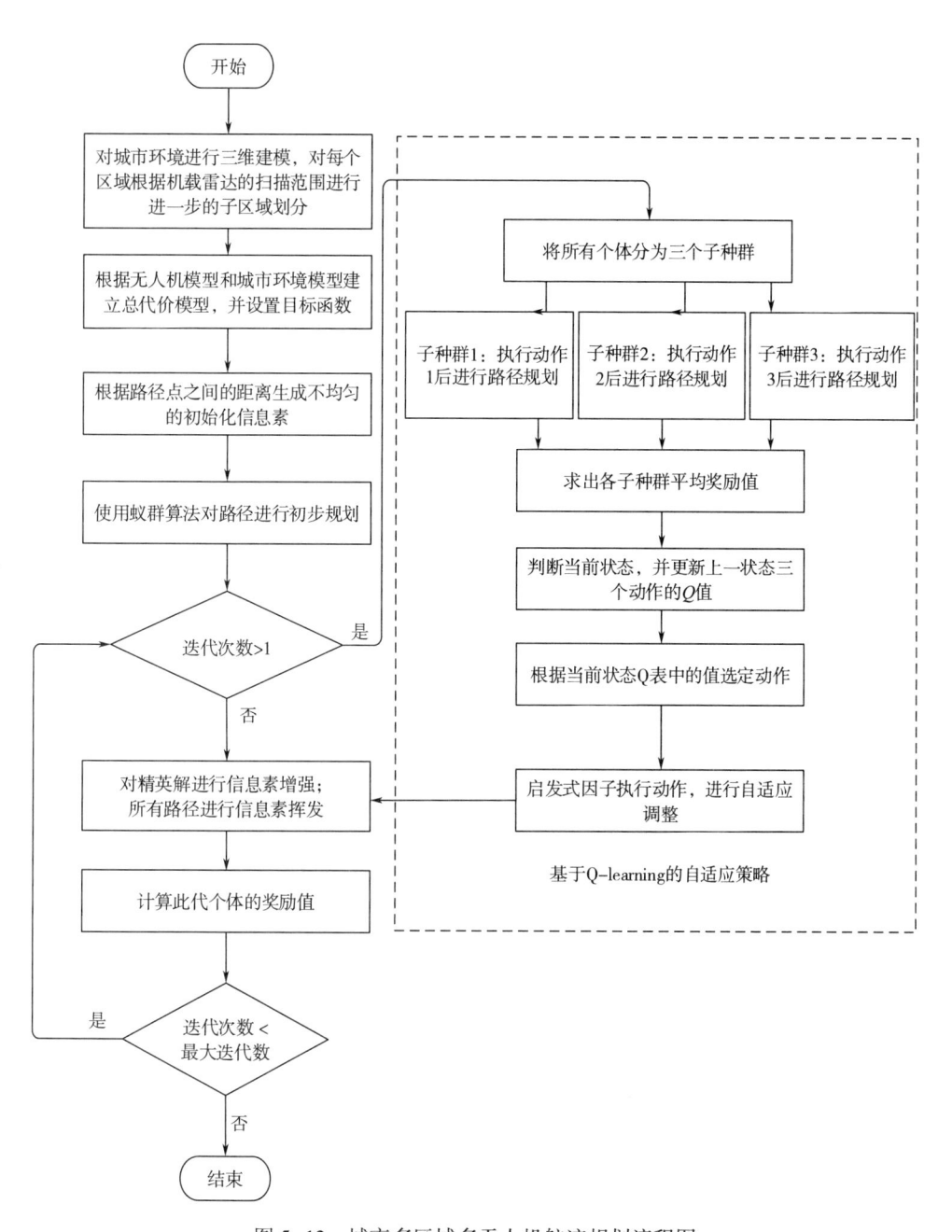

图 5-12 城市多区域多无人机航迹规划流程图

表 5-2 区域数为 8 时目标函数值

无人机数	PSO	ACO	ACS	AACS	AACS_UP	ACO-SOS	QAACS_UP
$N=2$	257.367	264.601	274.937	277.076	280.702	268.248	**285.934**
$N=3$	383.165	398.457	403.001	406.084	406.4	406.183	**409.512**
$N=4$	506.953	516.997	521.157	526.001	526.331	517.306	**532.129**

表 5-3　区域数为 10 时目标函数值

无人机数	PSO	ACO	ACS	AACS	AACS_UP	ACO-SOS	QAACS_UP
$N=2$	242.484	248.258	255.806	261.599	262.975	255.906	**266.981**
$N=3$	353.174	379.248	390.007	394.368	399.255	396.153	**403.506**
$N=4$	474.247	492.253	516.787	523.077	526.23	493.597	**530.936**

表 5-4　区域数为 12 时目标函数值

无人机数	PSO	ACO	ACS	AACS	AACS_UP	ACO-SOS	QAACS_UP
$N=2$	196.178	222.264	225.473	231.006	232.113	224.476	**233.391**
$N=3$	296.126	307.864	328.98	331.967	333.7	314.134	**335.169**
$N=4$	402.149	434.542	441.702	442.457	449.581	441.449	**450.201**

表 5-5　区域数为 14 时目标函数值

无人机数	PSO	ACO	ACS	AACS	AACS_UP	ACO-SOS	QAACS_UP
$N=2$	182.829	203.184	216.262	216.503	223.886	197.424	**229.047**
$N=3$	277.962	297.197	318.95	320.624	324.254	299.791	**329.305**
$N=4$	381.232	396.043	412.963	415.650	416.305	408.37	**429.174**

分析表 5-3 可得，在区域数增加但地图面积不扩大的情况下，QAACS_UP 也展现出了良好的优化效果。结合表 5-2 和表 5-3 可以得出，在使用相同无人机数量探索相同区域数时，PSO 算法因为每次所规划的路径点数不同，只能进行逐步优化而不能对所规划的路径进行全局优化，所以其性能均差于 ACO 算法。同时，ACO-SOS 算法虽然在解决固定任务点的覆盖式路径规划上得到了良好的表现，但是在更复杂的地图模型中并没有很强的适用性。通过对比 AACS_UP 和 QAACS_UP 两种算法可以看出，基本的线性自适应策略得到的优化效果差于基于 Q-learning 的自适应策略。

在区域数增加至 12 时，城市区域地图由 10×10 的网格增加到了 15×15 的网格规模，数据量进一步扩大，对算法性能形成了较强的冲击。在需探索区域数为 12 时，观察表 5-4 的数据可以得到与之前结果相似的趋势。但是在数据维度急剧增加的大地图中，ACO-SOS 算法呈现出了负优化，说明此算法无法有效应对高维问题。而 QAACS_UP 算法并无此缺点，体现出本书引用策略的有效性和普适性。

最后进一步增加需探索区域的个数，这意味着对算法的数据处理能力有着更强的考验。通过表 5-5 可知，QAACS_UP 算法引进的策略在解决高维复杂地图问题时同样起到了良好的引导作用。

通过对同区域的飞行奖励值进行评估，可以得出：在使用相同无人机数对相同区域进行探索时，通过消融实验，证明了不论是基于 Q-learning 的自适应策略、精英策略还是初始不均匀信息素策略均在改进算法中起到了积极的引导作用；根据和其他算法的对比，证明了所提出的 QAACS_UP 算法在探索能力上的优越性。

5.1.3.3 收敛性评估

为了更加系统地评估 QAACS_UP 算法的性能,对所有算法进行了每代收敛程度的详细分析。其中,因为 PSO 算法在处理不固定数据维度问题时只能采用分步处理的形式,所以其结果无法与 ACO 及其改进算法进行对比。本部分主要对 ACO 算法及其改进算法的收敛性能进行横向对比。

由图 5-13~图 5-15 可知,在区域数为 8 时,地图较为简单且需要扫描的子区域较少,无人机群的能量约束可以支撑其完全扫描感兴趣子区域,各个算法的性能相差不大;在区域数为 10 时,地图变得较为复杂,合理的规划可以有效地节省无人机飞行时所消耗的能量,故而引进的改进策略显现出了一定的性能优势。在区域数进一步扩大的时候,地图根据无人机雷达探测范围所划分的子区域从 10×10 变为了 15×15,对算法的规划能力有了更深的考验。在区域数为 12 和 14 时,其飞行时间均不能将感兴趣子区域完全覆盖,改进策略在无法完全覆盖的情况下相较于未改进策略的情况展现出了更快的收敛能力。

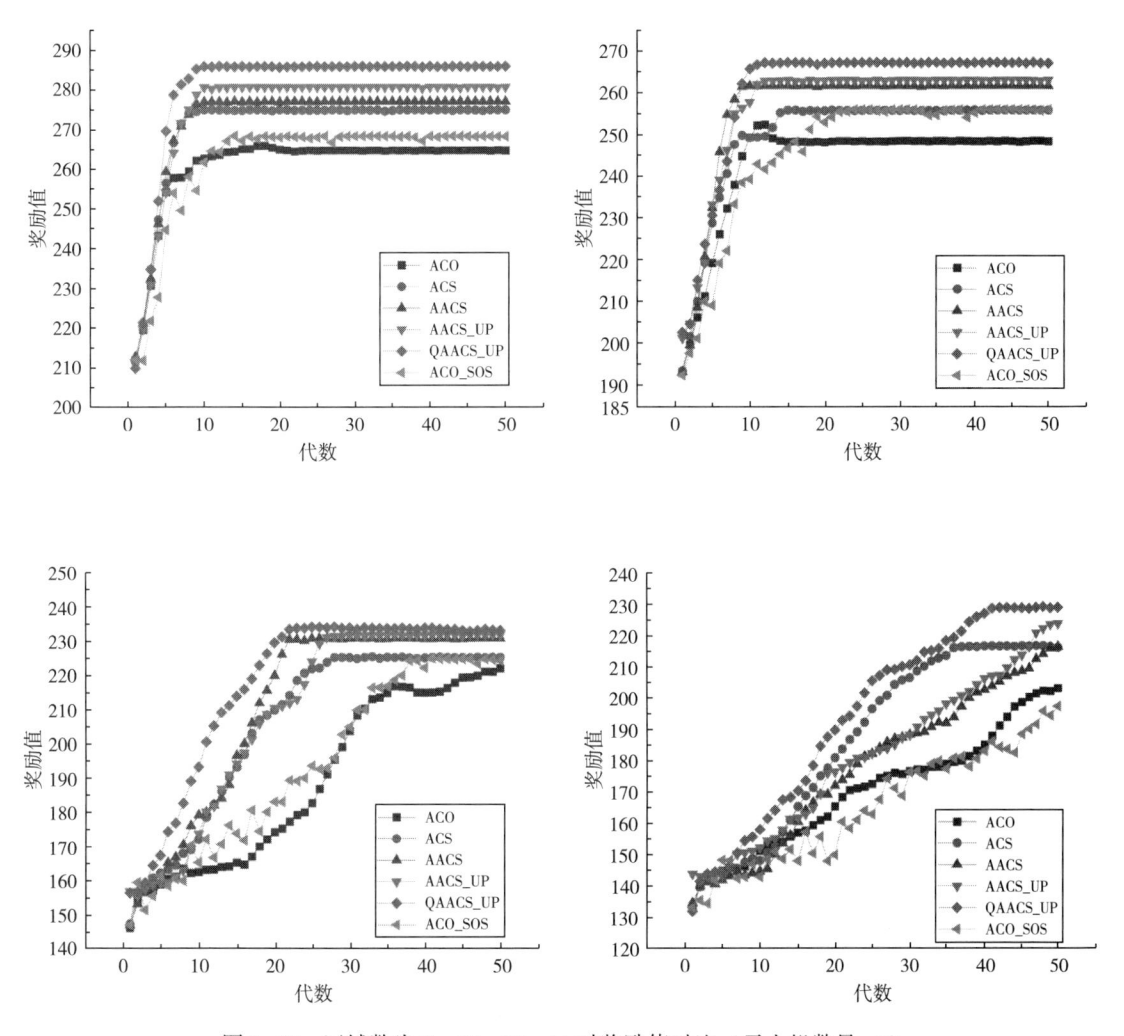

图 5-13 区域数为 8、10、12、14 时奖励值对比(无人机数量=2)

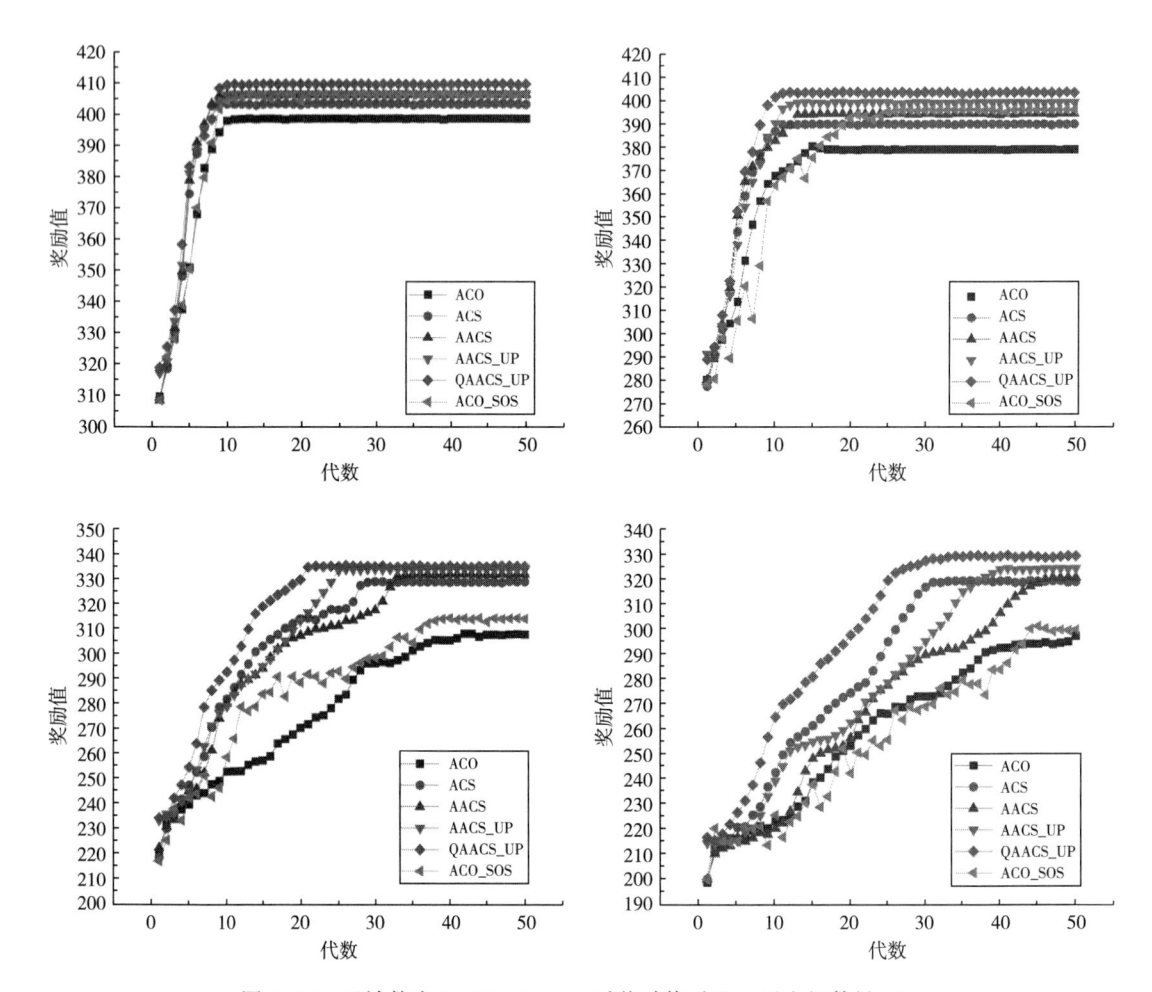

图 5-14 区域数为 8、10、12、14 时奖励值对比（无人机数量 = 3）

由此可以看出，在机载能量不足以完成目标任务规划时，不论是初始化时的路径性能抑或探索迭代阶段的路径性能，均更优于其他算法。且 QAACS_UP 算法在能量不足的情况下，优化效果相较于能量充足的情况与其他算法的差异性更大，证明了此改进算法可以有效应对无人机在多区域探索时可能面对的多种情况，体现在能量充足时有着更为良好的搜索能力，并且在能量不充足时有着更为快速的收敛能力。

此外，在需要区域数较多、探索地图面积较大的情况下，可以观察到传统的自适应方法在解决该问题时收敛能力较弱，而基于 Q-learning 的自适应策略解决了传统自适应收敛慢的问题，在多无人机多区域探索问题上表现更好。分析其原因在于，在处理复杂的地图模型时会有更为复杂的数据，数据膨胀导致算法仅凭线性策略动态调节参数并不能很好地应对不同状态下探索趋势的变化。而基于 Q-learning 的自适应参数调节策略可以自主判断当前趋势，并根据历史信息进行动态学习，使参数的调整更偏向于得到一个长期且更加优秀的回报。

同时，精英策略及不均匀初始化信息素浓度策略也可以通过图 5-13～图 5-15 证明其良好的优化效果。不均匀初始化信息素浓度策略可以很好地在算法初期对路径规划进行积极引导，提高了探索效率和所得路径的性能。而精英策略可以很好地淘汰表现较差的路径，提高了算法的收敛性。虽然精英策略可能导致算法进入局部最优，即存在算法"早熟"问题，但

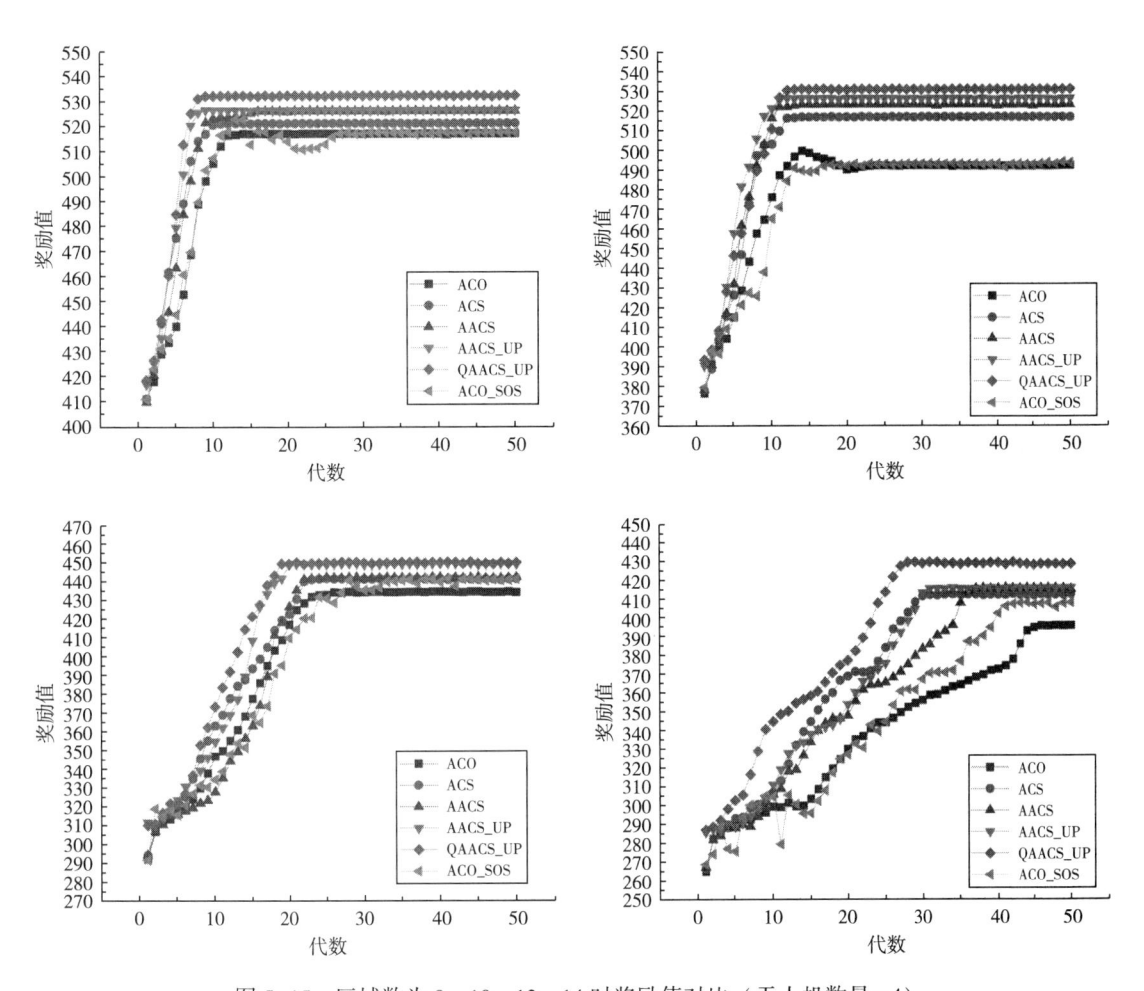

图 5-15　区域数为 8、10、12、14 时奖励值对比（无人机数量=4）

基于 Q-learning 的自适应参数策略可以很好地应对算法陷入局部最优的问题，所以在能量充足或不足的情况下均有着较好的性能表现。

5.2　考虑区域优先级的多无人机协同搜救覆盖路径规划

在上一节中，针对多无人机多区域覆盖式搜救问题提出了基于 Q-learning 自适应参数的改进蚁群算法，经过仿真实验证明，QAACS_UP 算法相较于其他算法在简单仿真环境和复杂仿真环境中均表现出了更优越的性能。但在实际搜救场景中，不仅存在多个离散分布的需探索区域，还存在探索时间及存活率等人道主义问题，这意味着需要考虑更贴合实际的模型对所提问题进行更好的拟合。基于此，本节根据上一节提出的多无人机多区域覆盖式搜救解决方案，加入考虑区域优先级的环境机制，并提出了新的多无人机路径规划方法，用以解决搜救中的人道主义问题。

5.2.1　问题描述与模型构建

在实际受灾场景中，对受灾区域进行快速探索是极为重要的。探索受灾区域的信息的完善性直接影响了受灾人员的存活率,甚至影响了后续救援工作的展开。然而,实际场景中往往存在搜救区域受困人员密度不均的问题。除此之外,受灾区域也存在不同概率的二次坍塌等危害。所以,本部分针对以上问题,提出了考虑区域优先级的模型建立方法,并使用改进算法对其进行路径规划。

如图 5-16 所示,在本章 5.1.1 基础上加入区域优先级的概念,用以解决搜救过程中存在的人道主义问题。根据不同区域的受灾程度、受困人员数、二次坍塌概率等因素,对所有区域划分不同的优先级。受灾区域示意图中所显示的数字大小表示了此区域的优先等级:数字越大,代表受灾程度可能越重,受困人员可能较多,二次坍塌概率大,需要无人机尽可能对其进行覆盖式探索。

本部分无人机所受到的飞行约束及环境模型约束与第二章所提约束大致相同。在目标函数中加入了考虑区域优先级的评估函数,并在蚁群算法信息素的更新阶段引入了此评估函数,以正确引导算法对不同优先级区域进行合理的路径规划。

为了使仿真环境更贴合实际场景,在设立区域优先级时考虑了时间因素对优先级产生的影响。通过引入挥发机制,使区域优先级随着时间的更迭,浓度不断地挥发。作用在于引导个体尽可能地在能量充足的情况下优先对高优先级区域进行覆盖式探索。

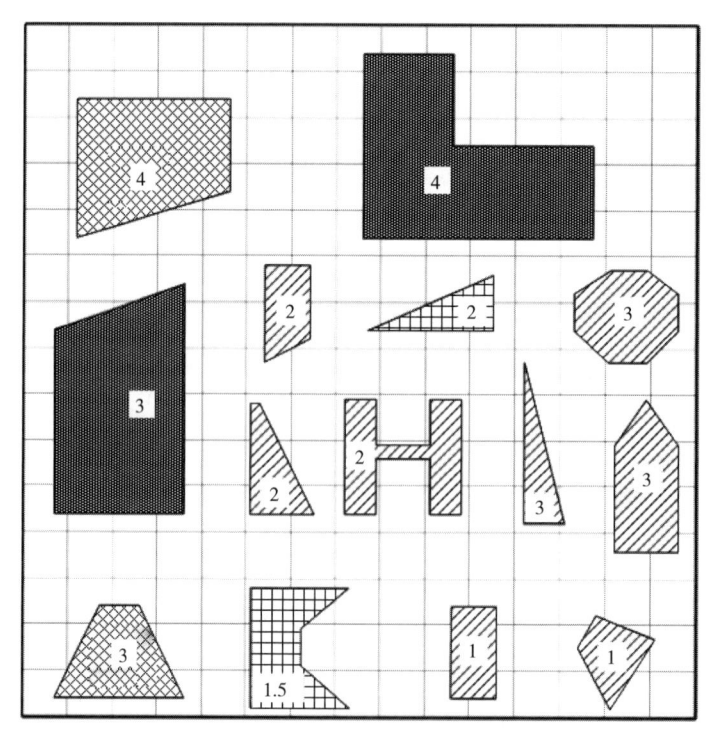

图 5-16 区域优先级描述示意图

区域优先级更新公式如下:

$$D_{\text{priority}}^{t+1} = (1 - \psi) D_{\text{priority}}^{t} \tag{5-7}$$

式中,D_{priority}^{t} 表示在 t 时刻当前区域的优先级;$D_{\text{priority}}^{t+1}$ 表示在 $t+1$ 时刻的区域优先级;ψ 表示区域优先级挥发因子,区间为 0~1,代表区域优先级随时间挥发的剧烈程度。

将考虑区域优先级的评估函数同时作为子目标函数 f_p，可以计算为

$$f_p = \frac{\sum_{i=1}^{m} D_{priority}^{i}}{D_{priority}^{max}} \times 100 \tag{5-8}$$

式中，$D_{priority}^{i}$ 表示第 i 个需扫描区域的优先级奖励；m 表示当前个体所走路径点的个数；$D_{priority}^{max}$ 表示当前路径理想的最大优先级奖励。通过归一化操作，使其与上文所提覆盖率 f_c、飞行时间 f_t 和总转弯角度代价 f_a 等子目标函数数据维度相同。

在考虑区域优先级时，无人机会更偏向于优先探索优先级较高的区域以获得更高的优先级奖励值。但是优先探索优先级高的区域会增加一部分飞行的能量消耗，这与第二章提出的目标函数形成了一定的冲突。第二章提出的目标函数是对覆盖率、飞行时间和总转弯角度代价进行加权，使其变成一个单目标问题。因为 f_c、f_t、f_a 相互并不冲突，所以在解决第二章所提的多无人机多区域覆盖式路径规划问题时有着较好的表现。

而本部分考虑了搜救过程中可能遇到的人道主义问题，并提出了考虑区域优先级的解决方法。它虽然丰富了第二章所提的仿真环境，使其和现实状况更加拟合，但是也为如何解决优先级和能耗冲突问题增加了不小的难度。因此，本节将目标函数视为两部分，即第二章所提的目标函数 f_{total} 和本章所提目标函数 f_p。两个目标函数有着相互约束的关系，所以不能对其进行简单的加权求和。基于此，本章引入了多任务目标函数，将考虑区域优先级的多无人机多区域覆盖式搜索问题转换为多目标问题进行求解。

多目标优化是对多个子目标同时进行解决的优化问题，这些子目标往往会相互影响，当对其中一个子目标进行优化时，可能会对其他一个或多个子目标产生负优化的影响[24]。所以，多目标问题通常无法使所含子目标都达到最优状态。而多目标优化的目的也在于尽可能找到一个或一组性能不相上下的非支配解。以最大值多目标问题为例，多目标可以被表示为：

$$\max F(x) = [f_1(x), f_2(x), \cdots, f_m(x)]^T$$
$$s.t. \begin{cases} g_i(x) \leq 0, i = 1, 2, \cdots, q \\ h_j(x) = 0, j = 1, 2, \cdots, p \\ x \in \Omega \end{cases} \tag{5-9}$$

式中，$F(x)$ 表示多目标问题的目标函数；$f_1(x)$ 等表示子目标函数；m 表示子目标函数个数；$g_i(x)$ 表示此问题的弱约束；$h_j(x)$ 代表此问题的强约束；x 表示解集的决策空间。

解的支配关系可以由下式来判断：

$$\begin{cases} \forall i \in \{1, \cdots, m\}: f_i(x_1) \leq f_i(x_2) \\ \exists j \in \{1, \cdots, m\}: f_j(x_1) < f_j(x_2) \end{cases} \tag{5-10}$$

式（5-10）表示，当任意解 x_1 在某一个子目标函数上的性能差于另一个解 x_2，同时还存在着解 x_1 在另一个子目标函数上的性能也差于解 x_2 时，则称为解 x_2 支配解 x_1。这种关系被称为帕累托（Pareto）支配关系。

如果存在这样一组解集，其中的点都为当前多目标优化问题的非支配解，则称这个解集为帕累托最优解集。在多目标优化问题中，寻找 Pareto 最优解集是解决问题的关键，常见的

对多目标问题求解的方法有如下几种。

（1）加权法

在以往的多目标解决方法中，加权求和是一种最基本的也最常见的方法，通过对子目标函数进行加权，将多目标问题转换为单目标问题进行求解。这种求解方法的优势在于目标函数易确定，求解及优化难度较低，所以在实际生产中经常被使用。以双目标最大值多目标问题为例，可以将多目标问题模型改写为：

$$\max F(x) = \alpha f_1(x) + (1-\alpha) f_2(x)$$

$$s.t. \begin{cases} g_i(x) \leqslant 0, \ i = 1, 2, \cdots, q \\ h_j(x) = 0, \ j = 1, 2, \cdots, p \\ x \in \Omega \end{cases} \tag{5-11}$$

虽然此方法常被用于实际生产，但是将多目标问题加权转换为单目标问题也存在着明显的劣势。首先，其存在着权重系数较难确定的问题，在较复杂的场景下，往往很难快速判断子目标的重要性，然而在将多目标问题加权求和的情况下，权重系数是决定问题模型的关键因素。其次，当子目标相互冲突时，简单的加权求和并不能对问题求解并得到较好的优化效果。本章所提模型中，两个子目标有着相互约束的作用，因此无法使用此方法进行求解。

（2）优先级法

优先级法的思路在于给不同影响力的子目标函数加上处理优先级。例如，在一个双目标问题中，目标函数 f_1 对结果性能的影响大于目标函数 f_2 的影响，则可以处理为目标函数 f_1 有较高的优先级，而目标函数 f_2 优先级低于 f_1。在求解过程中，需要优先考虑目标函数 f_1 的表现性能，在满足 f_1 函数的同时，对目标函数 f_2 进行评估，并挑选表现性能优异的解作为问题的最优解。以双目标最大值的问题为例，优先级法可以表示为：

$$\max F_1(x) = f_1(x)$$

$$s.t. \begin{cases} g_i(x) \leqslant 0, \ i = 1, 2, \cdots, q \\ h_j(x) = 0, \ j = 1, 2, \cdots, p \\ x \in \Omega \\ f_2(x) = F_2(x) \end{cases} \tag{5-12}$$

式中，$F_1(x)$ 和 $F_2(x)$ 均为需要最大化的目标函数。式（5-12）表示在优先满足目标 F_1 的最大值后对目标函数 F_2 进行优化。

此方法的优势在于可以快速找到所需解决的多目标函数的最优解集，对于问题的优化速度和优化效果均有着较好的表现，同时解决了目标函数相互冲突无法优化的问题。但是，优先级法无法处理优先级不明显的多目标问题模型，在多个目标有着相同的影响力时，无法确定每个目标函数的优先级。

（3）理想点法

理想点法是将所有目标函数的理想值作为一个参考点，并将解在目标函数上的值作为真实点。将解在每一个目标函数上的真实解与参考点之间的距离进行求和，所得的总距离值可以评判此解的优劣性。

理想点法可以将多目标问题转换为以下解法：

$$\min F(x) = \sqrt{[f_1(x) - Z_1]^2 + [f_2(x) - Z_2]^2 + \cdots + [f_n(x) - Z_n]^2}$$
$$s.t. \begin{cases} g_i(x) \leq 0, \ i = 1, 2, \cdots, q \\ h_j(x) = 0, \ j = 1, 2, \cdots, p \\ x \in \Omega \end{cases} \quad (5-13)$$

式中，$F(x)$ 表示所有子目标函数的真实解与理想点之间的距离和，可以反映解的优越性；Z_1、Z_2，$\cdots$，Z_n 表示第 n 个目标函数上理想点坐标；f_1、f_2，$\cdots$，f_n 表示当前解在第 n 个目标函数上的真实值。

此方法的缺点在于对解集空间的探索并不全面，当问题模型较为复杂时非支配解集搜索能力弱；优点在于其在较简单的多目标问题中可以快速制定探索方向，总目标函数结构简单，易优化。

(4) 智能求解法

智能求解法是通过进化算法对多目标问题进行求解的一种方式，首先会生成一定规模的初始种群，通过非支配排序后进行选择，经交叉、变异等策略得到子代种群，在达到一定条件后停止迭代，输出非支配解集。使用智能求解法的目的是求得帕累托最优解集和帕累托前沿。常用的多目标优化算法有 PSO[25]，NSGA-Ⅱ[26]，MOEAD[27] 等，智能求解法可以有效应对不同场景下的优化问题，但是具有计算量大、复杂度高等缺点。

综上所述，本部分结合所提的问题模型，选定理想点法作为解决考虑区域优先级的多无人机多区域覆盖式路径规划问题的方法。本章所提的两个目标函数在进行归一化处理后的值区间为 [0，1]，两者虽然相互冲突，但是目标函数 f_{total} 和 f_p 均可视为求最大值问题。因此本书将理想点的二维坐标设为 (1，1)，并使用式 (2-13) 来计算所得解的优劣性。

5.2.2 基于区域优先级的多目标蚁群规划方法

由于考虑优先级的多区域环境仿真模型具有两个相互冲突的目标函数，上章所提的改进蚁群算法并不能直接应用于此仿真环境。并且在加入区域优先级奖励值后，地图区域信息由高度值 H_i 和布尔值 B 组成的二维环境信息数据增加到三维数据信息，大大增加了算法的计算量，因此需要对上章所提算法进行部分改进，使其能更好地处理考虑优先级的多无人机多区域覆盖式搜救问题。

首先，在初始化信息素浓度方面，上章所提策略为根据两个需扫描区域之间的真实距离大小，对其浓度值进行初始化设定。在本章中，为了更加突出高优先级的优先探索性，提出了基于距离及优先级的加权信息素浓度初始化策略。具体方法可以被表示如下：

$$\tau_{ij}^0 = \frac{\omega_1}{T_{ij}} + \omega_2 \frac{D_{\text{priority}}^t}{D_{\text{priority}}^{\max}} \quad (5-14)$$

式中，τ_{ij}^0 为 i 点到 j 点的初始路径信息素浓度；T_{ij} 为两点之间的真实距离；D_{priority}^t 表示了区域 j 的当前信息素浓度；$D_{\text{priority}}^{\max}$ 表示了所有区域的最大优先级值；ω_1、ω_2 是距离和优先级权重因子，影响着初始路径的探索方向。式 (5-14) 表示在初始化信息素浓度时，相对距离越近且优先级越高的区域所得的浓度越高，越容易被探索到。

同时，在信息素更新阶段，也不能继续沿用上章方法，通过目标函数 f_{total} 的倒数来反映路径的优劣程度。在式（5-15）中，说明了本章蚁群算法的信息素更新机制，与上章不同，本章选用多目标的评估方式 L_{distance} 评估路径优劣性并进行信息素迭代。式（5-16）表示 L_{distance} 的求解方式，其中 $f_{\text{total}}^{\text{point}}$ 表示第一个目标函数在目标空间形成的解的坐标信息，$f_{\text{p}}^{\text{point}}$ 表示优先级目标函数在目标空间的解的坐标信息。两个目标函数均进行归一化后，多目标问题转换为理想点距离问题，且两目标函数的理想点均为 1，所以式（5-16）也可以视为求两目标函数形成的解与理想点的距离（图 5-17）。

$$\tau_{ij}^m(t+1) = (1-\rho)\tau_{ij}^m(t) + \sum_{m=1}^{M}\Delta\tau_{ij}^m(t)$$

$$\Delta\tau_{ij}^m(t) = \begin{cases} Q/L_{\text{distance}}, & \text{如果第 } m \text{ 个蚂蚁从区域 } i \text{ 到区域 } j \\ 0, & \text{其他} \end{cases} \tag{5-15}$$

$$L_{\text{distance}} = \sqrt{[f_{\text{total}}^{\text{point}}(x) - 1]^2 + [f_{\text{p}}^{\text{point}}(x) - 1]^2} \tag{5-16}$$

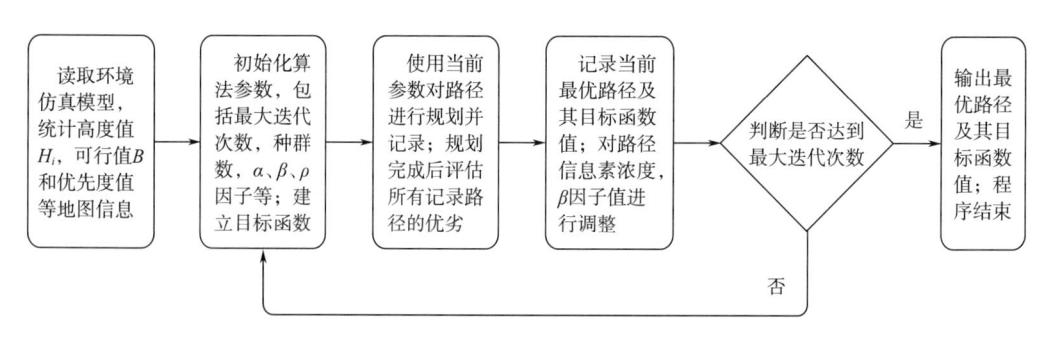

图 5-17 考虑区域优先级的路径规划流程

5.2.3 结果与分析

本节将通过对包含 14 个不同优先级区域仿真环境模型进行地图建模，并使用 4 架无人机进行路径规划。所对比算法为粒子群算法（PSO）、蚁群算法（ACO）、精英蚁群算法（ACS）、不均匀初始信息素精英蚁群算法（ACS_UP）和基于共生生物的自适应蚁群算法（ACO-SOS）。算法参数与上章参数设置相同，且 ω_1 与 ω_2 的值分别设置为 0.7 和 0.3。

5.2.3.1 优劣性分析

在本节中，两个目标函数的理想点的值均为 1，则在目标空间中，双目标问题的最优解为点（1，1）。而优化算法所求得路径也可以将其在双目标上的表现值作为 x 和 y 轴坐标，计算其在目标空间中所形成的点所形成与理想点之间的相对距离，通过距离值来反映解的优劣程度。

在对每个算法均进行多次运行后，可以观察每次运行所得结果的最优值，以及其他对比算法所得结果的最优值在目标空间的分布情况，通过观察多次运行后每个算法所求得的解的分布情况，对比出算法之间的优劣性。图 5-18 表示了改进算法与对比算法均运行 30 次的分布情况，X、Y 轴分别为目标函数 f_{total} 和目标函数 f_{p}。

由图 5-18 可以看出，本书所提改进算法在处理考虑区域优先级的多区域多无人机问题时的性能较好，最接近于理想点；同时通过对比 ACS 和 ACS_UP 两种算法可以看出，所提考虑优先级的不均匀初始信息素也对算法性能有一定的积极作用（附表 5-2）。在其他对比算法中，PSO 算法因其分步规划的局限性，所得解集性能较差；ACO-SOS 算法虽然相较于 ACO 算法性能有所提升，但是由于 SOS 算法存在一定的扰动，导致 ACO-SOS 算法参数波动较大，其解的稳定性较差。

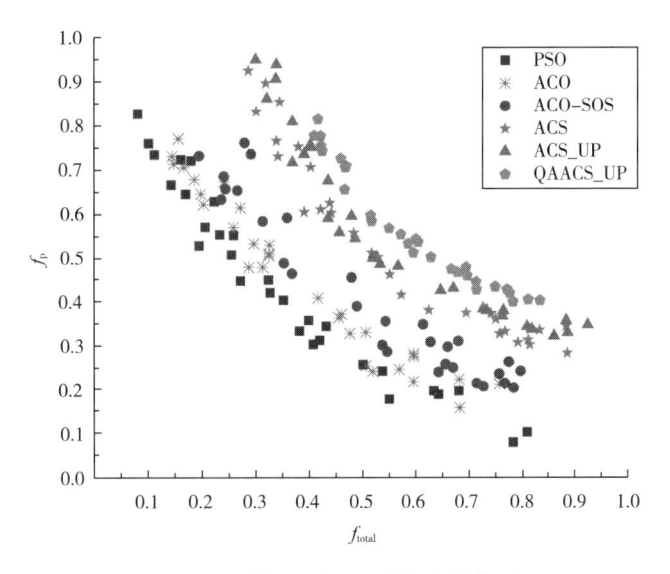

图 5-18　算法运行 30 次解的分布图

综上可以看出，本书所提的 QAACS_UP 算法在稳定性和算法性能上均有优良的表现。多次运行所得结果的最优值比其他对比算法所得结果的最优值，在目标空间的分布更接近于理想点。

5.2.3.2　收敛性分析

在本节中，将所改进算法与对比算法进行了收敛性分析，图 5-19（a）~图 5-19（e）分别表示了 ACO、ACS、ACS_UP、ACO-SOS 和 QAACS_UP 五种算法第 0、10、30、50 代时的种群在目标空间上的映射点，通过观察种群分布情况可以看出种群性能及收敛趋势。因为 PSO 算法优化方法为单步优化，所以无法对其进行收敛性分析。通过对图 5-19 分析可得，基本 ACO 算法对考虑优先级的多无人机多区域覆盖式搜索路径规划问题的优化效果较低，且容易陷入局部最优。在使用了精英策略后，算法的收敛性能有了很大提升；在加入不均匀初始化信息素策略后，对算法前期的探索起到了积极作用；加入基于 Q-learning 的自适应参数策略后，对算法的探索能力和收敛能力都有较好的改进。综上所述，本书所提算法在解决考虑优先级的多机多区域覆盖式搜索问题时，可以更好地规划出满足要求的覆盖式路径。

5.2.3.3　稳定性分析

本节将所有算法运行 30 次，所得结果的两个目标函数的值与理想点对比，并求出其在目标空间上的欧氏距离。通过对比与理想点的距离大小即可反映出性能的优劣程度，具体如表 5-6 所示。

(a) ACO算法

(b) ACS算法

(c) ACS_UP算法

(d) ACO-SOS算法

(e) QAACS_UP算法

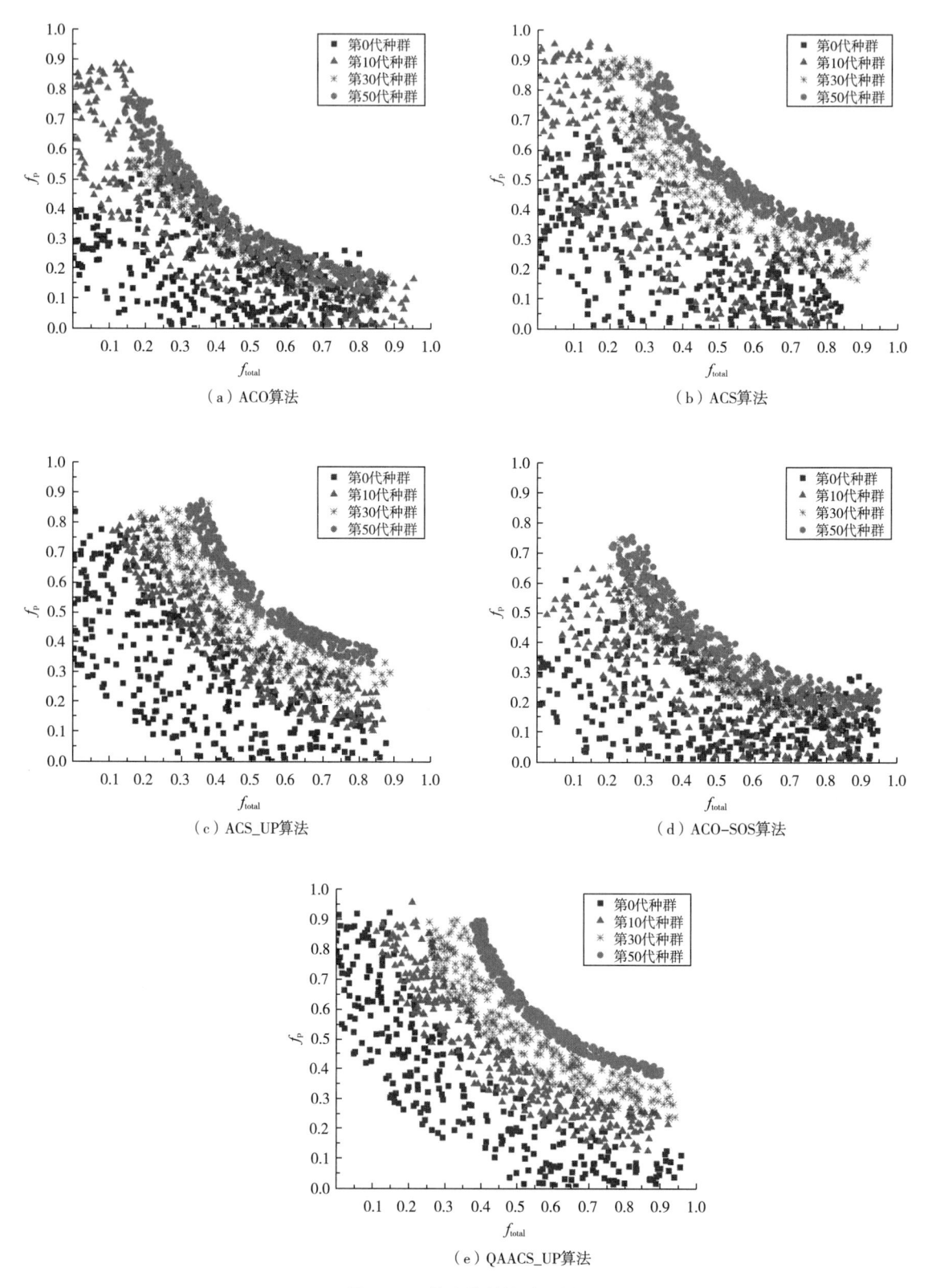

图 5-19 算法收敛性对比图

表 5-6 运行 30 次算法稳定性对比

项目	PSO	ACO	ACS	ACS_UP	ACO-SOS	QAACS_UP
最大值	0.944	0.898	0.725	0.7	0.848	0.699
最小值	0.861	0.821	0.664	0.643	0.752	0.603
平均值	0.897	0.856	0.696	0.674	0.803	0.623
标准差	0.024	0.027	0.02	0.017	0.031	0.017

在表 5-6 中，最大值和最小值分别代表了算法运行 30 次所得结果中表现最差和最好的路径，平均值表示了算法的平均路径优化性能，标准差表示了算法的稳定性。通过表 5-6 可以看出，本书所提改进算法在最大值、最小值、平均值和标准差上均有较好的表现，其中本书所提改进算法的平均性能相较于其他算法提升了 4.9%~27.4%，证明 QAACS_UP 算法可以在考虑优先级情况下，高效地规划出较为优秀的多无人机多区域覆盖式路径。

5.3 本章小结

在本节中，将 QAACS_UP 算法应用到考虑区域优先级的多无人机多区域覆盖式搜救问题上，针对区域优先级和无人机能耗问题进行了讨论，并提出了以多目标方法来处理两目标之间相互冲突的问题。之后，针对多目标问题的常见求解方式进行了分析，并选用理想点法作为本章处理区域优先级和无人机能耗之间冲突的求解方法。通过设立理想点，使多目标问题变为了最小距离问题，降低了问题求解难度。同时，对信息素初始化设置和信息素迭代机制进行了修改，使其在考虑无人机能耗的前提下考虑所探索区域优先级，使算法性能得到了进一步提升。

在实验分析阶段，本章将改进后的算法应用于考虑区域优先级的多区域仿真环境，并对问题模型进行求解。通过模拟结果可以看出，与基本蚁群算法相比，本章所提的改进策略均起到了积极作用。并且，在与其他算法进行对比时可以证明，所提算法的性能对于处理复杂环境下的覆盖式探索问题，以及在均衡无人机能耗和路径规划上有着出色的表现。

参考文献

［1］GALCERAN E, CARRERAS M. A survey on coverage path planning for robotics［J］. Robotics and Autonomous Systems, 2013, 61（12）：1258-1276.

［2］LI Y, CHEN H, JOO ER M, et al. Coverage path planning for UAVs based on enhanced exact cellular decomposition method［J］. Mechatronics, 2011, 21（5）：876-885.

［3］吴靖宇，朱世强，宋伟，等. 基于改进单元分解法的全覆盖路径规划［J］. 系统工程与电子技术，2023, 45（12）：3949-3957.

［4］CHOSET H M. Principles of robot motion：theory, algorithms, and implementation［M］. Cambridge, Mass. MIT Press, 2005.

［5］CHOSET H. Coverage of known spaces：The boustrophedon cellular decomposition［J］. Autonomous Robots, 2000, 9（3）：247-253.

[6] HE H, NORBY J, WANG S A, et al. Environmental sampling with the boustrophedon decomposition algorithm [EB/OL]. 2022: 2207. 06209. https://arxiv.org/abs/2207.06209v1.

[7] CAI C H, FERRARI S. Information-driven sensor path planning by approximate cell decomposition [J]. IEEE Transactions on Systems, Man, and Cybernetics Part B, Cybernetics, 2009, 39 (3): 672-689.

[8] CHAN H H S, MEISTER R, JONES T, et al. Grid-based methods for chemistry simulations on a quantum computer [J]. Science Advances, 2023, 9 (9): eabo7484.

[9] LI B L, QI Y, FAN J S, et al. A grid-based classification and box-based detection fusion model for asphalt pavement crack [J]. Computer-Aided Civil and Infrastructure Engineering, 2023, 38 (16): 2279-2299.

[10] GONG Y G, CHEN K, NIU T Y, et al. Grid-Based coverage path planning with NFZ avoidance for UAV using parallel self-adaptive ant colony optimization algorithm in cloud IoT [J]. Journal of Cloud Computing, 2022, 11 (1): 29.

[11] CABREIRA T M, FERREIRA P R, DI FRANCO C, et al. Grid-based coverage path planning with minimum energy over irregular-shaped areas with uavs [C]//2019 International Conference on Unmanned Aircraft Systems (ICUAS). June 11-14, 2019. Atlanta, GA, USA. IEEE, 2019: 758-767.

[12] LEE T K, BAEK S H, CHOI Y H, et al. Smooth coverage path planning and control of mobile robots based on high-resolution grid map representation [J]. Robotics and Autonomous Systems, 2011, 59 (10): 801-812.

[13] KYAW P T, PAING A, THU T T, et al. Coverage path planning for decomposition reconfigurable grid-maps using deep reinforcement learning based travelling salesman problem [J]. IEEE Access, 2020, 8: 225945-225956.

[14] PENG C, ISLER V. Visual coverage path planning for urban environments [J]. IEEE Robotics and Automation Letters, 2020, 5 (4): 5961-5968.

[15] 王芳姝. 多无人车协同路径规划系统的设计与实现 [D]. 成都: 电子科技大学, 2022.

[16] CHOSET H, PIGNON P. Coverage path planning: The boustrophedon cellular decomposition [C]// Field and Service Robotics. London: Springer London, 1998: 203-209.

[17] MORAVEC H, ELFES A. High resolution maps from wide angle sonar [C]//Proceedings of 1985 IEEE International Conference on Robotics and Automation. March 25-28, 1985, St. Louis, MO, USA. IEEE, 2003: 116-121.

[18] LI H, CHEN Y, CHEN Z H, et al. Multi-UAV cooperative 3D coverage path planning based on asynchronous ant colony optimization [C]//2021 40th Chinese Control Conference (CCC). July 26-28, 2021, Shanghai, China. IEEE, 2021: 4255-4260.

[19] WATKINS C J C H, DAYAN P. Q-learning [J]. Machine Learning, 1992, 8 (3): 279-292.

[20] CLIFTON J, LABER E. Q-learning: Theory and applications [J]. Annual Review of Statistics and Its Application, 2020, 7: 279-301.

[21] WANG Y, HAN Z P. Ant colony optimization for traveling salesman problem based on parameters optimization [J]. Applied Soft Computing, 2021, 107: 107439.

[22] LIU C, WU L, XIAO W S, et al. An improved heuristic mechanism ant colony optimization algorithm for solving path planning [J]. Knowledge-Based Systems, 2023, 271: 110540.

[23] [23] WU L, HUANG X D, CUI J G, et al. Modified adaptive ant colony optimization algorithm and its application for solving path planning of mobile robot [J]. Expert Systems with Applications, 2023, 215: 119410.

[24] DAVOODI M, PANAHI F, MOHADES A, et al. Multi-objective path planning in discrete space [J]. Applied Soft Computing, 2013, 13 (1): 709-720.

[25] AGARWAL P, AGRAWAL R K, KAUR B. Multi-objective particle swarm optimization with guided exploration

for multimodal problems [J]. Applied Soft Computing, 2022, 120: 108684.
[26] VERMA S, PANT M, SNASEL V. A comprehensive review on NSGA-Ⅱ for multi-objective combinatorial optimization problems [J]. IEEE Access, 2021, 9: 57757-57791.
[27] CAO J, ZHANG J L, ZHAO F Q, et al. A two-stage evolutionary strategy based MOEA/D to multi-objective problems [J]. Expert Systems with Applications, 2021, 185: 115654.

附　录

附表 5-1　所提算法及对比算法运行 5 次目标函数结果数据

无人机数量	区域数量	次数	PSO	ACO	ACS	AACS	AACS_UP	ACO-SOS	QAACS_UP
2	8	1	257.367	245.816	259.178	255.816	280.702	268.248	284.652
		2	235.972	263.661	274.937	264.738	266.745	265.288	285.934
		3	252.194	252.420	267.404	262.923	277.047	254.737	275.478
		4	250.223	255.811	263.153	277.076	268.024	261.233	277.179
		5	255.643	264.601	267.766	276.294	260.008	253.201	273.807
	10	1	218.726	240.955	247.978	242.207	262.975	249.357	253.332
		2	229.607	233.337	252.517	261.599	247.525	255.906	244.386
		3	220.130	248.258	249.355	237.348	260.054	236.145	266.981
		4	240.710	232.040	255.806	236.542	258.820	237.172	265.564
		5	242.484	241.184	238.748	234.799	257.272	251.598	250.048
	12	1	185.562	207.092	212.597	227.648	232.113	205.380	212.711
		2	181.746	210.269	206.757	219.837	222.128	214.964	233.391
		3	182.375	202.098	225.473	231.006	229.012	224.476	223.489
		4	196.178	221.764	213.022	210.765	218.006	202.943	222.872
		5	194.045	222.264	209.070	211.392	226.094	209.011	224.416
	14	1	180.216	203.184	194.186	196.000	223.886	197.424	226.046
		2	182.829	196.605	208.320	203.230	210.047	180.932	216.520
		3	180.270	181.718	210.922	216.503	213.902	179.388	228.225
		4	174.259	178.038	192.157	180.303	220.765	181.556	229.047
		5	179.123	179.090	216.262	183.597	214.205	195.110	209.137
3	8	1	378.249	375.134	398.298	406.084	400.778	406.183	409.455
		2	383.165	393.004	403.001	405.931	406.400	395.291	407.170
		3	375.155	377.308	384.471	393.854	405.128	401.869	409.512
		4	358.959	398.457	390.965	386.281	394.869	385.882	406.479
		5	379.059	391.378	389.831	381.003	384.325	387.428	398.011

续表

无人机数量	区域数量	次数	PSO	ACO	ACS	AACS	AACS_UP	ACO-SOS	QAACS_UP
3	10	1	353.174	364.461	384.693	393.299	376.109	396.153	403.506
		2	323.606	378.715	390.007	376.499	391.337	394.765	390.858
		3	350.836	366.174	373.158	394.368	374.351	372.937	400.686
		4	338.993	379.248	378.238	376.560	382.293	383.737	383.295
		5	333.145	377.570	383.967	371.651	399.255	385.588	392.186
	12	1	296.126	303.786	328.980	320.129	333.700	302.045	322.160
		2	294.801	307.864	323.394	331.967	329.219	314.134	335.169
		3	288.963	298.255	320.467	326.850	318.968	286.637	325.283
		4	264.192	289.175	326.713	326.600	332.796	280.579	325.061
		5	283.579	280.276	328.528	317.976	329.688	285.315	315.333
	14	1	277.962	269.246	296.232	320.624	324.254	296.601	321.736
		2	250.175	294.772	293.623	306.329	294.009	280.112	314.933
		3	248.178	275.298	308.110	307.501	300.060	278.375	323.846
		4	273.145	297.197	318.950	290.227	318.668	299.791	329.305
		5	244.243	292.255	296.843	290.037	305.383	294.721	315.462
4	8	1	506.953	499.965	493.101	510.143	518.031	515.088	519.335
		2	495.366	501.453	514.669	524.396	519.204	493.214	532.129
		3	501.125	516.997	504.003	495.460	506.836	517.306	517.530
		4	504.465	509.431	498.659	526.001	495.875	478.529	531.215
		5	497.375	494.659	521.157	520.995	526.331	483.145	522.300
	10	1	467.114	484.217	494.358	523.077	509.928	462.295	530.936
		2	447.871	481.471	496.400	487.575	510.517	487.062	518.866
		3	474.247	482.943	487.503	502.886	526.230	483.558	524.412
		4	435.619	492.253	507.401	515.039	509.398	493.597	512.370
		5	454.416	486.634	516.787	494.853	515.395	477.169	530.099
	12	1	381.574	431.439	428.910	424.357	449.581	424.188	435.489
		2	379.748	411.796	411.678	442.457	428.061	417.958	444.367
		3	371.619	430.521	425.226	439.250	424.868	437.140	450.201
		4	402.149	434.542	439.845	437.210	448.449	441.449	438.045
		5	382.043	420.981	441.702	433.986	428.108	424.551	428.466
	14	1	356.790	370.579	396.598	402.181	409.695	377.478	414.897
		2	372.089	369.875	412.963	400.166	416.305	408.370	400.554
		3	381.232	387.685	393.493	415.628	400.207	391.596	402.979
		4	380.418	367.192	411.446	415.650	416.022	384.719	424.665
		5	372.449	396.043	410.917	392.622	401.217	388.751	429.174

附表 5-2　所提算法及对比算法运行 30 次与理想点距离结果数据

次数	PSO	ACO	ACS	ACS_UP	ACO-SOS	QAACS_UP
1	0.866	0.873	0.722	0.656	0.811	0.622
2	0.934	0.821	0.696	0.649	0.755	0.621
3	0.912	0.823	0.722	0.693	0.817	0.619
4	0.926	0.892	0.687	0.686	0.794	0.618
5	0.884	0.837	0.684	0.690	0.758	0.636
6	0.898	0.822	0.721	0.673	0.759	0.607
7	0.861	0.826	0.722	0.691	0.827	0.607
8	0.916	0.856	0.711	0.667	0.829	0.620
9	0.880	0.898	0.725	0.700	0.800	0.639
10	0.893	0.827	0.673	0.673	0.783	0.603
11	0.907	0.836	0.694	0.674	0.837	0.617
12	0.870	0.836	0.700	0.662	0.824	0.623
13	0.883	0.866	0.665	0.662	0.788	0.621
14	0.878	0.822	0.685	0.662	0.834	0.603
15	0.893	0.898	0.664	0.679	0.847	0.633
16	0.935	0.874	0.684	0.692	0.844	0.637
17	0.932	0.878	0.705	0.686	0.848	0.632
18	0.866	0.850	0.679	0.657	0.823	0.620
19	0.913	0.861	0.717	0.658	0.816	0.628
20	0.902	0.833	0.709	0.696	0.758	0.610
21	0.887	0.881	0.666	0.672	0.818	0.604
22	0.902	0.844	0.685	0.674	0.779	0.629
23	0.862	0.896	0.716	0.656	0.836	0.615
24	0.879	0.883	0.725	0.644	0.802	0.629
25	0.865	0.830	0.699	0.682	0.752	0.618
26	0.886	0.876	0.684	0.652	0.821	0.626
27	0.944	0.826	0.676	0.643	0.755	0.623
28	0.930	0.829	0.713	0.692	0.836	0.623
29	0.886	0.882	0.669	0.685	0.783	0.605
30	0.919	0.896	0.673	0.699	0.769	0.699

第6章 面向地面移动目标无人机跟踪控制方法

本章以多无人机协同跟踪地面移动目标为研究对象,围绕这一任务主体,进行复杂城市环境下的目标跟踪,构建目标跟踪的相关模型,以模型预测控制方法与鲸鱼优化算法相结合的混合方法为基础,设计合理的跟踪控制策略,求解这一复杂的优化问题。在无人机跟踪移动目标的过程中,针对无人机传感器测量范围有限、目标机动性强所造成的不易跟踪等问题,依据无人机和目标的空间位置及两者运动方向的夹角,设计了一种倾向性引导机制,并基于模型预测控制方法与改进鲸鱼算法的混合算法来实现多无人机有效地跟踪移动目标。为了进一步提高算法的优化效率,针对算法所存在的收敛性能低和易先局部最优的问题,算法引入了引导函数初始化策略、双差分变异策略、自适应加权策略和精英选择策略。在复杂的城市环境中,采用本章所提的方法进行仿真模拟,仿真结果验证了该方法具有较好的性能,是一种可靠的无人机运动目标跟踪方法。针对多无人机协同跟踪多个目标的问题,在目标跟踪控制方法的基础上引入混沌映射机制和拉普拉斯交叉策略,模拟结果验证了算法的有效性。

6.1 基于模型预测控制与鲸鱼算法混合的单目标多机协同跟踪

无人机目标跟踪任务是无人机执行诸多任务的子任务,在复杂环境下多无人机协同跟踪地面移动目标的过程中,存在诸多限制,如飞行环境中障碍物的遮挡、目标做大的机动、无人机传感器的有限测量范围等因素的影响。因此,针对多无人机协同目标跟踪问题,需要设计一种有效的跟踪控制方法对地面目标进行持续精确的跟踪。本章提出一种模型预测控制与鲸鱼算法[1]相结合的目标跟踪方法,在算法的初始化阶段采用倾向性引导搜索策略提高算法的开发能力,在随机搜索猎物阶段引入双差分变异策略提高种群的多样性,避免陷入局部最优,在包围猎物和螺旋捕食猎物的阶段采用自适应权重策略和精英选择策略提高算法的搜索能力;最后在复杂的城市环境下验证所提出的跟踪控制方法在解决多无人机协同目标跟踪问题的性能。

6.1.1 问题描述与模型构建

6.1.1.1 问题描述

本章所研究的城市环境下多无人机协同跟踪地面目标的控制方法,为无人机在地形环境信息、障碍信息已知的情况下设计航线进行目标跟踪。最终的目的是在满足无人机自身约束的情况下避开城市建筑且确保无人机飞行通信安全,并能精确持续跟踪到地面目标。为了降低问题求解难度,假设地面目标全程保持恒定速度运动。

本章将求解无人机目标跟踪问题转化为研究跟踪控制方法优化无人机在每个时间点跟踪目标的位置,最后验证无人机目标跟踪的性能。为便于描述问题,建立空间直角坐标系

(图6-1),S是地面目标的起始点,G是地面目标的终点,W_1、W_2、W_3是三架无人机的起始点,T_1、T_2、T_3是三架无人机的跟踪终点,城市建筑物一般用长方体进行表示。起始点S到终点G的连线为地面目标的运动轨迹,可描述为$P=\{S, P_1, P_2, \cdots, P_N, G\}$,$P_N(x_N, y_N, z_N)$对应着目标的第$N$个时间点坐标,起始点$W_i$到终点$T_i$为无人机的跟踪轨迹,可描述为$M_i=\{W_i, M_{i,1}, M_{i,2}, \cdots, M_{i,N}, T_i\}$,$M_{i,N}(x_{i,N}, y_{i,N}, z_{i,N})$对应着第$i$个无人机的第$N$个时间点坐标。因此,本章的主要研究问题就是利用跟踪控制方法优化无人机跟踪地面目标的N个时间点坐标。

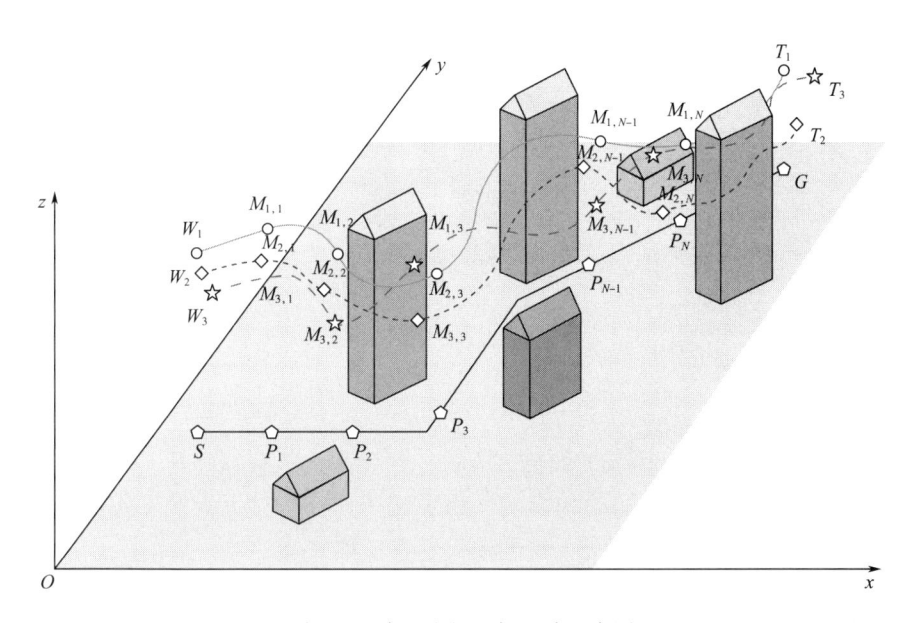

图6-1 多无人机目标跟踪示意图

6.1.1.2 目标跟踪的相关模型

(1) 飞行环境模型

随着无人机的应用越来越广泛,无人机执行任务的场景复杂度也越来越高。一般情况下城市是无人机目标跟踪问题中最常见的地形环境。实现无人机对移动目标的跟踪首先要对跟踪环境的地形、障碍物等外部因素进行建模,即构造飞行空间。飞行空间的构造就是对实体环境空间进行抽象表达,在条件允许的情况下,尽可能地将实体环境空间的信息以数学函数方式规划为简单的模型,在规划的飞行空间中任何位置都可以作为三维坐标系的原点,其中x坐标轴表示空间的宽度,y坐标轴表示空间的长度,z坐标轴表示空间的高度。无人机的飞行空间S如式(6-1)所示。

$$S = \{(x, y, z) \mid 0 < x < x_{\max}, 0 < y < y_{\max}, 0 < z < z_{\max}\} \quad (6-1)$$

城市环境中存在各种形状的建筑群,为了计算简单,采用栅格法对城市环境中的建筑物进行修改和创建,构建的三维立体模型如图6-2所示。假设建筑物的高度已知,城市模型可描述为:

$$\xi = \bigcup_{B=1}^{B=N} \xi_B \quad (6-2)$$

式中,ξ_B为建筑物所占的空间区域,是关于建筑物高度H_B和建筑物在地面中心位置

(x, y) 的函数，$\xi_B = F[H_B, (x, y)] \in \overline{X}_B$，$\overline{X}_B$ 是由建筑物中心位置确定的区域；N 是建筑物的数量。

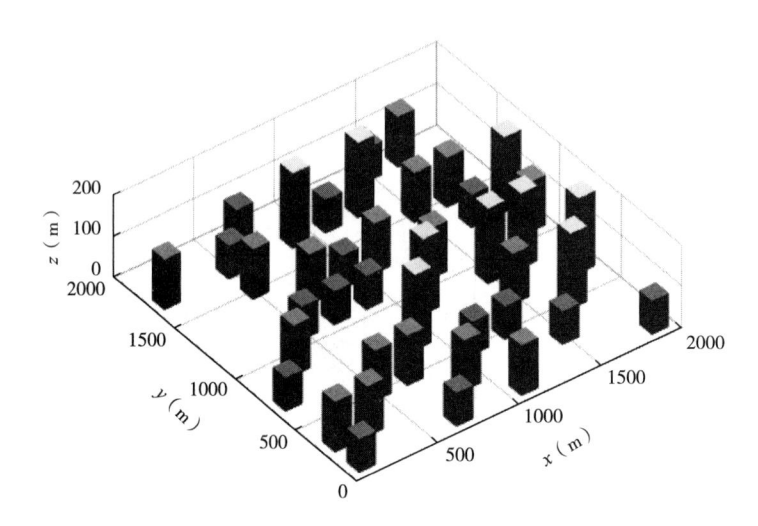

图 6-2 无人机飞行环境三维立体模型示意图

（2）无人机模型

假设有 N 个具有稳定飞行系统的同构无人机，每架无人机在城市建筑物之间以固定高度飞行[2,3]，不考虑外界因素对其运动的影响。为了便于研究，将无人机看作具有位置、速度和航向约束的质点，在惯性系下无人机的动力学模型如式（6-3）所示。

$$\begin{cases} \dot{x}_i = v_i \sin\theta_i \\ \dot{y}_i = v_i \cos\theta_i \\ \dot{z}_i = 0 \\ \dot{\theta}_i = \omega_i \end{cases} \quad (6-3)$$

式中，(x_i, y_i, z_i) 为第 i 个无人机的位置坐标；θ_i 为姿态角对时间的导数，v_i、θ_i 为第 i 个无人机的航向角和速度；ω_i 为第 i 个无人机的航向角速度。

$r_i = (v_i, \omega_i)$ 为无人机的控制输入，$i = 1, 2, \cdots, N$，N 为无人机的数量。因此，所有无人机的控制输入向量为 $\boldsymbol{r} = [r_1, r_2, \cdots, r_N]^T$，所有无人机的状态向量为 $\boldsymbol{x}_u = [x_{u1}, x_{u2}, \cdots, x_{uN}]^T$。

无人机在飞行时，需要考虑无人机的机体性能，其运动约束如式（6-4）所示。

$$\begin{cases} v_{\min} \leqslant v_i \leqslant v_{\max} \\ \omega_{\min} \leqslant \omega_i \leqslant \omega_{\max} \end{cases} \quad (6-4)$$

式中，$v_{\min}$ 和 $v_{\max}$ 分别为无人机的最小飞行速度和最大飞行速度；$\omega_{\min}$ 和 $\omega_{\max}$ 分别为无人机的最小航向角速度和最大航向角速度。

（3）目标模型

在目标跟踪问题中，需要有效观测目标的运动状态信息和运动过程，假设执行目标跟踪任务前已经获得了被跟踪目标的先验知识，当无人机跟踪到目标时可以获得被跟踪目标的状态，如线速度、航向角和角速度。本章中目标被认为是在水平面上运动，不考虑外界因素对其运动的影响。在惯性系统下目标的运动模型如式（6-5）所示。

$$\begin{cases} x_T = v_T \sin\theta_T \\ y_T = v_T \cos\theta_T \\ \theta_T = \omega_T \end{cases} \quad (6-5)$$

式中，(x_T, y_T) 表示目标的水平位置坐标；v_T，θ_T，ω_T 分别为目标的移动速度、航向角和角速度。

(4) 视线遮挡模型

在城市环境中，复杂的建筑群对无人机检测目标的视线可能会造成遮挡，从而直接影响无人机的跟踪效果。为了清晰地观测到无人机视线遮挡的空间模型，基于无人机位置、目标位置和地形信息，对建筑物遮挡无人机视线的区域进行建模，如图 6-3 所示，并定义无人机的可见区域和无人机传感器的覆盖区域。当无人机位于目标的可见区域内时，无人机的视线将不会被遮挡，目标可能被无人机监测到。当目标位于传感器的有效覆盖区域时，无人机才能够监测到它。因此，只有同时满足上述两个条件，才能够确保目标可以被检测到并进行跟踪[4]。

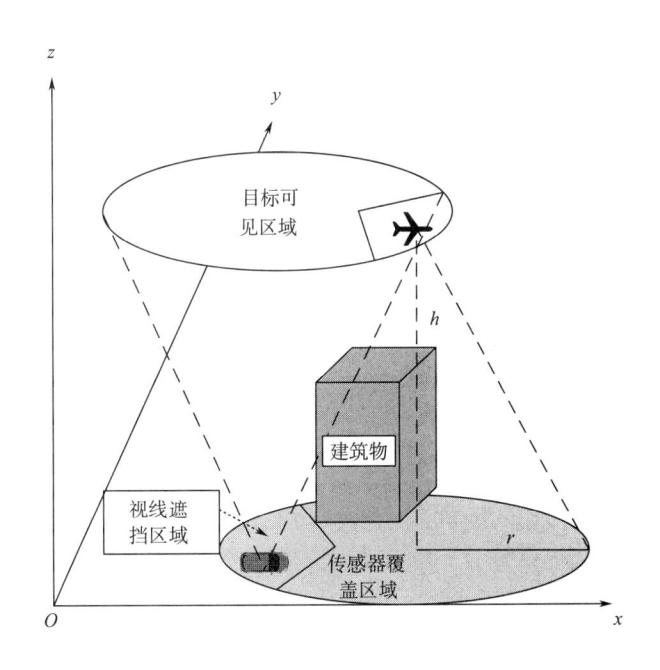

图 6-3 无人机与目标的视线遮挡

(5) 目标覆盖区域模型

在目标跟踪过程中，无人机跟踪移动目标需要满足跟踪约束条件，即无人机位于目标的可见区域内，且移动目标位于无人机传感器覆盖范围内。实际上由于建筑物对无人机与目标的视线造成遮挡，目标的可见区域可能是不规则的多边形。因此为了保证移动目标可以连续跟踪，取多边形的最大外切圆作为目标可监测区域，即遮挡无人机视线的建筑物也包含在目标可监测区域，将目标可监测区域和无人机传感器覆盖区域进行结合，如图 6-4 所示，其中灰色圆是目标可监测区域，绿色区域是无人机传感器的覆盖区域，红点虚线圆代表目标能够被无人机传感器监测到的覆盖区域，其半径与无人机的传感器监测区域半径相同。

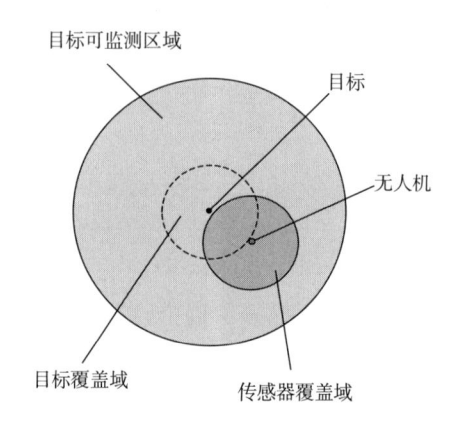

图 6-4 地面目标的覆盖区域

6.1.1.3 目标函数模型

无人机目标跟踪是在满足自身机体性能和目标运动性能的约束条件下，根据地形信息采用优化控制算法规划出多无人机持续精确跟踪移动目标的飞行路径。通过控制算法在解空间内优化求解目标函数得到跟踪路径，跟踪路径的优劣需要评价指标判断，本章所采用的目标函数包括距离代价、目标覆盖度代价、避障代价、无人机间安全距离代价、无人机间通信距离代价和能耗代价。目标跟踪的总代价计算公式为：

$$f_{\min} = m_1 \times J_D + m_2 \times J_{OA} + m_3 \times J_C + m_4 \times J_{SD} + m_5 \times J_{CD} + m_6 \times J_{EC} \tag{6-6}$$

式中，J_D、J_{OA}、J_C、J_{SD}、J_{CD} 和 J_{EC} 分别为距离代价、目标覆盖度代价、避障代价、无人机间安全距离代价、无人机间通信距离代价和能耗代价；m_1、m_2、m_3、m_4、m_5 和 m_6 分别为各个代价成本的权重系数。

(1) 距离代价

在跟踪地面移动目标的过程中，无人机的自身性能约束可能会导致无人机与目标之间的距离较远，城市环境存在复杂的建筑物群可能会遮挡无人机与目标间的视线。这些情况会造成无人机无法监测到目标。而且若无人机能够跟踪到移动目标，首先需要满足无人机位于目标可被监测区域内。因此，为了确保无人机跟踪目标的稳定性，需要无人机尽可能地靠近目标，其代价如式（6-7）和式（6-8）所示。

$$J_D = \begin{cases} \sum_{j=k}^{k+N-1} \sum_{i=1}^{N_U} \dfrac{l_{iT}(j)}{L}, & l_{iT} < L \\ \sum_{j=k}^{k+N-1} \sum_{i=1}^{N_U} l_{iT}(j), & l_{iT} > L \end{cases} \tag{6-7}$$

$$l_{iT} = \sqrt{(x_{Ui} - x_T)^2 - (y_{Ui} - y_T)^2} \tag{6-8}$$

式中，(x_{Ui}, y_{Ui}) 为无人机 i 在水平面的坐标；J_D 为无人机和目标在水平面的距离代价；l_{iT} 为无人机 i 与目标之间的水平距离；N 为预测无人机航迹的长度；N_U 为无人机的数量；L 为目标可被监测区域的半径。

(2) 目标覆盖度代价

在城市环境下执行跟踪任务时，城市中的建筑物对无人机的视线造成遮挡会影响跟踪效果。无人机与目标的欧式距离作为性能指标已不足以评估无人机的跟踪性能，因此需要考虑无人机在跟踪过程中能够监测到目标，这就需要无人机满足监测目标的要求，即无人机需要位于目标可被监测区域内，且无人机与目标之间的视线没有被遮挡，此外目标也应位于无人机的传感器覆盖范围内。本章根据无人机监测目标的要求采用数学函数方式设计了目标覆盖度函数，并将其作为无人机跟踪移动目标的一项重要评估指标。

目标覆盖度代价是指地面目标被无人机传感器探测到的概率。本章中采用多架无人机协同跟踪目标，为了体现无人机之间合作的能力，并不要求所有无人机都需要监测到目标。在跟踪过程中，只要有任何一架无人机位于目标可见区域，即无人机位于目标的可被监测区域且无人机与目标之间的视线没有被遮挡，同时目标位于无人机的传感器覆盖区域内，移动目标就可以被无人机监测到。地面目标距离无人机传感器的覆盖区域中心越近，目标越容易被探测到，无人机跟踪目标的精确度越高，跟踪性能也就越好。目标覆盖度代价如式（6-9）和式（6-10）所示。

$$J_C = \begin{cases} \sum_{j=k}^{k+N-1} \sum_{i=1}^{N_U} P_i P_{\text{LOS}}(j), & \exists i \mid P_i > p \text{ 且 } P_{\text{LOS}} = 1 \\ 0, & \text{否则} \end{cases} \quad (6\text{-}9)$$

$$P_i = \rho \cdot e^{(-c)[(x_{Ui}-x_T)^2 + (y_{Ui}-y_T)^2 + (z_{Ui}-z_T)^2]} \quad (6\text{-}10)$$

式中，J_C 为无人机目标跟踪的目标覆盖度代价；P_i 为地面目标被无人机 i 探测到的概率；(x_{Ui}, y_{Ui}, z_{Ui}) 为第 i 个无人机的位置坐标；(x_T, y_T, z_T) 为地面目标的位置坐标；p 为目标位于无人机传感器覆盖区域边缘的概率；ρ 和 c 为可调参数，分别影响目标检测概率和检测目标的灵敏度，即 ρ 的变化会改变 P_i 的取值变化区间；参数 c 可显示目标被检测到与目标未被检测到之间的差异。

其中，P_{LOS} 为无人机与目标的视线遮挡概率，在求解视线遮挡概率时是基于简化的建筑物模型，根据无人机、目标和建筑物的空间位置采用数学公式计算求出。视线遮挡概率的求解过程如图 6-5 和图 6-6 所示，将无人机、目标和建筑物的空间位置投影到水平和垂直平面上。首先根据无人机和目标的空间位置，判断无人机与目标之间是否存在建筑物；若无人机与建筑物之间存在建筑物，则根据无人机和建筑物的空间位置，判断无人机与目标的视线是否被遮挡。如果无人机与目标的视线被遮挡，则 $P_{\text{LOS}} = 1$，否则 $P_{\text{LOS}} = 0$。

在图 6-5 和图 6-6 中，U 为无人机在平面上的投影，T 为地面移动目标。建筑物为蓝色填充的几何图形，O 为建筑物的中心，R 为建筑物外接圆柱体的半径，TU 为无人机到目标的距离，TO 为目标到建筑物中心的距离，δ 为无人机到目标的视线与目标到建筑物中点之间的夹角，由式（6-11）计算得到。

$$\delta = \arccos \frac{\overrightarrow{TO} \times \overrightarrow{TU}}{\|\overrightarrow{TO}\| \times \|\overrightarrow{TU}\|} \quad (6\text{-}11)$$

$$\|\overrightarrow{TO}\| = \sqrt{(x_T - x_O)^2 + (y_T - y_O)^2} \quad (6\text{-}12)$$

$$\|\overrightarrow{TU}\| = \sqrt{(x_U - x_T)^2 + (y_U - y_T)^2} \quad (6\text{-}13)$$

式中，x_T、y_T 为目标的水平位置坐标；(x_O, y_O) 为建筑物的中心点；(x_U, y_U) 为无人机的水平位置坐标。由图 6-5 可知，目标到建筑物边缘与目标到建筑物中心的夹角为 δ_0，其数学表达式为

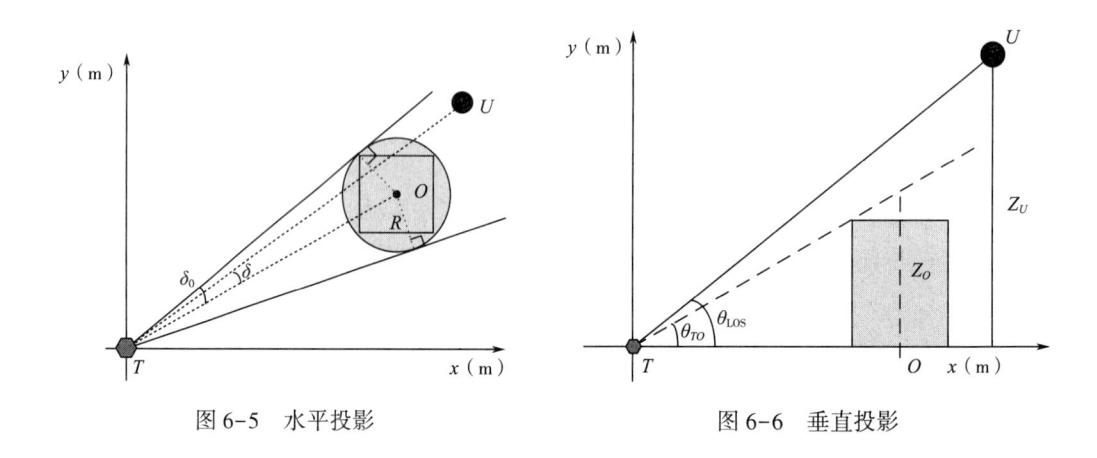

图 6-5 水平投影

图 6-6 垂直投影

$$\delta_0 = \arctan \frac{R}{\| \overrightarrow{TO} \|} \tag{6-14}$$

如果 $\delta_0 > \delta$，且 $TU > TO$，并不意味着无人机与目标间的视线被遮挡，只有在满足这两个条件的同时并满足 $\tan(\theta_{TO}) > \tan(\theta_{LOS})$，才能得出无人机与目标的视线被遮挡，其视线遮挡的概率值由式（6-15）得出：

$$P_{LOS} = \begin{cases} 1, & \delta_0 > \delta, \ T_U > T_O \text{ 且 } \tan(\theta_{TO}) > \tan(\theta_{LOS}) \\ 0, & \text{其他} \end{cases} \tag{6-15}$$

式中，P_{LOS} 为无人机与目标的视线被遮挡的概率；θ_{TO} 为建筑物与目标的水平夹角；θ_{LOS} 为无人机与目标的水平夹角。$\tan(\theta_{TO})$ 和 $\tan(\theta_{LOS})$ 是由投影在垂直平面的几何关系根据式（6-16）和式（6-17）计算得出。

$$\tan(\theta_{TO}) = \frac{Z_O}{\sqrt{(x_T - x_O - R)^2 + (y_T - y_O)^2}} \tag{6-16}$$

$$\tan(\theta_{LOS}) = \frac{Z_U}{\sqrt{(x_T - x_U)^2 + (y_T - y_U)^2}} \tag{6-17}$$

式中，Z_O、Z_U 分别为建筑物的高度和无人机的飞行高度。

(3) 避障代价

在实际应用中，无人机执行目标跟踪任务时，面临的环境更加复杂，往往会存在一些威胁或障碍，如果无人机不能有效地规避这些威胁和障碍，将不能顺利执行任务。为保证无人机能顺利执行任务，无人机需要具有规避威胁或障碍的能力[5]。

避障代价是指无人机在目标跟踪过程中应避开的区域，比如高空娱乐设施等情况会对无人机飞行安全产生威胁，在本书中主要是指城市中的建筑群。当前的城市建筑物都具有一定的高度，无人机在飞行过程中很有可能与其发生碰撞，为了确保飞行安全，无人机需要规避建筑物群，其避障代价可描述如式（6-18）~式（6-20）所示：

$$J_{OA} = \sum_{j=k}^{k+N-1} \sum_{i=1}^{N_U} g_i(j) \tag{6-18}$$

$$g_i = \begin{cases} 0, & p_c(h_{nfz} - z_{Ui}) < 0 \\ \infty, & p_c(h_{nfz} - z_{Ui}) < 0 \end{cases} \tag{6-19}$$

$$p_c = \begin{cases} 1, & x_l \leq x_{i,j} \leq x_u, \ y_l \leq y_{i,j} \leq y_u \\ 0, & \text{其他} \end{cases} \tag{6-20}$$

式中，J_{OA} 为无人机和障碍物的避碰代价；g_i 为无人机与建筑物碰撞的惩罚函数；p_c 是无人机与建筑物边界碰撞的概率；x_l、x_u、y_l 和 y_u 分别为建筑物在 x 轴和 y 轴方向上的上、下限；h_{nfz} 为障碍物的高度；z_{Ui} 为无人机 i 的飞行高度。

（4）安全距离代价

在多无人机协同目标跟踪过程中，无人机不仅需要满足外部约束，还需要保证无人机能够安全飞行。如果无人机之间的飞行距离较近，则有可能会造成碰撞，因此多无人机在同一空间区域飞行时，需要保持一定的安全距离。

安全距离代价是指目标跟踪过程中无人机间存在一定的飞行距离。在复杂的城市环境中执行跟踪任务时，无人机间保持一定的飞行距离有利于探测到地面移动目标，提高无人机跟踪性能的稳定性，同时也可以防止无人机因机体性能和躲避建筑物而发生碰撞。因此，本章中加入一个安全距离代价使多无人机飞行尽可能地维持在一个相对安全的距离。无人机间的安全距离代价如式（6-21）和式（6-22）所示：

$$J_{SD} = \sum_{j=k}^{k+N-1} \sum_{i=1}^{N_U} f_{SDi}(j) \tag{6-21}$$

$$f_{SDi} = \frac{1}{2}\left[1 - \tanh\left(\frac{d_{ij} - d_{\min} - \frac{\Delta d}{2}}{\frac{\Delta d}{8}}\right)\right] \tag{6-22}$$

式中，J_{SD} 为无人机间的安全距离代价；d_{ij} 为无人机 i 和无人机 j 的距离；$d_{\min}$ 为无人机间最小的安全距离；Δd 为无人机的缓冲距离。

（5）通信距离代价

通信距离代价是指多无人机在一定的距离范围内通过通信拓扑结构交换信息。多无人机执行跟踪任务时，每个无人机采用控制方法独立跟踪目标并得出局部最优的飞行航迹，为了实现多无人机协同跟踪，无人机之间通过通信交换自身的状态信息和探测到的环境信息。因此，为了确保无人机之间可以实时进行信息交换，本节引入通信距离代价，使无人机之间在一定距离内维持稳定通信。无人机的通信距离代价计算公式如式（6-23）和式（6-24）所示：

$$J_{CD} = \sum_{j=k}^{k+N-1} \sum_{i=1}^{N_U} f_{CDi}(j) \tag{6-23}$$

$$f_{CDi} = \frac{1}{2}\left[1 + \tanh\left(\frac{d_{ij} - d_{\max} + \frac{\Delta d}{2}}{\frac{\Delta d}{8}}\right)\right] \tag{6-24}$$

式中，J_{CD} 为无人机间的通信距离代价；d_{ij} 为无人机 i 和无人机 j 的距离；$d_{\max}$ 为无人机间最大的通信距离；Δd 为无人机的缓冲距离。

（6）能耗代价

无人机在执行目标跟踪任务时，跟踪的航程时间不明确且无人机携带的燃料有限。因此，当使用电力或燃油驱动无人机时，无人机控制输入量最小化能够减少无人机能量消耗，跟踪时间会更持久。能耗代价可描述如式（6-25）所示：

$$J_{EC} = \sum_{j=k}^{k+N-1} \sum_{i=1}^{N_U} \frac{\|v_i(j) - v_i(j-1)\|}{v_{max} - v_{min}} + \frac{\|\omega_i(j) - \omega_i(j-1)\|}{\omega_{max} - \omega_{min}} \quad (6-25)$$

式中，J_{EC} 为无人机的能耗代价；v_i、ω_i 为第 i 个无人机的控制输入量。

如上所述，在目标跟踪过程中，为了保证无人机跟踪地面移动目标的稳定性，分别构建了距离代价模型和目标覆盖度代价模型，同时，为了确保无人机飞行的安全性和可持续性，建立了避障代价、无人机间安全距离代价、无人机间通信距离代价和能耗代价等模型。通过式（6-7）~式（6-25）可以计算出 6 个代价函数，然后求解式（6-6）来最小化目标跟踪的总代价，进而优化无人机跟踪目标的跟踪性能。

6.1.2 基于改进鲸鱼算法的单目标跟踪控制方法

本章的跟踪控制方法是基于模型预测控制作为目标跟踪的框架，采用鲸鱼优化算法作为求解器的思想，针对复杂城市环境下多无人机协同目标跟踪方式设计合理的引导机制、搜索机制、更新机制等，以提高算法的搜索能力和寻优能力，防止算法因早熟收敛陷入局部最优，增强跟踪控制方法的性能。

针对无人机自身约束和外部因素造成目标丢失的问题，现有解决这一问题的方式主要考虑飞行环境中障碍物遮挡，而对无人机传感器测量范围有限和目标机动性强的情况研究较少，因此在目标跟踪过程中已丢运动目标。本章采用模型预测控制作为多无人机协同目标跟踪的框架，在目标跟踪过程中引入引导机制引导无人机跟踪地面目标，最后利用鲸鱼算法作为模型预测控制的求解器，从而优化无人机目标跟踪的性能。

为了优化目标跟踪的性能，在算法的初始化阶段采用倾向性引导机制，以提高算法的开发能力；在包围猎物和螺旋捕食猎物的阶段采用自适应权重策略和精英选择策略，以提高算法的探索能力与效率；在随机搜索猎物阶段引入双差分变异策略，以提高种群的多样性，避免算法早熟收敛。

6.1.2.1 引导函数策略

本章研究的是在复杂的城市环境下，无人机低空飞行跟踪地面移动目标。无人机传感器的覆盖区域半径较小，因此无人机跟踪地面目标时，需要尽可能地靠拢目标；无人机的最小飞行速度高于目标的移动速度，所以无人机跟踪目标过程中可能会超过目标造成检测不到地面目标，特别是在转弯处，若不能及时随地面目标的移动转向，无人机就很难检测到移动目标。

为了解决无人机及时随地面目标运动，引入了结合无人机目标跟踪问题特性的引导函数策略。该策略通过判断无人机与目标的位置距离信息，无人机飞行方向和目标运动方向的夹角决定无人机未来飞行航迹，并倾向性地选择无人机未来飞行控制输入向量。在无人机目标跟踪过程中，当无人机飞行的位置超过目标移动位置一定距离时，根据无人机飞行方向与目标运动方向的夹角，引导无人机在目标上方进行盘旋飞行，引导无人机向目标靠拢，以确保无人机跟踪地面目标的稳定性,增加跟踪的精确性。

本章采用模型预测控制预测未来一段时间内无人机的控制输入向量,在目标跟踪过程中,无人机的控制输入指令是由无人机的状态信息和地面目标的状态信息所决定的。假设无人机的上一时刻位置为(x_{Tp-1},y_{Tp-1},z_{Tp-1})和当前时刻位置为(x_{Up},y_{Up},z_{Up}),目标的上一时刻位置为(x_{Tp-1},y_{Tp-1})和当前时刻位置为(x_{Tp-1},y_{Tp-1}),首先根据无人机和目标的当前时刻的位置信息可以计算得到两者之间的水平距离d,且可计算得到无人机的飞行方向向量$\boldsymbol{DR}_U = [x_{Up}-x_{Up-1}, y_{Up}-y_{Up-1}]$和目标的运动方向向量$\boldsymbol{DR}_T = [x_{Tp}-x_{Tp-1}, y_{Tp}-y_{Tp-1}]$。然后利用向量数量积的运算法则可以得出两个向量的夹角,再对无人机飞行方向向量和目标运动方向向量进行向量叉乘计算,可判断出两个向量的相对位置,可分为三种情形:当($\boldsymbol{DR}_U \times \boldsymbol{DR}_T$)>0,无人机飞行方向向量位于目标运动方向向量的左边;当($\boldsymbol{DR}_U \times \boldsymbol{DR}_T$)<0,无人机飞行方向向量位于目标运动方向向量的右边;当($\boldsymbol{DR}_U \times \boldsymbol{DR}_T$)=0,无人机飞行方向向量与目标运动方向向量方向一致。最后无人机结合上述得到的信息将倾向性的选择跟踪目标。为了进一步阐明选择机制,图6-7中给出一个例子,并进行了详细描述。

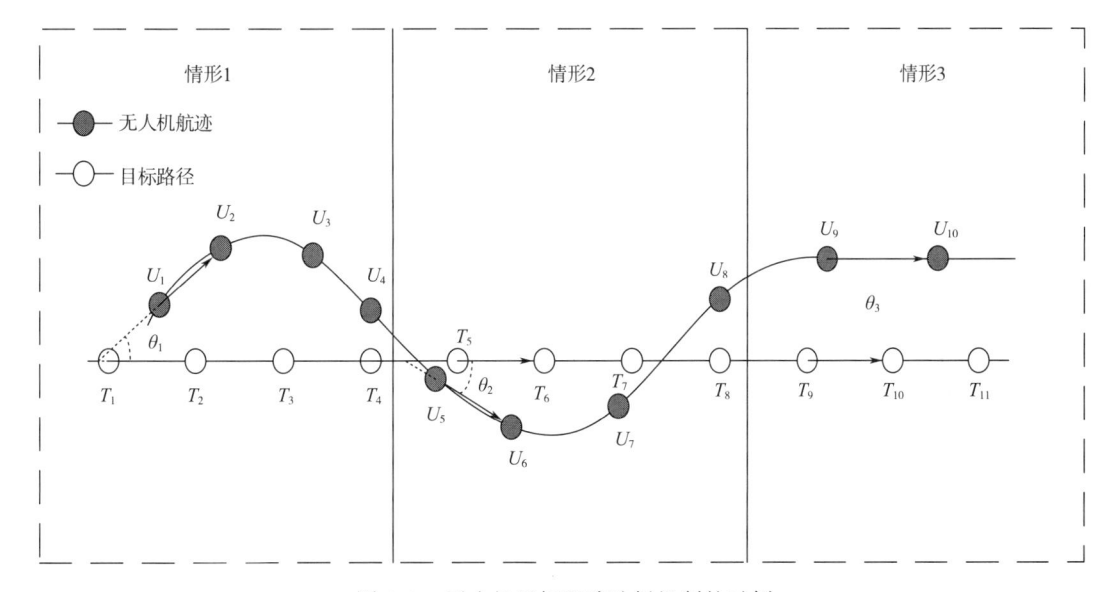

图6-7 无人机目标跟踪选择机制的示例

假设无人机和目标在当前的水平距离超出一定范围内,需要向目标靠近。在目标跟踪过程中,无人机方向向量和目标方向向量的夹角是两个方向向量决定。当无人机方向向量位于目标方向向量的顺时针方向时,无人机后续飞行时应向右盘旋跟踪目标,当无人机方向向量位于目标方向向量的逆时针方向时,无人机后续飞行时应向左盘旋跟踪目标。利用引导机制倾向性初始化无人机的控制输入量的具体流程由伪代码1表述。

上述中无人机跟踪目标的控制输入指令的选择,其数学公式如式(6-26)所示:

$$g_N = \frac{1}{1+e^{c \cdot \theta \cdot r}} \cdot (ub - lb) + lb \tag{6-26}$$

式中,g_N为下一时刻无人机的控制输入量;ub、lb分别为无人机控制输入量的最大值和最小值;r是[0 1]之间的一个随机数;c为一设定的常数,影响了生成g_N的范围;θ为无人机和目标运动的夹角，影响了生成 g_N 的大小。

在算法初始阶段通过该函数的引导，可以使无人机跟踪目标的控制输入指令具有方向性和准确性，降低由外部因素（目标做大的机动、无人机传感器的有限测量范围）造成无人机监测不到目标的发生概率，并提高算法的有效搜索能力。

伪代码1：引导函数策略

输入：无人机的方向向量 **F**，目标的方向向量 **Y**，无人机与目标的距离 d，跟踪的距离 l
输出：无人机未来预测长度 N 的控制输入序列 P
1：for k=1 to N do
2：if d<l do
3：第 k 时刻的控制输入量 P（k）在约束范围内随机选取
4：else if **F**×**Y**>0 do
5：预测控制输入量 P（k）根据式（6-26），倾向性选择向右边飞行的输入量
6：else if **F**×**Y**<0 do
7：预测控制输入量 P（k）根据式（6-26），倾向性选择向左边飞行的输入量
8：else **F**×**Y**=0 do
9：预测控制输入量 P（k）在约束范围内随机选取
10：end

6.1.2.2 双差分变异策略

在算法中采用上述引导机制可以提高算法的局部探索能力，但因引导函数具有较强的引导倾向性将会导致算法在随机搜索猎物阶段的全局探索能力降低，造成早熟收敛的现象，使算法陷入局部最优。在算法初始化阶段，引导函数引导无人机倾向性的选择控制输入量，虽然在一定程度上提高了无人机跟跟踪目标的效率，但也有可能造成相反的作用，如图6-8所示。

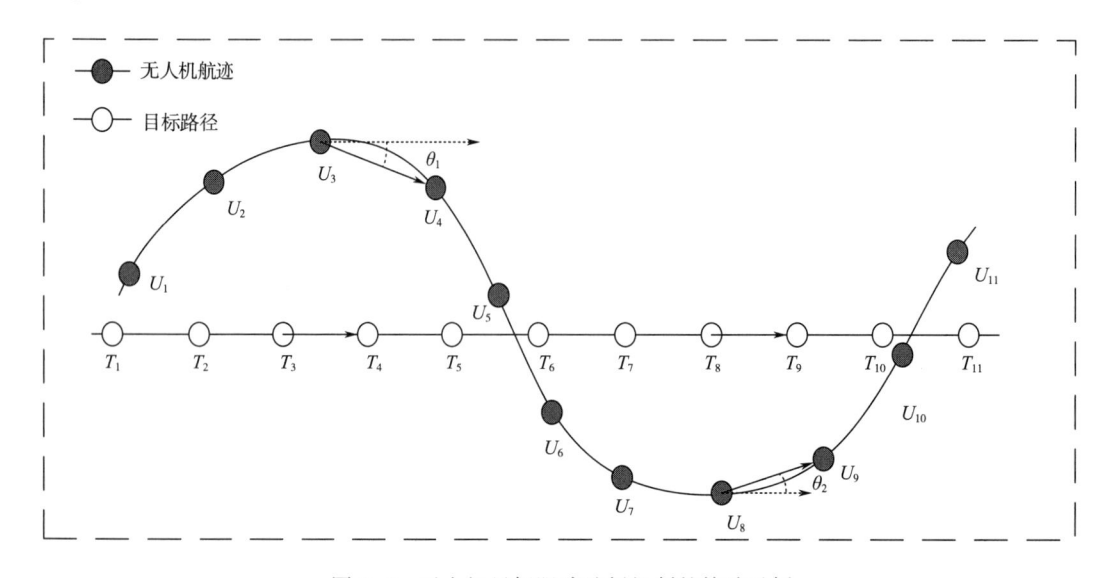

图6-8 无人机目标跟踪选择机制的特殊示例

从图 6-8 中可以看出，无人机和地面目标在 $k-1$ 时刻的位置分别为 $U(x_{Uk-1}, y_{Uk-1}, z_{Uk-1})$ 和 $T(x_{Tk-1}, y_{Tk-1})$，在 k 时刻的位置分别为 $M(x_{Uk}, y_{Uk}, z_{Uk})$ 和 $T(x_{Tk}, y_{Tk})$，由位置信息可得到无人机的飞行方向向量 $\boldsymbol{UM}=[x_{Uk}-x_{Uk-1}, y_{Uk}-y_{Uk-1}]$ 和目标的运动方向向量 $\boldsymbol{TN}=[x_{Tk}-x_{Tk-1}, y_{Tk}-y_{Tk-1}]$，对两个方向向量进行向量叉乘计算，可知 $(\boldsymbol{UM}\times\boldsymbol{TN})>0$，因此向量 $\boldsymbol{UM}$ 在向量 $\boldsymbol{TN}$ 的左边，即无人机位于目标的左边。但实际无人机位于目标的右边，若无人机下一时刻需要向目标靠拢，根据引导函数的引导，无人机将向目标的右边飞行，导致运动目标的丢失。

因此为了避免这种情况，在随机搜索猎物阶段引入了双差分变异策略。该策略的具体数学表达式如式（6-27）和式（6-28）所示：

$$X_{1,i}(t+1) = X^*(t) + F \times [X_{rand1}(t) - X_{rand2}(t)] \tag{6-27}$$

$$X_{2,i}(t+1) = r_1 \times [X^*(t) - X_i(t)] + r_2 \times [X_{rand3}(t) - X_i(t)] \tag{6-28}$$

式中，$X^*(t)$ 为 t 代之前种群中的最优个体，即最优的一组预测控制输入序列；$X_{rand1}(t)$、$X_{rand2}(t)$、$X_{rand3}(t)$ 为第 t 代中三个不同的个体，即三组不同的预测控制输入序列；F 为缩放因子；r_1、r_2 为 $(0, 1)$ 之间的随机数；$X_i(t)$ 为 t 代中第 i 个个体，即第 i 组的预测控制输入序列。

$X_{1,i}(t+1)$、$X_{2,i}(t+1)$ 分别为采用式（6-27）和式（6-28）得到的第 $t+1$ 代中第 i 个个体，即第 i 组的预测控制输入序列。算法依照一定的规律随机选择其中一种方式进行更新，其选择机制的数学表达式为：

$$X_i(t+1) = \begin{cases} X_{1,i}(t+1), & rand < CR \text{ 或 } W_j = W_{jrand} \\ X_{2,i}(t+1), & \text{其他} \end{cases} \tag{6-29}$$

式中，$X_i(t+1)$ 为第 $t+1$ 代第 i 个个体，即第 i 组的预测控制输入序列；W_j 为种群的第 j 个体；CR 为差分算法的交叉概率；$rand$ 为值域在 $[0, 1]$ 的一个随机数。

在本章中，针对多无人机协同目标跟踪问题已经转化为采用跟踪控制算法优化无人机跟踪控制输入量的问题。在算法初始阶段，首先根据无人机和目标的位置信息，获得无人机和目标的相对位置信息，其次采用引导函数机制倾向性的初始化控制输入变量，但引导机制倾向性过大的话可能会造成全局探索能力降低，从而陷入局部最优。在算法的随机搜索猎物阶段，针对当前最优的一组无人机未来 N 步飞行控制输入序列采用双差分变异策略，无人机控制输入量中的飞行速度和航向角根据所选策略确定，并随机选择控制量的大小和方向。因此，将增大无人机控制量的随机性从而提高全局探索能力，避免算法早熟收敛。

6.1.2.3　自适应权重策略和精英选择策略

在鲸鱼算法中，鲸鱼将在两种攻击方式中随机切换选择捕食猎物。为确保算法求解的精确性，提高算法的开发能力，本节依旧采用鲸鱼优化算法的捕食机制，而每种捕食机制的系数参数则采用自适应参数作为权重系数。在算法前期，权重系数较大时，种群中的最优解对种群中的其他鲸鱼吸引力较强，引导鲸鱼向猎物靠近；随着迭代次数的增加，鲸鱼将在最优解周围精细搜索，提高算法局部搜索能力。鲸鱼个体的位置更新根据式（6-30）和式（6-31）决定。

$$X_{3,i}(t+1) = \omega \times X^*(t) - A \times D \tag{6-30}$$

$$X_{4,i}(t+1) = \omega \times X^*(t) + D \times e^{bl} \cdot \cos(2\pi l) \tag{6-31}$$

式中，$X_{3,i}(t+1)$、$X_{4,i}(t+1)$ 分别为采用两种捕食机制得到的第 $t+1$ 代个体中第 i 个个体，即第 $i+1$ 组的预测控制序列；A 为向量系数；D 为当前时刻预测航迹与最优航迹的距离；$X^*(t)$ 为当前为止适应度最好的一组预测控制输入序列；b 为螺旋形状参数；l 为值域在 $[-1,1]$ 均匀分布的随机数；ω 为自适应权重系数，其表达式如式（6-32）所示：

$$\omega = 1 - \frac{e^{\frac{t}{T_{\max}}} - 1}{e - 1} \tag{6-32}$$

式中，$T_{\max}$ 为最大迭代次数。

在父代鲸鱼种群依据种群最优解产生子代个体的过程中，鲸鱼算法采用一种精英选择策略，只选择优秀的个体进行局部开发，使得鲸鱼能够快速准确地捕食到猎物，精英个体选择由式（6-33）决定。

$$X_i(t+1) = \begin{cases} X_i(t), & f[X_{d,i}(t+1)] > f[X_i(t)] \\ X_i(t+1), & \text{其他} \end{cases} \tag{6-33}$$

式中，$X_i(t)$ 为在第 t 代第 i 个个体，即第 i 组的预测控制输入序列；$X_i(t+1)$ 为在第 $t+1$ 代第 i 个个体，即第 i 组的预测控制输入序列。在算法中引入多种策略的具体流程如伪代码 2 所示。BDAE-WOA 算法整体流程如图 6-9 所示。

伪代码 2：算法策略

输入：算法参数 r、CR、lamata，随机选择概率 p、q，种群个体 i

输出：个体更新的算法策略公式

1：在种群中随机选出一个个体 j_{rand}

2：if p> lamata do

3：if CR>r 或者 i=j_{rand} do

4：选择双差分变异策略中的策略 1

5：else

6：选择双差分变异策略中的策略 2

7：end

8：else if q< r do

9：在包围捕食猎物数学函数中引入自适应权重策略和精英选择策略

10：else

11：在螺旋捕食猎物数学函数中引入自适应权重策略和精英选择策略

12：end

13：end

6.1.3 结果与分析

多无人机目标跟踪的主要目标是无人机尽可能长时间持续精确探测、跟踪地面移动目标。针对无人机目标跟踪性能的问题，本书将无人机跟踪到目标的总时间作为主要的评价标准，即无人机探测到移动目标的时间。同时，为了确保无人机的飞行安全并保持随时进行信息交换，无人机间的相对距离也是评价指标。此外，在目标跟踪过程中，无人机的跟踪飞行航迹应在限制区域之外，即无人机需要避开障碍物并保持飞行安全。

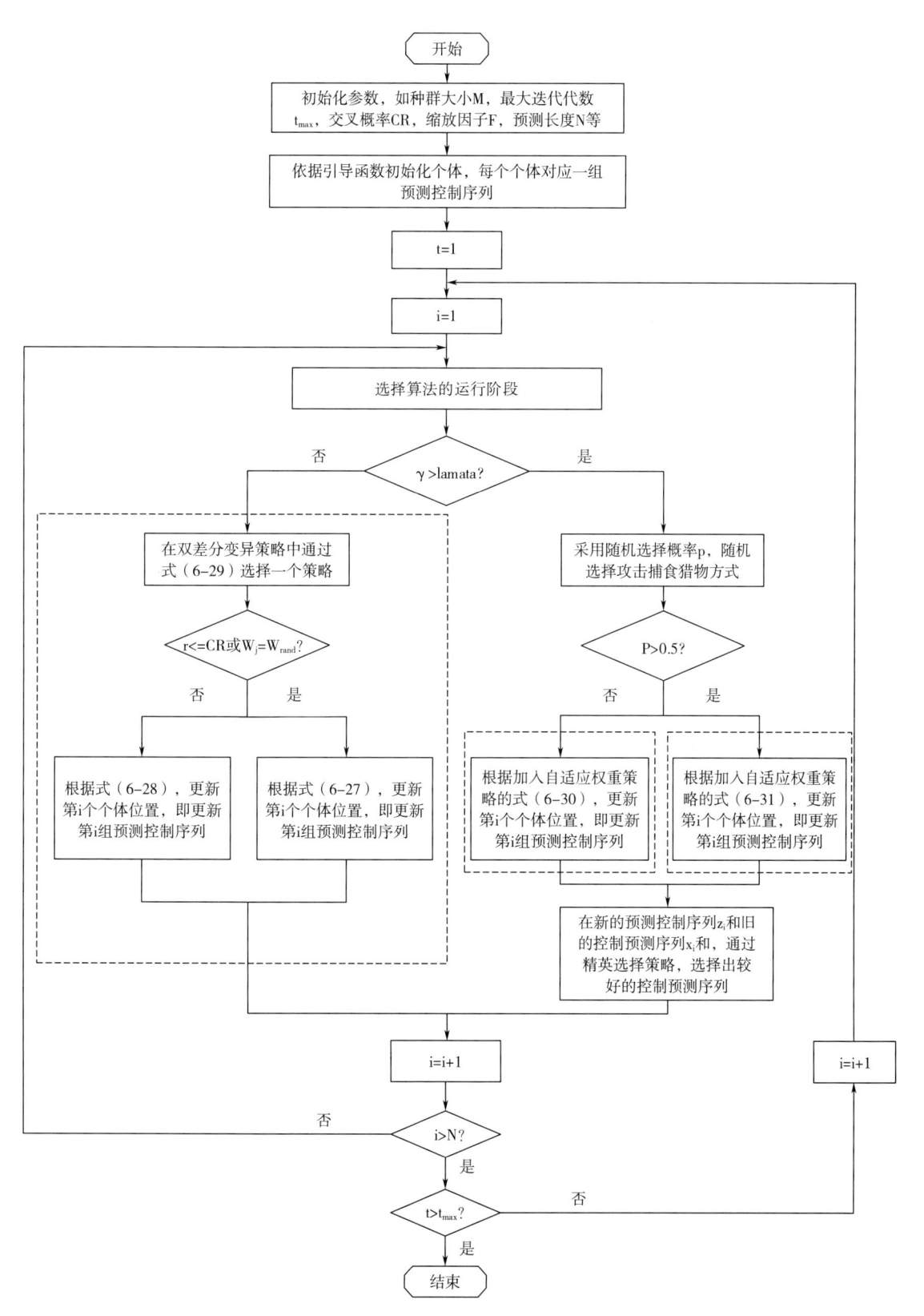

图 6-9　BDAE-WOA 算法流程图

6.1.3.1 参数设置

为了验证本章所提出的跟踪控制算法的性能，本节中多无人机协同目标跟踪是在诸多建筑群的城市环境下进行的，无人机和目标的参数如表6-1所示。多无人机目标跟踪的飞行环境设计规模为2000m×2000m的含有密集建筑群的城区，建筑物的高度范围为（80m 180m），无人机以固定飞行高度跟踪目标，无人机飞行的最小速度为 $v_{min}=22$m/s，最大速度为 $v_{max}=32$m/s，最大转弯角速度为 $\theta_{max}=0.25$，无人机间的最小安全距离 $d_{min}=30$m，最大通信距离为 $d_{max}=200$m。无人机传感器的探测半径 $R_{sensor}=40$m，目标的可监测半径 $R_{target}=80$m。

表6-1 无人机与目标参数设置

UAV起始坐标	目标起始坐标	UAV初始速度	UAV初始航向角	目标初始速度	目标初始航向角
(15, 1560, 100)					
(25, 1620, 100)	(20, 1600, 0)	22m/s	0°	20m/s	0°
(40, 1580, 100)					

为了更清晰地验证本章所提跟踪控制方法在解决多无人机协同目标跟踪问题的有效性，本章对基于WOA引入的多种策略进行了消融实验，多无人机分别在引入不同算法策略的改进算法中执行城市环境下的目标跟踪任务并进行结果对比。为表明所提算法的优越性，分别使用灰狼算法（Grey Wolf Algorithm，GWO）[6,7]、樽海鞘算法（Salp Swarm Algorithm，SSA）[3-7]、哈里斯鹰算法（Harris Hawks Optimization，HHO）[8,9] 和 BDAE-WOA 在内的不同算法与MCP相结合的方法实现目标跟踪并对跟踪结果进行对比（附表6-1）。所提控制算法的参数配置如表6-2所示。在模拟实验中为了避免仿真的偶然性，所有的算法都独立运行了30次。仿真平台为MATLAB 2020，仿真的计算机配备为第11代Intel® Core™ i5-11400H CPU @ 2.70GHz，16GB RAM 和 Windows 11 64位操作系统。

表6-2 算法参数设置

参数	设定值
MPC预测长度：N	8
采样时间：t（s）	0.5
种群数量：W	30
最大迭代次数：t_{max}	100
缩放因子：F	0.8

6.1.3.2 实验结果及分析

本章是在复杂的城市环境下，基于模型预测控制方法，通过WOA引入多种策略的改进算法及三种优化算法与本章所提的跟踪控制算法进行比较。所有基于WOA算法的策略配置如表6-3所示。

表 6-3 算法策略配置

算法	策略方法
MPC+WOA	—
MPC+B-WOA	引导函数
MPC+BD-WBD	引导函数、双差分变异
MPC+BDAE-WOA（所提算法）	引导函数、双差分变异、自适应权重与精英选择

其中，B-WOA 是指传统的鲸鱼算法中引入了引导函数策略；BD-WBD 是指传统的鲸鱼算法中引入了引导函数策略和双差分变异策略；BDAE-WOA 是指传统的鲸鱼算法中分别引入了引导函数策略、双差分变异策略、自适应权重策略和精英选择策略。

图 6-10~图 6-12 分别为基于 WOA 逐渐增加算法策略的不同算法与 MCP 相结合的跟踪控制结果对比。

图 6-10 是采用 4 种算法独立运行 30 次中最佳模拟结果的多无人机协同跟踪目标的跟踪轨迹。二维视图和三维视图显示，本书所提出的算法和基于 WOA 算法不断引入算法策略的改进算法均可使多无人机跟踪到地面目标。从无人机跟踪目标的飞行轨迹可以看出，采用 MPC+BD-WOA 算法和 MPC+BDAE-WOA 算法进行目标跟踪，不仅能有效地避开城市建筑物，而且跟踪飞行轨迹优于其他两种对比算法。随着不断引入算法策略，无人机跟踪地面目标的跟踪效果也越来越好，证明所提算法的有效性。

（a）MPC+WOA算法的跟踪轨迹

（b）MPC+B-WOA算法的跟踪轨迹

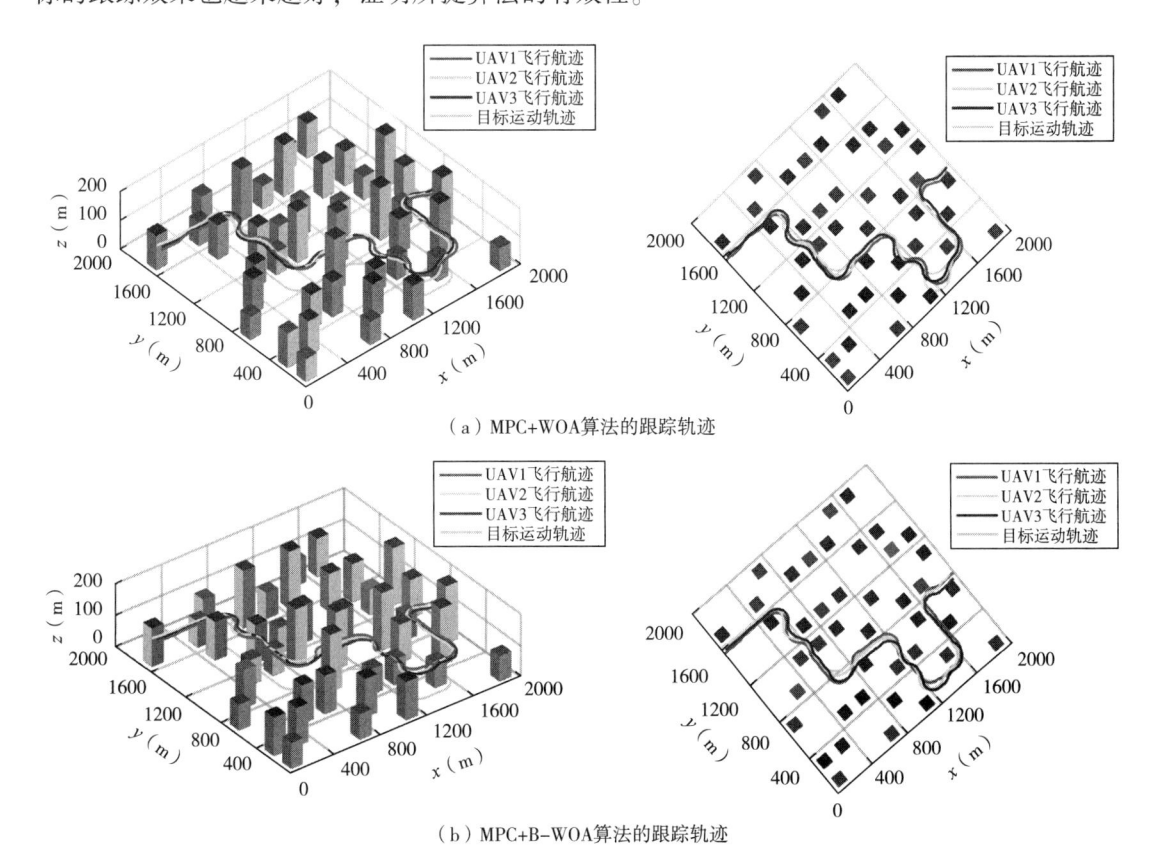

图 6-10

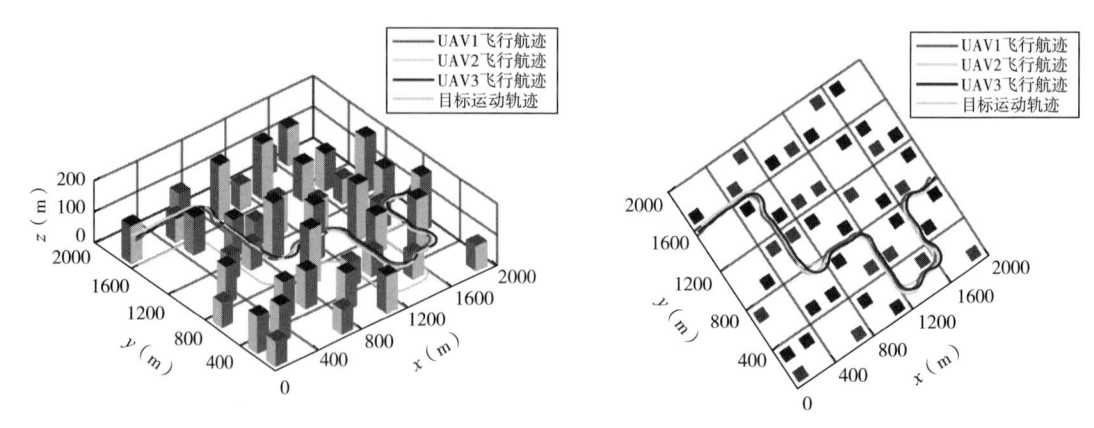

（c）MPC+BD-WOA算法的跟踪轨迹

（d）MPC+BDAE-WOA算法的跟踪轨迹

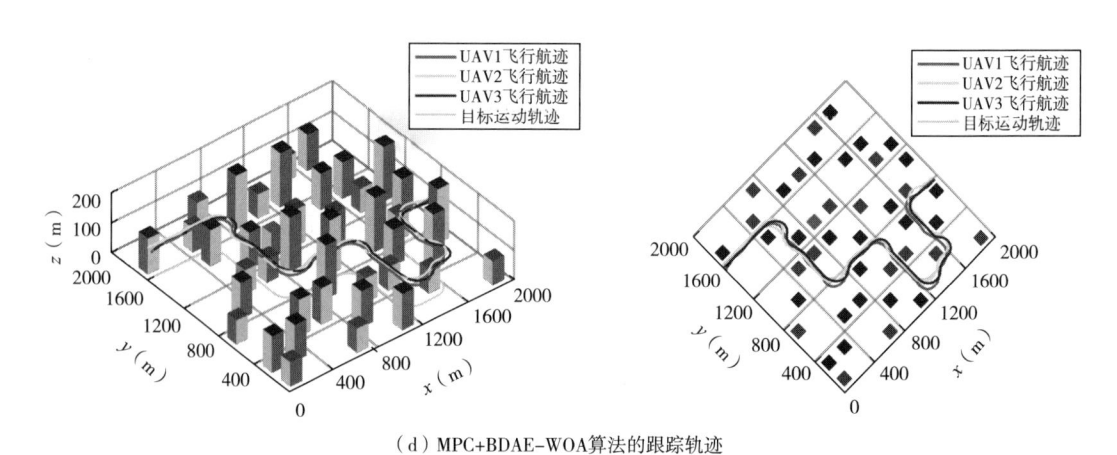

图 6-10　不同算法的目标跟踪三维视图和二维视图

图 6-11 为 4 种算法独立运行 30 次得到无人机之间的距离变化图，从图 6-11 中可以看出，无人机之间的飞行距离满足空间约束，没有任何一架无人机与其他无人机发生碰撞，并且无人机间始终保持通信。

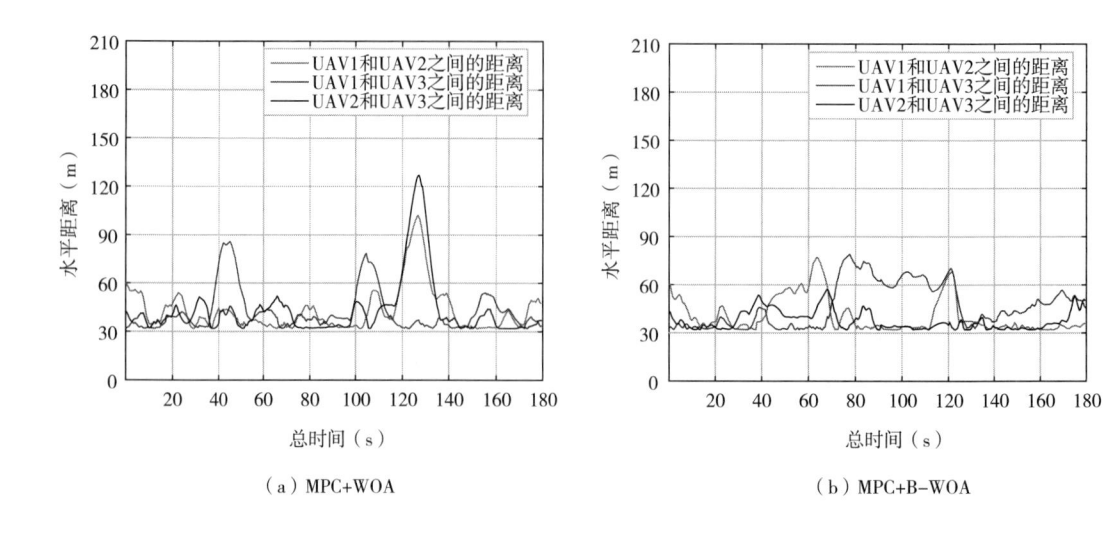

（a）MPC+WOA

（b）MPC+B-WOA

（c）MPC+BD-WOA　　　　　　　　　（d）MPC+BDAE-WOA

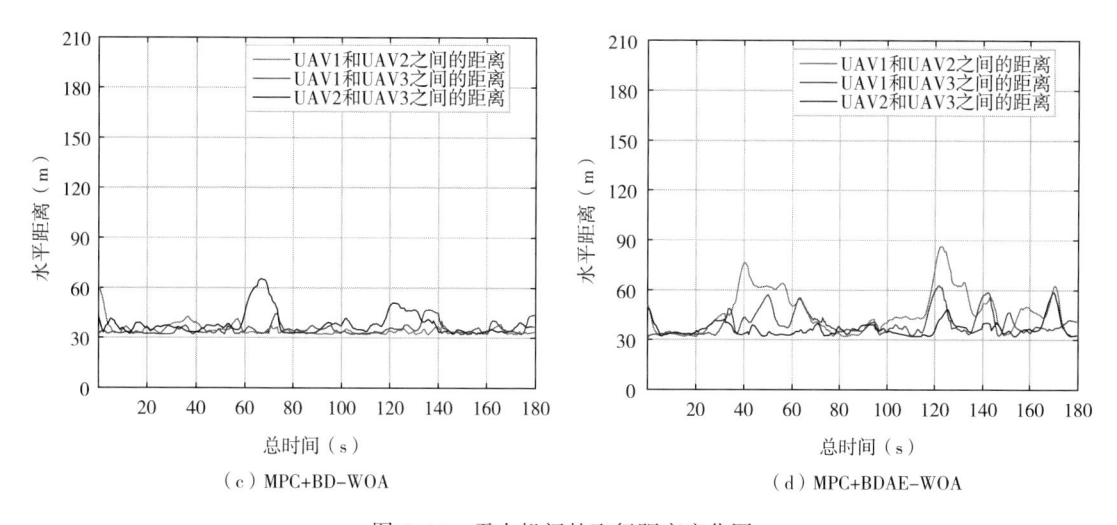

图 6-11　无人机间的飞行距离变化图

图 6-12 是采用 4 种算法得到的无人机未跟踪到目标的时间图，从图中可以看出，随着 WOA 中不断引入算法策略，无人机未跟踪到目标的时间越来越短，说明算法的跟踪能力不断增强，进一步证实本章所提的跟踪控制方法能有效地提高跟踪性能。

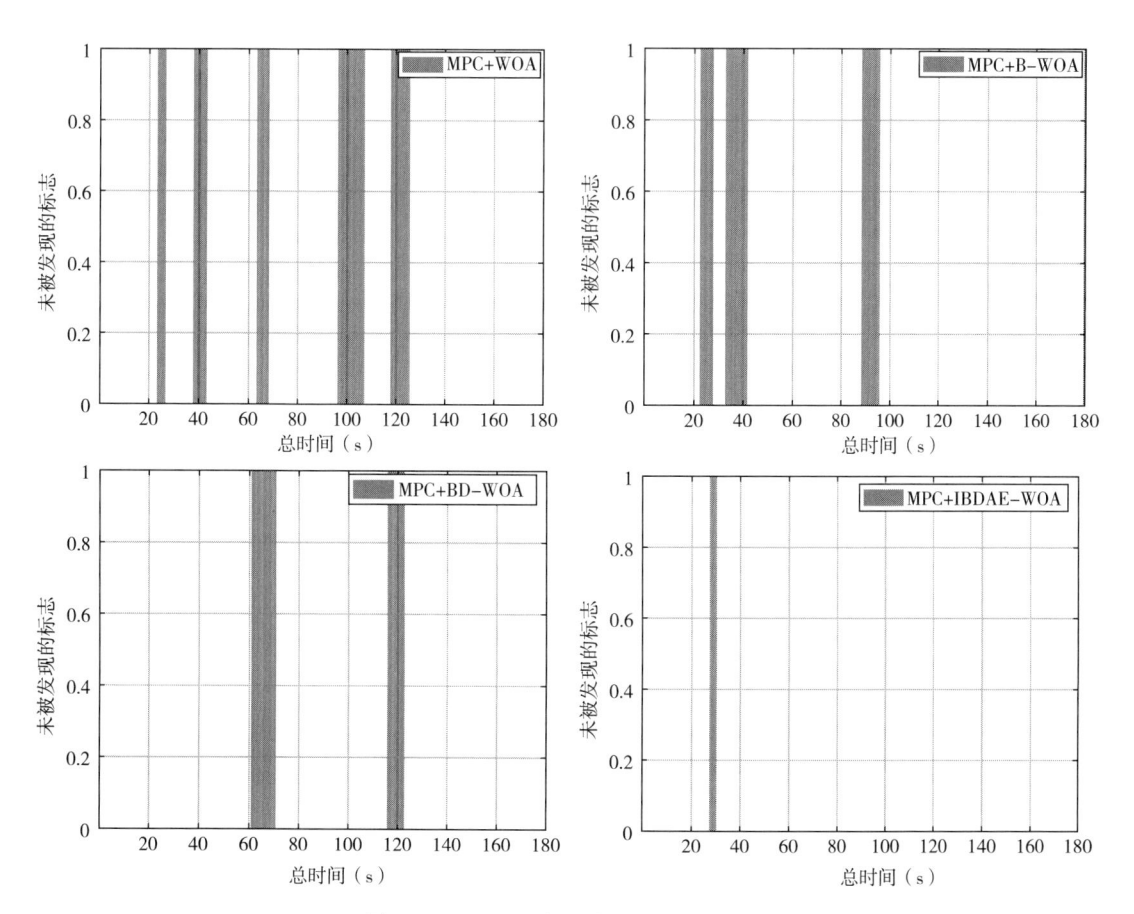

图 6-12　无人机未跟踪到目标的时间图

为验证所提算法在求解目标跟踪问题上的优越性，本章采用 GWO、SSA、HHO 和所提算法 BDAE-WOA 在内的不同算法进行仿真模拟对比。图 6-13～图 6-15 为采用不同算法与 MCP 相结合求解单目标跟踪问题的跟踪控制结果对比。

图 6-13 为采用 4 种不同算法得到目标跟踪的二维视图和三维视图，从图中可以看出，采用不同算法求解 MPC 进行目标跟踪的三架无人机均能找到一组跟踪到地面移动目标的路线，但从多无人机的跟踪轨迹可以看出，采用 HHO 和 IWOA 的控制算法相比 GWO 和 SSA 的控制算法跟踪地面目标的飞行轨迹更紧密。从而表明这两种控制算法在解决多无人机协同目标跟踪问题中具有较强的稳定性，而且跟踪性能更加优越。

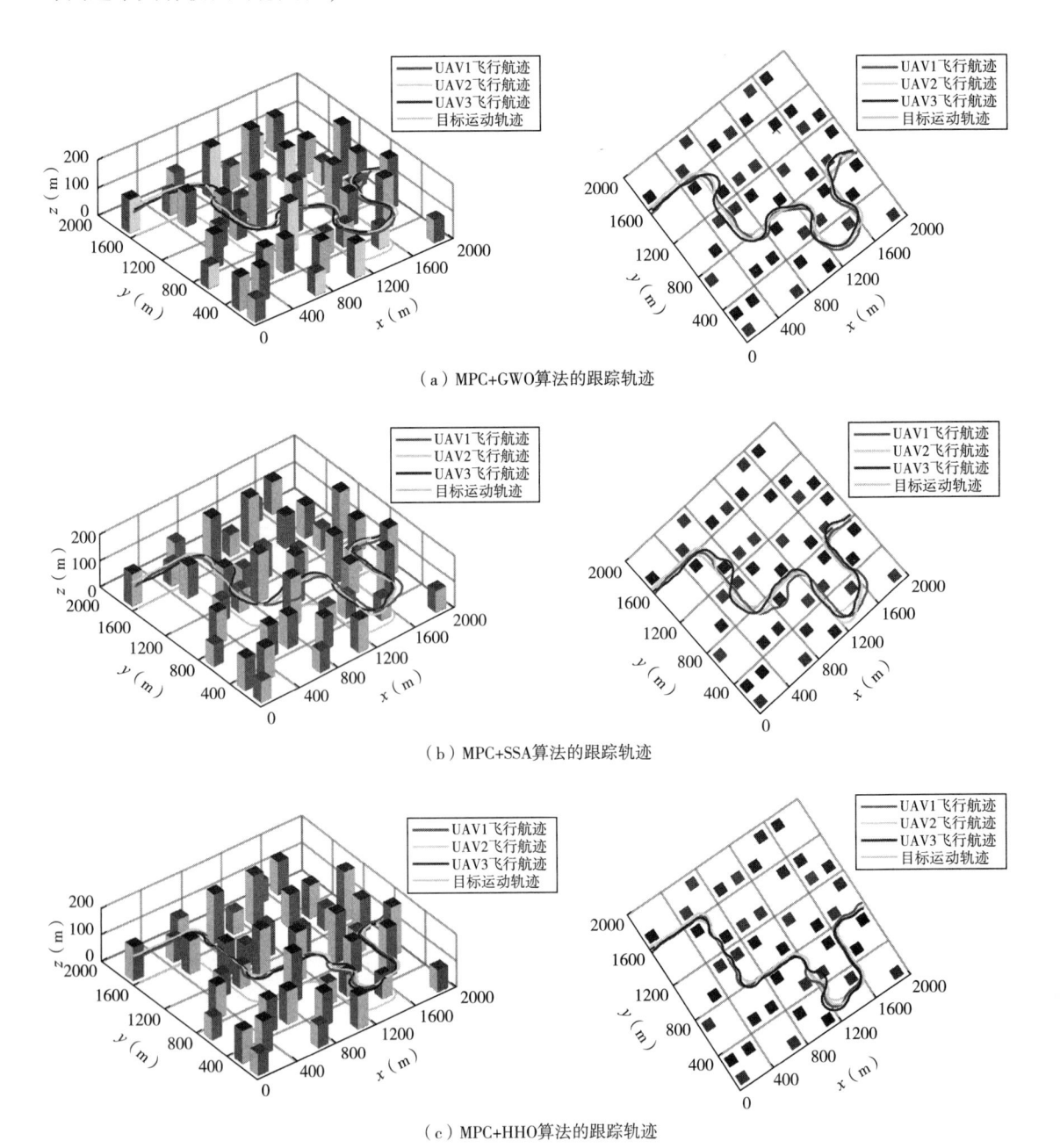

（a）MPC+GWO算法的跟踪轨迹

（b）MPC+SSA算法的跟踪轨迹

（c）MPC+HHO算法的跟踪轨迹

（d）MPC+BDAE-WOA算法的跟踪轨迹

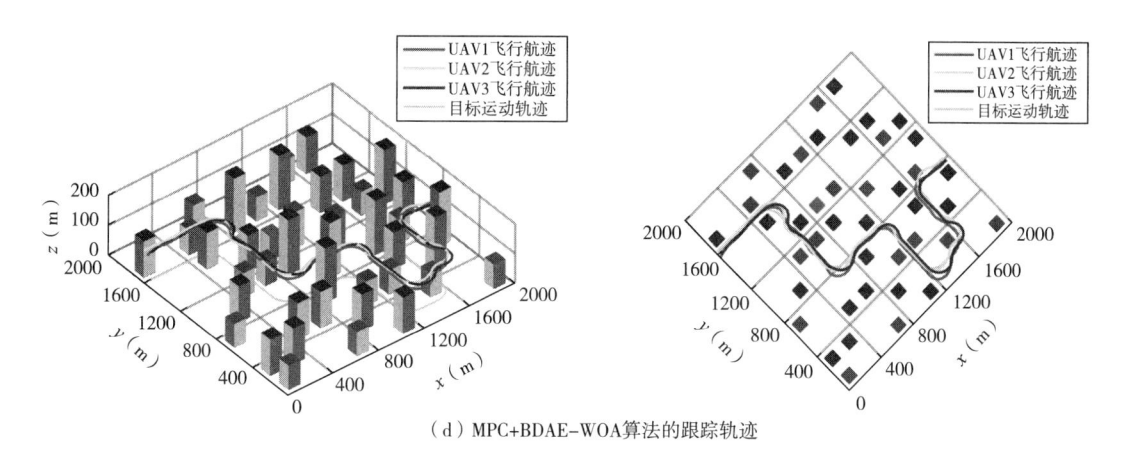

图 6-13　不同算法的目标跟踪三维视图和二维视图

图 6-14 是采用不同算法得到的无人机之间飞行距离结果图，由图可知，利用不同方法解决目标跟踪问题时，无人机之间的飞行距离均满足安全距离约束和通信距离约束，满足多无人机协同跟踪目标的要求，即无人机间没有发生碰撞且能保持有效的通信。

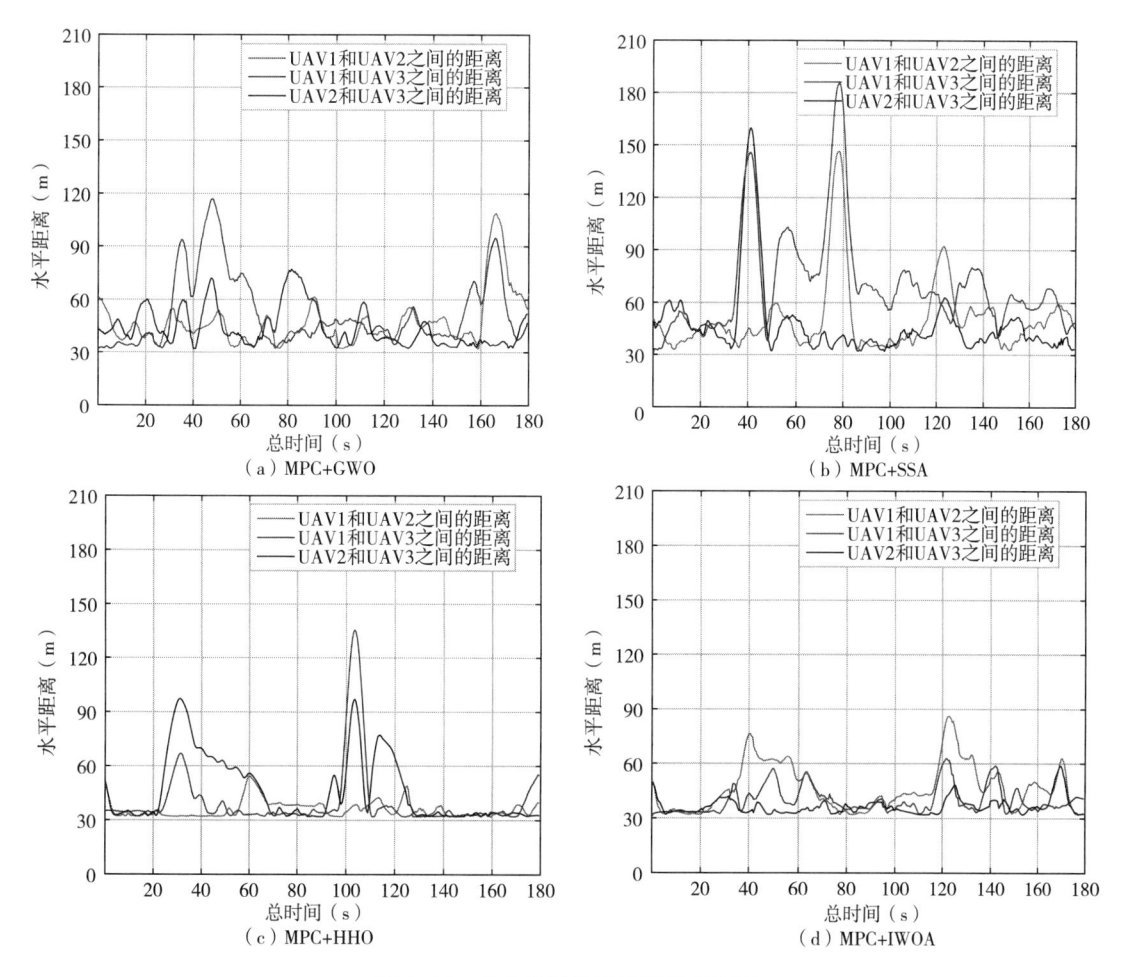

（a）MPC+GWO

（b）MPC+SSA

（c）MPC+HHO

（d）MPC+IWOA

图 6-14　无人机间的飞行距离变化图

图 6-15 是采用不同算法与 MPC 相结合的方法得到的多无人机未能跟踪移动目标的时间图，从图上可以看出，采用本章提出的 MPC+BDEA-WOA 算法多无人机未检测到目标的时间最短，说明该方法可以使无人机更准确地跟踪到移动目标，进一步证实了所提跟踪控制算法的跟踪性能更加优越。

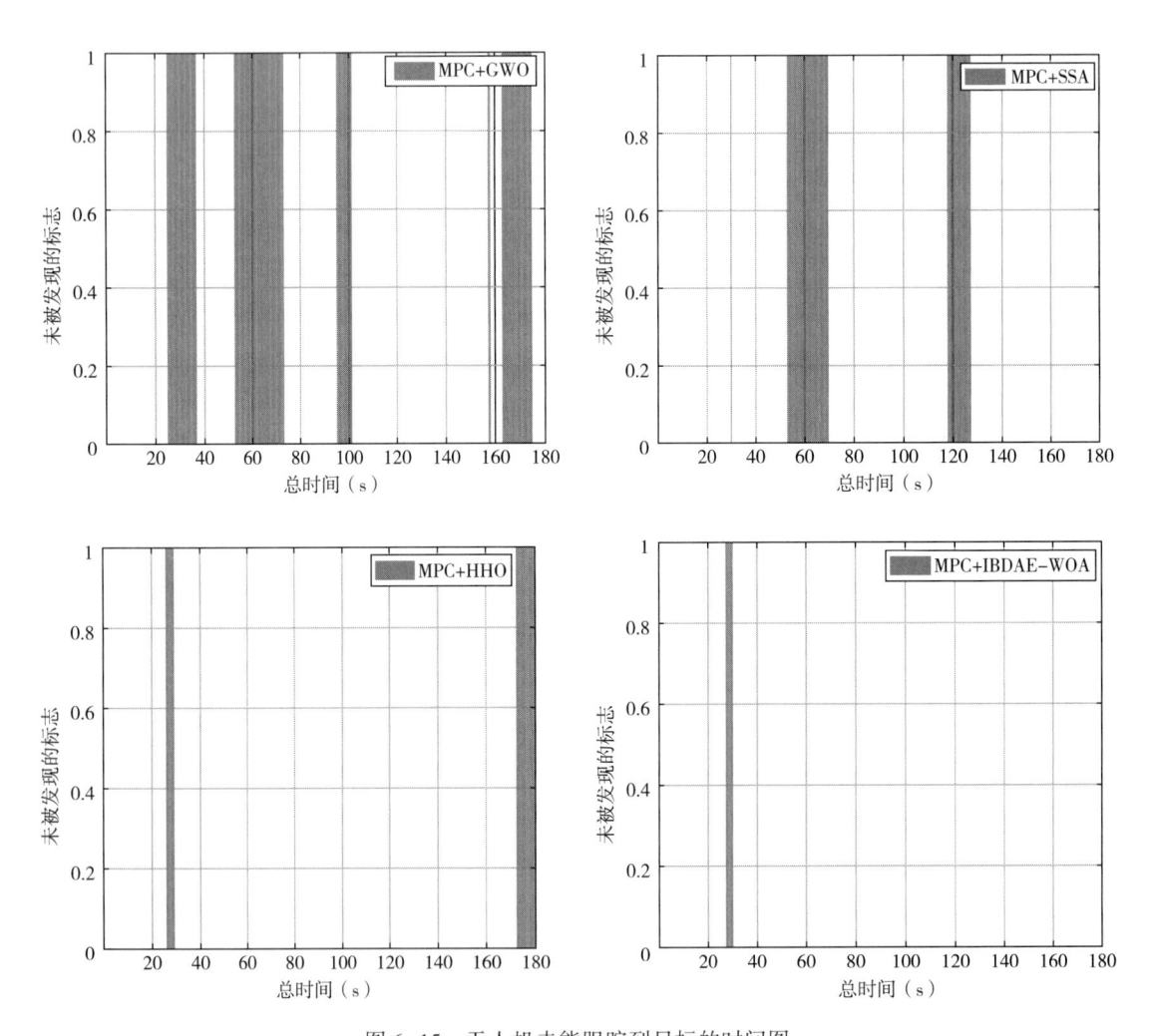

图 6-15　无人机未能跟踪到目标的时间图

为更清晰地展示控制算法的性能，表 6-4 给出了 7 种算法独立运行 30 次的相关数据结果，粗体显示同一指标的最优解。可以看出 7 种算法解决目标跟踪问题时，无人机之间的飞行距离均满足空间约束，而本书所提出的控制算法在最大跟踪时长、最小跟踪时长、平均跟踪时长和避障概率方面的性能指标明显优于其他对比算法。在避障概率一栏上，通过对比后 4 种算法可以看出，多无人机在跟踪过程中规避障碍物的能力逐渐增强，说明基于 WOA 逐一引入引导函数、双差分变异、自适应权重和精英选择策略在优化过程中具有改善算法的寻优能力，同时证实了本章所提的跟踪控制方法在解决多无人机协同目标跟踪问题的有效性。将前 3 种控制算法和本章所提出的 MPC+BDEA-WOA 算法对比可以看出，在目标跟踪问题上，MPC+BDEA-WOA 算法比其他 3 种对比算法具备更优越的跟踪性能。

表 6-4　算法的相关数据结果

算法	最大跟踪时长（s）	最小跟踪时长（s）	平均跟踪时长（s）	避障概率（%）	无人机间的水平距离（m）
MPC+GWO	135.00	113.50	128.60	80.00	[32, 118]
MPC+SSA	154.50	145.00	149.70	93.30	[31, 187]
MPC+HHO	170.50	164.00	167.10	100.00	[31, 134]
MPC+WOA	155.00	146.50	145.30	86.70	[32, 128]
MPC+B-WOA	162.00	150.00	157.60	90.00	[32, 64]
MPC+BD-WOA	170.50	160.00	164.40	100.00	[33, 106]
MPC+BDEA-WOA	178.00	170.00	175.60	100.00	[32, 86]

6.2　基于混沌拉普拉斯策略的多目标多无人机协同跟踪控制

对地面单一移动目标进行跟踪是无人机的一种基本应用，目前对单目标跟踪已成体系。然而，随着无人机任务复杂度越来越高，在执行目标跟踪任务中，单一目标的跟踪已经不能满足需求，多数任务下会出现多个需要跟踪的目标[10]。如在边境巡逻的跟踪监视任务中，一般会涉及多个跟踪目标。在军事任务中，侦察监视集团军的作战也会涉及多个目标。在这些情况下，为获得整体全面的信息，采用多无人机对多个目标同时跟踪是十分有必要的[11]。

多无人机协同多目标跟踪是指在考虑无人机机体性能和外部约束因素下，保证所有的移动目标能够被无人机有效跟踪[12-14]。在多无人机协同多目标跟踪的过程中，不仅需要考虑许多单目标跟踪的问题，如视线遮挡、障碍物避碰、无人机间的避碰等；由于无人机和目标数量的增多，还需要考虑多无人机跟踪多个目标的资源分配问题。因此，设计多无人机协同多目标跟踪的算法，保证无人机能对每个目标进行有效跟踪是很有必要的[15]。

6.2.1　问题描述与模型构建

本节针对多无人机协同多目标跟踪的三维飞行环境设定为固定已知，即城市环境中建筑物群已知，无人机在飞行过程中没有风等因素干扰。本章设定四架无人机同时跟踪两个地面移动目标，在跟踪过程中，无人机需要尽可能持续准确地跟踪到每一个目标，并避开城市建筑物和避免无人机之间发生碰撞。为更清晰地描述多目标跟踪问题，多无人机协同多目标跟踪的二维平面视图如图 6-16 所示。

在多目标跟踪的二维坐标系中，S_1，S_2 分别为地面目标 1 和目标 2 的起始点，G_1，G_2 分别为地面目标 1 和目标 2 的终点，W_1，W_2，W_3，W_4 是三架无人机的起始点，T_1，T_2，T_3，T_4 是三架无人机的跟踪终点，城市建筑物由几何图形表示，无人机起始点 W_i 到跟踪终点 T_i 的 N 个采样时间航迹坐标首尾相连构成了四架无人机的目标跟踪航迹，分别用不同的线形表示。

当多无人机跟踪多个地面目标时，可能无人机仅跟踪部分目标或个别无人机不能跟踪目标，因此多目标跟踪过程中，无人机集群应当被合理分配跟踪多个目标，保证无人机能够同时跟踪每一个目标。在上一节的单目标跟踪问题中考虑了距离代价、目标覆盖度代价、避障代价、无人机间安全距离代价、无人机间通信距离代价和能耗代价，在多目标跟踪问题中考虑到多无人机需要合理的分配，才能保证跟踪到多个目标，因此在本节中引入多目标跟踪的多无人机调度分配是非常有必要的[16]。

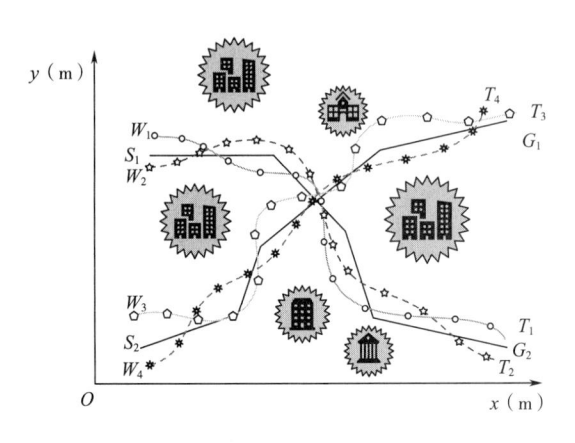

图 6-16 多无人机协同多目标跟踪二维示意图

在多无人机协同多目标跟踪过程中，为保证多无人机能够有效地跟踪多个目标，无人机与目标之间存在着一定资源分配关系。当多无人机跟踪一个目标时，多目标跟踪的性能有可能就会变差，且当无人机与跟踪目标间的距离过大时，无人机将需要一定时间的调整才能监测到目标，从而造成资源的浪费。因此，为满足多无人机合理调配跟踪多目标的问题，加入多无人机分配代价，采用惩罚系数的方式对违反多无人机分配约束的程度进行量化，其代价公式如式（6-34）~式（6-36）所示：

$$d_{i,j} = \| x_{UAVi} - x_{tarj} \| \tag{6-34}$$

$$P_{i,j} = \begin{cases} 1, & d_{i,j} < r \\ 0, & 其他 \end{cases} \tag{6-35}$$

$$f_{Ud} = \begin{cases} 0, & 1 \leq \sum_{i=1}^{N} P_{i,j},\ 1 \leq \sum_{j=1}^{M} P_{i,j} \\ 1, & 其他 \end{cases} \tag{6-36}$$

式中，$d_{i,j}$ 为无人机 i 和目标 j 在同一采样时刻的空间距离；r 为目标可被监测范围的半径；N 和 M 分别为无人机和目标的数量；$P_{i,j}$ 为无人机 i 和目标 j 的分配方案，即当无人机 i 跟踪目标 j 时，$P_{i,j}=1$，否则 $P_{i,j}=0$；f_{Ud} 为多无人机分配代价的惩罚函数，如果每个目标至少被一架无人机跟踪，则 $f_{Ud}=0$，否则 $f_{Ud}=1$。

6.2.2　基于改进鲸鱼算法的多目标跟踪控制方法

在求解多无人机协同多目标跟踪问题时，不仅需要考虑单目标跟踪问题的目标丢失、飞行安全等因素，还要考虑无人机与目标的合理调度，这些因素将增大求解多无人机协同多目标跟踪问题的复杂度。因此，为保证多无人机能够高效精确地跟踪多个地面目标，需要提高算法的搜索速度和收敛精度。本节基于前一节的 BDAE-WOA 算法，采用混沌映射机制和拉普拉斯交叉策略的方式设计一种快速高效的搜索算法（CLBDAE-WOA 算法），在算法初始化阶段引入混沌映射机制，提高种群的质量，降低算法初期对劣质解的搜索效率，在算法后期的局部开发阶段增加拉普拉斯策略，增大算法在解空间中寻找全局最优解的概率。

6.2.2.1 混沌映射

在本节中，单目标跟踪控制算法在初始阶段采用引导函数策略倾向性随机产生无人机控制输入量，以增大算法前期寻找优质解的概率。该方法初始化阶段产生的算法种群相比完全随机产生的初始种群在后期算法求解效率方面的影响更好，但这种随机方式有一定的倾向性，并不能保证初始种群的多样性。为了增大初始种群个体在优质解空间的分布，考虑到混沌算子不仅具有随机性，还具有一定的规律性，并且在确保不重复的情况下，能够在一定范围内遍历所有状态。因此，本章在初始化引导机制的基础上引入混沌算子，使初始种群在解空间中均匀搜索。

混沌映射产生的序列主要是在一种确定的系统中针对系统中的初值条件产生的无规则序列[17]。一般情况下，相比于高维混沌系统的复杂结构，低维混沌系统控制参数少，结构简单，易于实现，因此应用比较广泛，其中较为经典的两种混沌映射方式分别为 Logistic 混沌映射[18] 和 Henon 混沌映射[19]。其数学公式如式（6-37）和式（6-38）所示：

$$\alpha(k+1) = \mu \times \alpha(k) \times [1-\alpha(k)] \tag{6-37}$$

式中，μ 为分叉参数，其取值范围为 [3.57, 4]，当 $\mu=4$ 时，函数生成的混沌序列具有很强的随机性。

$$\begin{cases} \chi(k+1) = 1 + \eta(k) - a \times \chi(k)^2 \\ \eta(k+1) = b \times \chi(k) \end{cases} \tag{6-38}$$

式中，a, b 为常数参数，当 $a=1.4, b=0.3$ 时，函数生成的混沌序列具有很强的随机性。

低维混沌系统虽然有着明显的优势，但也存在一些缺陷，如混沌行为有限、混沌序列存在非均匀数据分布等，本章采用将立方映射[20] 和 ICMIC 映射[21] 两种低维混沌映射结合一起的方式，组成新的复合混沌映射。其数学公式如式（6-39）所示。图 6-17 是三种混沌映射方式的直方图，从图中可以看出本章所提的复合混沌映射的均匀性较好。

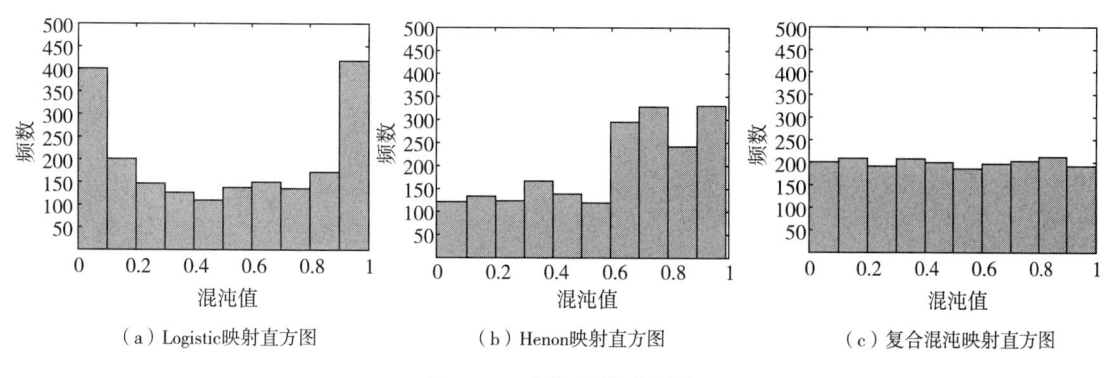

（a）Logistic 映射直方图　　（b）Henon 映射直方图　　（c）复合混沌映射直方图

图 6-17　混沌映射对比图

$$\gamma(k+1) = \begin{cases} 3 \times \gamma(k)^3 - 4 \times \gamma(k), & -\tau < \gamma(k) < \tau \\ \sin\left[\dfrac{c}{\gamma(k)}\right], & \text{其他} \end{cases} \tag{6-39}$$

式中，c 为控制参数，取值范围为 $(0, +\infty)$；τ 为 $[0, 1]$ 的随机数。

本节在单目标跟踪控制算法的基础上，引入复合混沌映射机制，作用在跟踪控制算法的初始阶段，其主要目的是使算法均匀地产生初始种群，增大种群的搜索范围，有利于提高算法的优化效率。针对无人机倾向性预测控制输入量，复合混沌映射机制能够有效地引导无人机向目标靠近，降低跟踪目标丢失的概率，预测控制输入量可由式（6-40）生成。

$$g_N = \frac{1}{1 + e^{c \cdot \theta \cdot \gamma(W)}} \times (ub - lb) + lb \qquad (6-40)$$

式中，γ 为复合混沌映射得到的数值；W 为种群数量。

6.2.2.2 拉普拉斯交叉策略

在多目标跟踪过程中，由于存在多个地面目标，无人机的跟踪复杂度也会随之增加，为保证多个目标能被多无人机同时跟踪，在合理分配无人机资源的情况下，需要算法能够使无人机精确地跟踪到目标。为提高算法的收敛精度，本章引入了一种拉普拉斯交叉策略[22]，其数学公式如式（6-41）和式（6-42）所示：

$$X_i(t+1) = X_i(t) + \beta \times |X_i(t) - X_j(t)| \qquad (6-41)$$

$$X_j(t+1) = X_j(t) + \beta \times |X_i(t) - X_j(t)| \qquad (6-42)$$

式中，$X_i(t)$ 和 $X_j(t)$ 为第 t 代中的两个个体；$X_i(t+1)$ 和 $X_j(t+1)$ 为第 $t+1$ 代中的两个个体，是由 $X_i(t)$ 和 $X_j(t)$ 交叉操作后产生的两个新个体；β 是一个随机数，由式（6-43）得到：

$$\beta = \begin{cases} a - b \times \ln u, & u \leq \dfrac{1}{2} \\ a + b \times \ln u, & u \leq \dfrac{1}{2} \end{cases} \qquad (6-43)$$

式中，a 为位置参数；b 为比例参数；u 为一个均匀分布在 $[0, 1]$ 的随机数。

在算法中引入拉普拉斯交叉策略，应用在包围猎物阶段和螺旋捕食猎物阶段，其主要目的是提高算法的局部开发能力。为提高算法的搜索效率，将最优解作为父代个体之一，并与当前个体进行交叉产生新的个体，其数学公式可描述如式（6-44）和式（6-45）所示：

$$X_i(t+1) = X^*(t) + \beta \times |X^*(t) - X_i(t)| \qquad (6-44)$$

$$\beta = \begin{cases} a - \dfrac{1}{2} \times \ln u, & u \leq \dfrac{1}{2} \\ a + \dfrac{1}{2} \times \ln u, & u \leq \dfrac{1}{2} \end{cases} \quad \mu > 1 - \dfrac{t}{T_{\max}} \qquad (6-45)$$

式中，X^* 为前种群最优的个体；μ 为一个在 $[0, 1]$ 的随机数；$1-\dfrac{t}{T_{\max}}$ 为一个从 1 到 0 的单调递减函数。随着迭代次数的增加，算法进入局部开发阶段，种群中新个体通过式（6-41）和式（6-42）在父代个体附近产生，以较小的步长在最优解附近区域搜索，增大搜索全局最优解的能力。

通过复合混沌映射机制对初始预测控制输入变量进行倾向性均匀搜索，可以为 MPC 与 CLBDAE-WOA 混合的控制算法求解跟踪航迹时增大优质的初始解，加快后续算法的搜索效率；在 DEAE-WOA 算法后期局部开发阶段，通过拉普拉斯交叉策略对种群其他个体和最优个体进行交叉操作,在最优解附近进行搜索,提高算法的收敛精度。其流程图如图 6-18 所示。

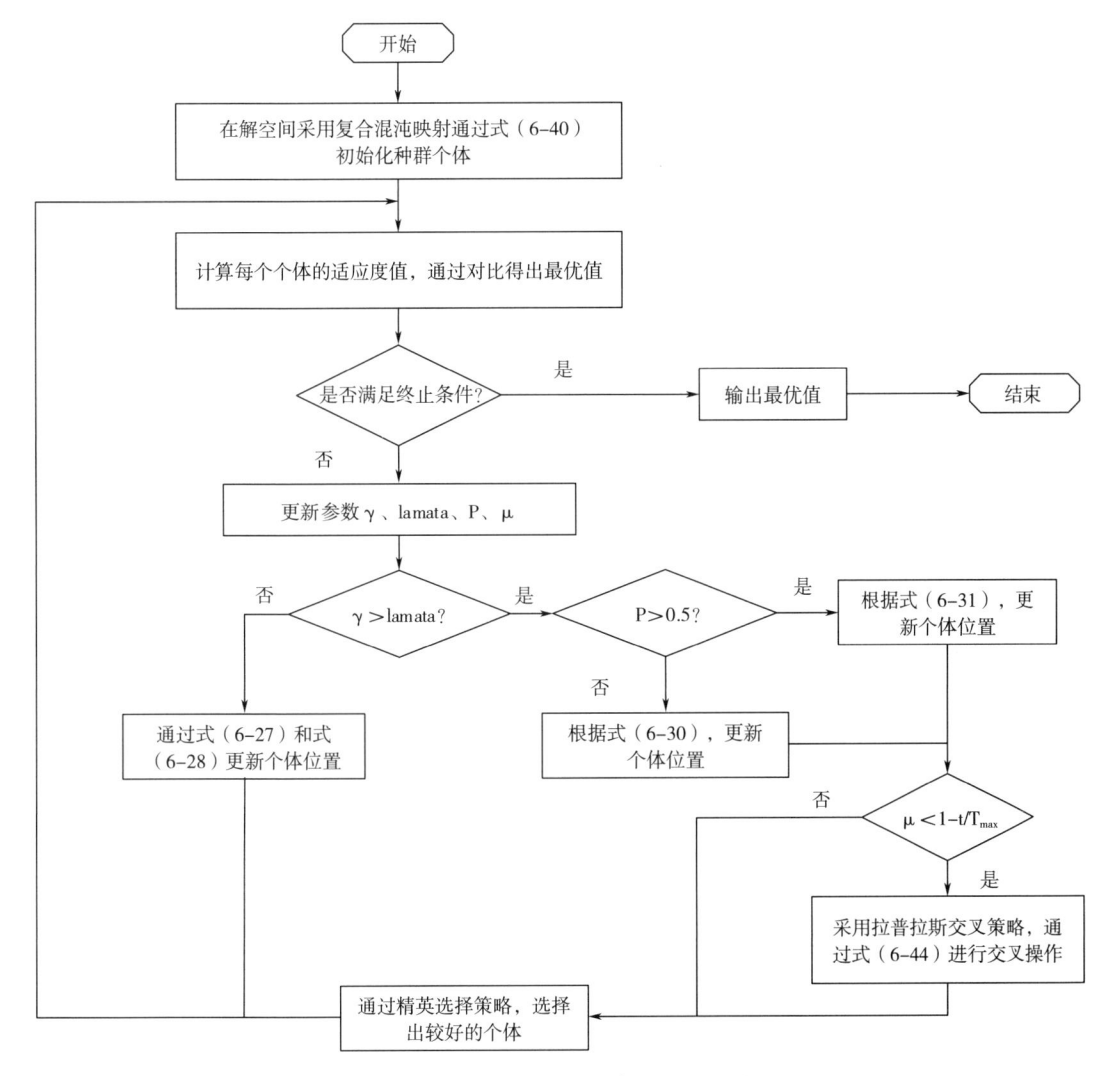

图 6-18 DEAE-WOA 算法的流程图

6.2.3 结果与分析

6.2.3.1 参数设置

为了验证本章所提的算法能有效地解决多无人机多目标跟踪问题,本节中多目标跟踪任务依旧是在复杂的城市环境下进行,无人机和目标的相关参数如表 6-5 所示。设置 4 架无人机跟踪 2 个地面移动目标,无人机的飞行高度同样固定为 100m,建筑物的高度范围为 (80m,180m),无人机的相关参数设定为:最小速度为 v_{min} = 22m/s,最大速度为 v_{max} = 32m/s,最大转弯角速度为 θ_{max} = 0.25rad/s,无人机间的最小安全距离 d_{min} = 30m。无人机传感器的探测半径 R_{sensor} = 40m,目标的可监测半径 R_{target} = 80m。本节通过对 GWO 算法、HHO 算法、BDAE-WOA 算法与所提算法 CLBDAE-WOA 进行对比验证 CLBDAE-WOA 算法对多目标跟踪问题的求解性能。为了避免实验模拟的偶然性,所有的算法都独立运行了 30 次(附表 6-2)。仿真平台为 MATLAB 2020,仿真的计算机配备为第十一代 Intel® Core™ i5-11400H CPU @ 2.70GHz,16GB RAM 和 Windows 11 64 位操作系统。

表 6-5 无人机与目标参数设置

UAV 起始坐标	目标起始坐标	UAV 初始速度	UAV 初始航向角	目标初始速度	目标初始航向角
(15, 1560, 100)	(20, 1600, 0)	22m/s	0°	20m/s	0°
(40, 1620, 100)					
(10, 1430, 100)	(20, 1400, 0)				
(15, 1380, 100)					

6.2.3.2 实验结果与分析

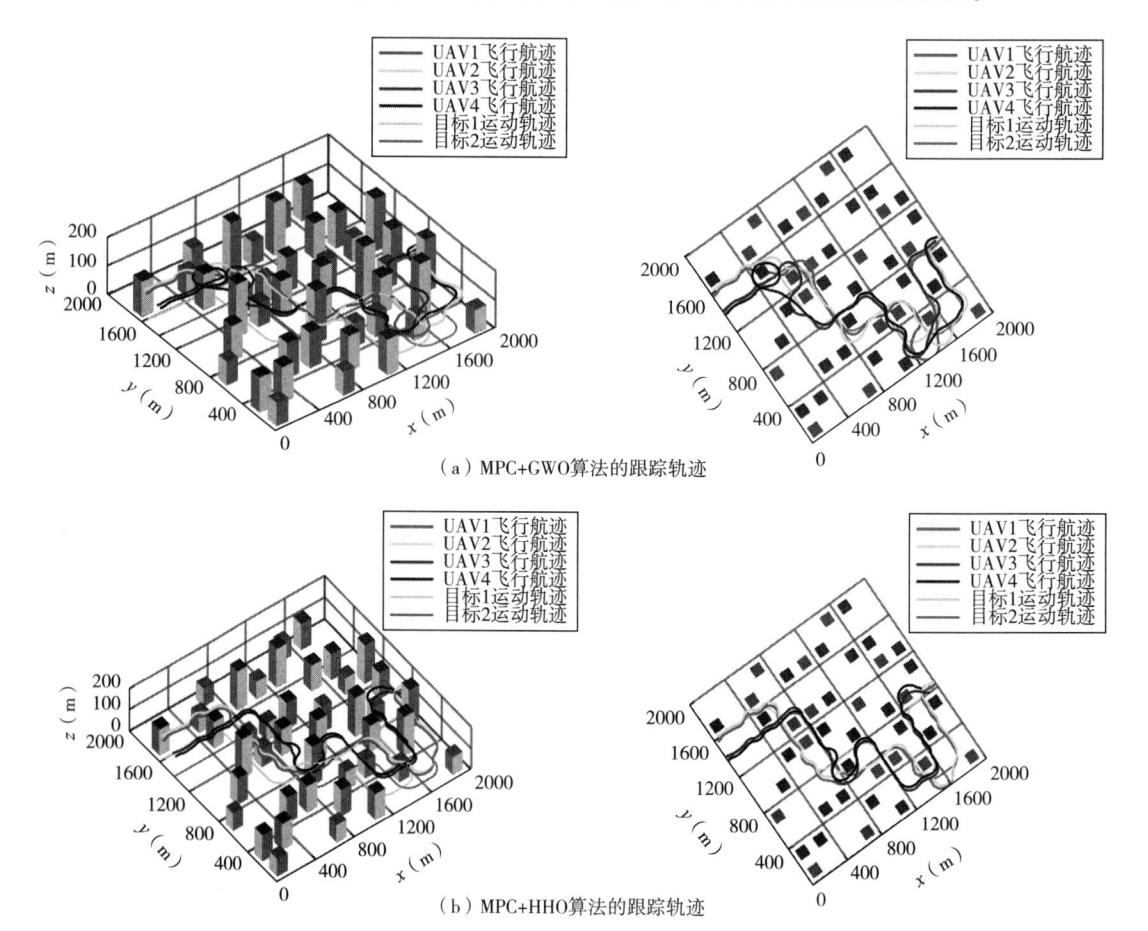

图 6-19 为不同算法独立运行 30 次后得到的多无人机协同多目标跟踪最佳航迹的三维视图和二维视图,从图中可以看出,本章所采用的不同算法均可规划出多无人机跟踪多个目标的路径,且能有效地避开障碍物完成跟踪任务。从无人机的跟踪轨迹可以看出,所有目标能够同时被至少一架无人机跟踪,表明无人机群能够被合理调度。其中所提算法规划出的跟踪轨迹明显优于其他三种对比算法,证明本章所提的算法具有求解目标跟踪的能力。

(a)MPC+GWO算法的跟踪轨迹

(b)MPC+HHO算法的跟踪轨迹

（c）MPC+BDAE-WOA算法的跟踪轨迹

（d）MPC+CLBDAE-WOA算法的跟踪轨迹

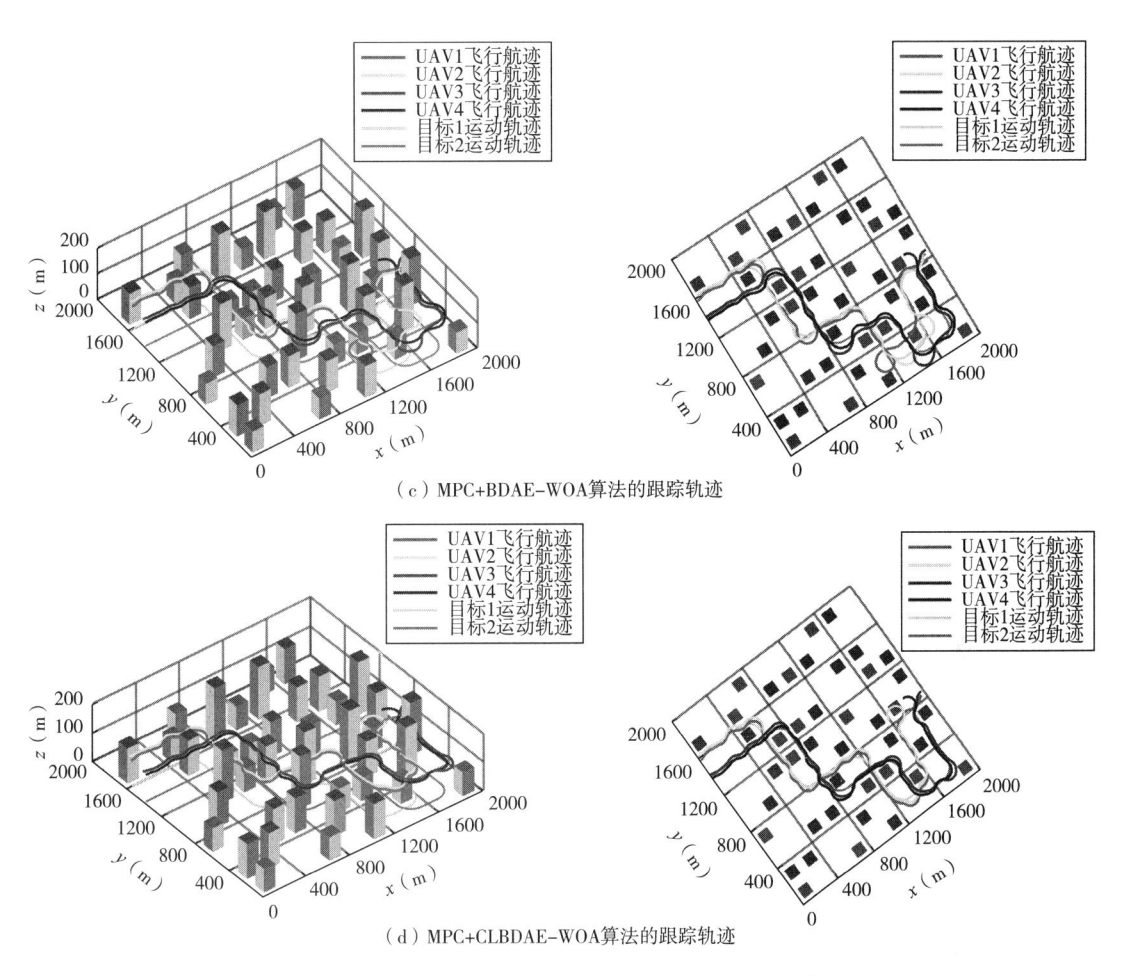

图 6-19　不同算法的多无人机多目标的三维视图和二维视图

图 6-20 为采用不同算法的无人机间飞行距离变化图，从图中可以看出，无人机之间的飞行距离满足飞行安全约束，即在保证同时跟踪多个移动目标的同时，无人机之间没有发生碰撞。

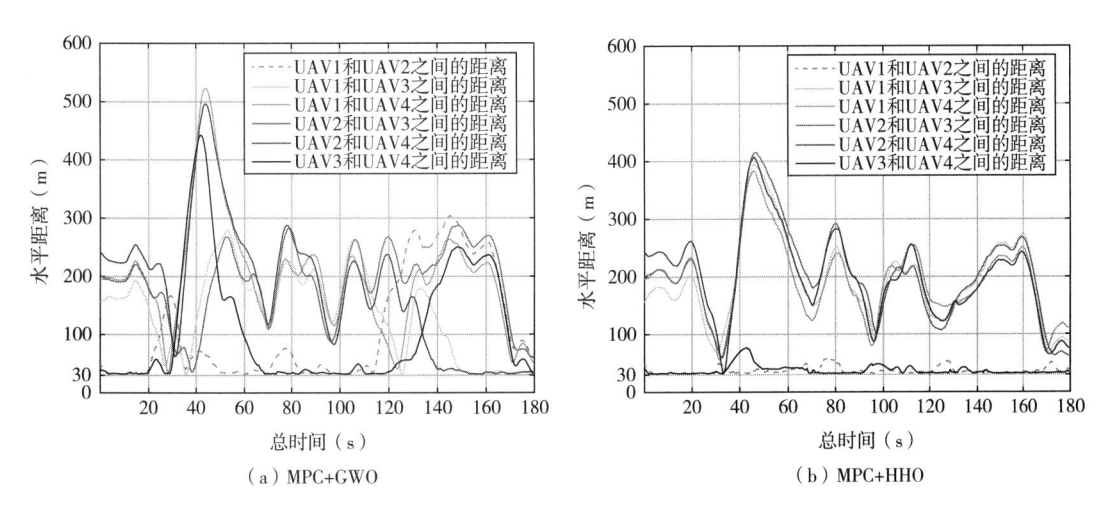

（a）MPC+GWO

（b）MPC+HHO

图 6-20

(c) MPC+BDAE-WOA

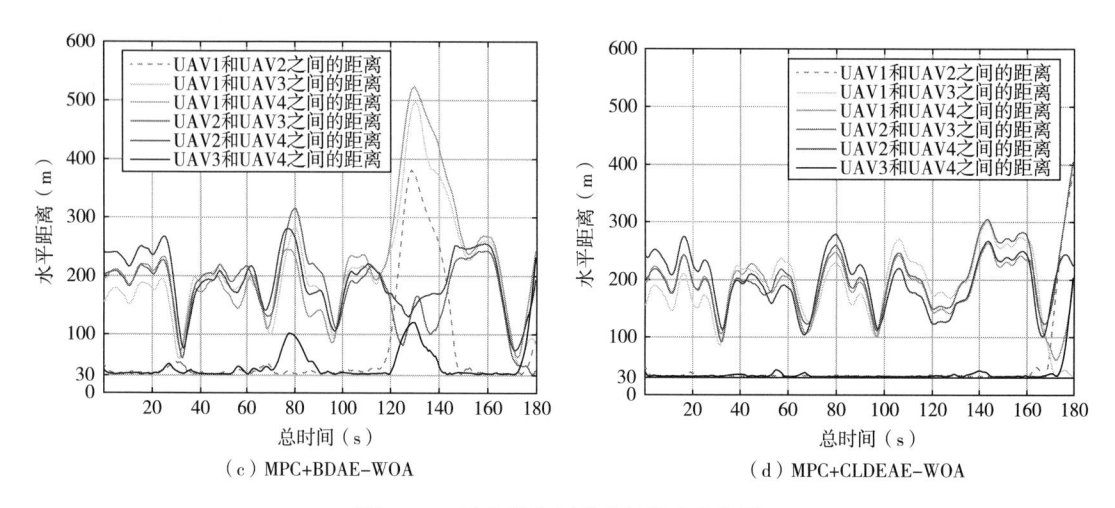

(d) MPC+CLDEAE-WOA

图 6-20　无人机之间的飞行距离变化图

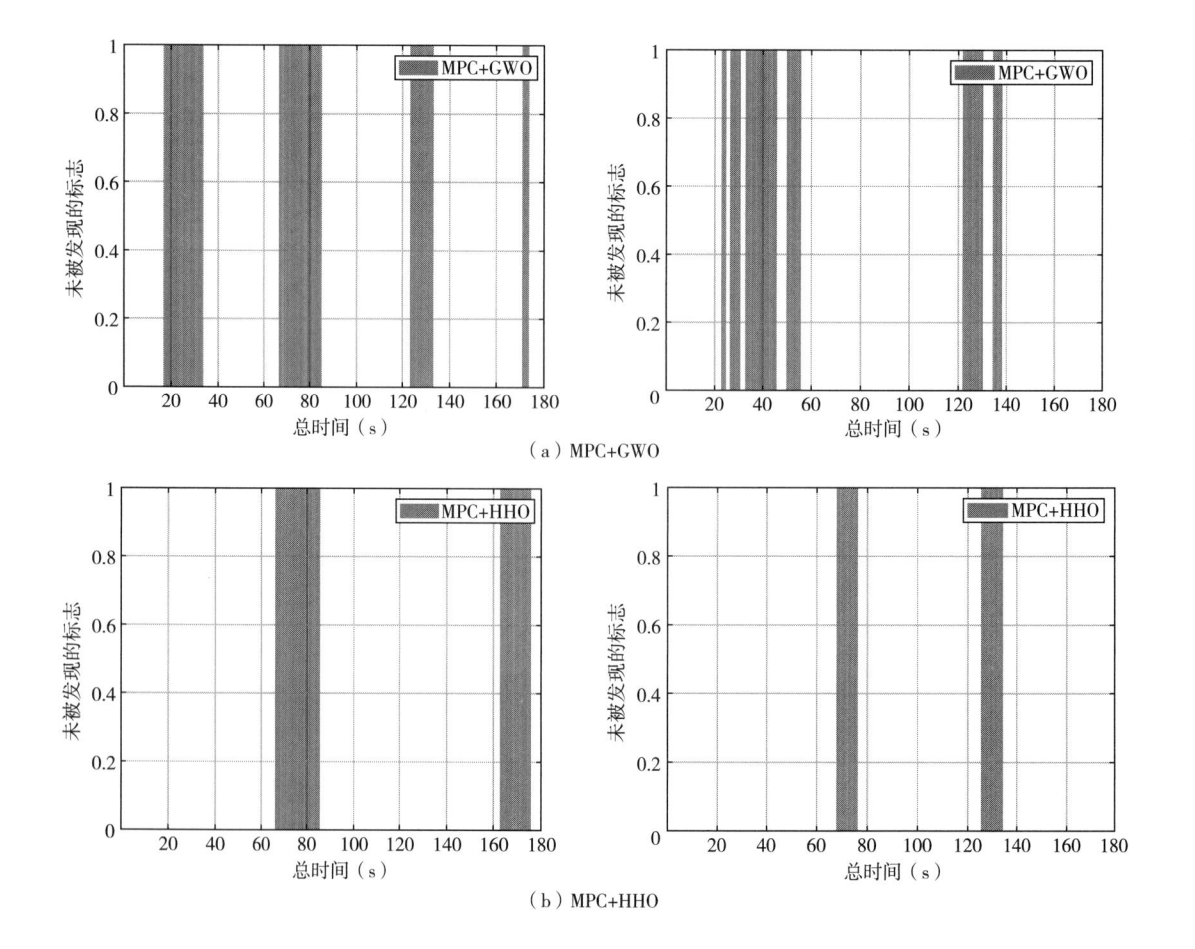

图 6-21 为采用不同控制方法得到多无人机未能跟踪到目标的时间变化图。从图中可以看出，采用本章所提的控制算法多无人机未跟踪到移动目标的时间明显比其他算法短，而且非常接近总跟踪时长，说明该方法可以使无人机更精确地跟踪多个移动目标，进而证明所提算法的有效性。

(a) MPC+GWO

(b) MPC+HHO

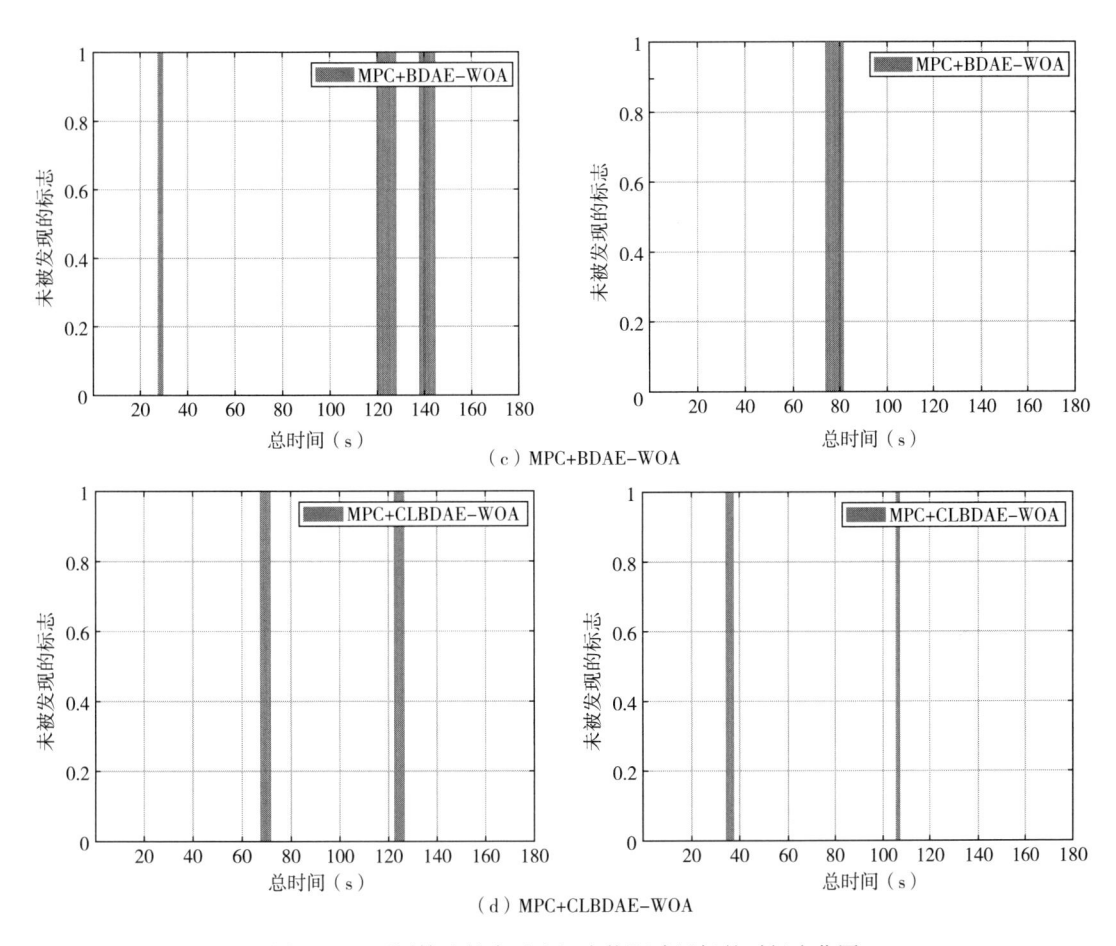

图 6-21　不同算法的多无人机未能跟踪目标的时间变化图

表 6-6 统计了 4 种算法独立运行 30 次的性能指标，具体相关数据见附表 6-1~附表 6-3。可以看出所有算法在求解多无人机协同跟踪多个移动目标时，本章所提算法优化多目标跟踪获得的跟踪时长在最大值、最小值、平均值三个指标下，明显优于前两种对比算法，且在 30 次跟踪所获得的航迹均能规避障碍物，证明该算法具有较好的跟踪性能。对比 MPC+BDEA-WOA 算法和 MPC+CLBDEA-WOA 算法的性能指标可以看出，引入混沌映射机制和拉普拉斯交叉策略在解决多目标跟踪问题上是有效果的，证明了所提算法的有效性。

表 6-6　多目标跟踪的相关数据结果

算法	目标	最大跟踪时长（s）	最小跟踪时长（s）	平均跟踪时长（s）	避障概率（%）
MPC+GWO	目标 1	137	117	125.2	73.3
	目标 2	140.5	122	133.6	
MPC+HHO	目标 1	152	132.5	139.8	80
	目标 2	165	145.5	152.2	
MPC+BDEA-WOA	目标 1	164	150.5	155.4	93.3
	目标 2	171.5	158	162.3	

续表

算法	目标	最大跟踪时长（s）	最小跟踪时长（s）	平均跟踪时长（s）	避障概率（%）
MPC+CLBDEA-WOA	目标1	173.5	156.5	162.3	100
	目标2	175	162	169.4	

6.3 本章小结

  本章考虑到模型预测控制对复杂系统具有较强的控制能力，考虑到鲸鱼算法在解的搜索能力的优势，为保证目标跟踪问题获取更准确的解，本章将模型预测控制和鲸鱼算法作为研究对象。首先介绍了模型预测控制的操作步骤：预测模型、滚动优化和反馈校正，以及基本鲸鱼算法的三个阶段：鲸鱼包围猎物、鲸鱼螺旋捕食猎物、鲸鱼随机搜索猎物。针对因建筑物遮挡、无人机传感器监测范围有限等因素造成目标丢失的问题，基于模型预测控制提出倾向性引导机制，有选择地获取无人机有限时域内的控制输入序列，接下来将模型预测控制中的倾向性引导机制整合到鲸鱼算法初始化阶段，提出引导函数策略，针对鲸鱼算法存在易陷入局部最优、收敛精度低的缺点，在随机搜索猎物阶段，引入双差分变异策略以增加种群多样性，防止算法早熟收敛陷入局部最优；在包围猎物阶段和螺旋捕食猎物阶段，采用自适应权重策略和精英选择策略提高优化解的精确性。最后将本章中提出的控制算法应用于复杂城市环境下多无人机的目标跟踪问题，并进行仿真模拟。在仿真模拟中，首先，将本章所提方法与基于WOA逐一引用文中所述策略的改进算法进行对比，仿真结果证明，这些策略可以有效地提高算法解决多无人机协同目标跟踪的能力，进而证明所提算法的有效性；随后，与三种不同算法进行对比，证实了该算法在无人机目标跟踪问题中的优越性。

  针对多无人机协同多目标跟踪问题，设计了无人机资源调度代价函数模型，同时为加快无人机群同时跟踪多个地面目标的效率，在解决单目标的算法基础上引入混沌映射机制和拉普拉斯交叉策略。在算法初始化阶段采用复合混沌映射机制，使初始化的种群在搜索空间内均匀分布，增大算法前期搜寻优质解的概率，进而提高算法的收敛速度，在算法局部开发阶段，以较小的步长在最优解附近搜索，提高算法的收敛精度。最后将该算法应用到复杂城市环境的多目标跟踪问题中，并进行仿真模拟。仿真结果表明所提算法相比其他算法具有较好的跟踪性能，是一种解决多目标跟踪问题的有效方法。

参考文献

[1] 许德刚，王再庆，郭奕欣，等．鲸鱼优化算法研究综述［J］．计算机应用研究，2023，40（2）：328-336.

[2] LIU X Y, LI G Q, YANG H Y, et al. Agricultural UAV trajectory planning by incorporating multi-mechanism improved grey wolf optimization algorithm［J］. Expert Systems with Applications, 2023, 233: 120946.

[3] 陈童．差分进化算法和樽海鞘群算法的改进与应用［D］．西安：长安大学，2020.

[4] HU C F, ZHANG Z L, YANG N, et al. Fuzzy multiobjective cooperative surveillance of multiple UAVs based on distributed predictive control for unknown ground moving target in urban environment［J］. Aerospace Science

and Technology, 2019, 84: 329-338.

[5] BUDIYANTO A, CAHYADI A, ADJI T B, et al. UAV obstacle avoidance using potential field under dynamic environment [C]//2015 International Conference on Control, Electronics, Renewable Energy and Communications (ICCEREC). August 27-29, 2015, Bandung, Indonesia. IEEE, 2015: 187-192.

[6] MIRJALILI S, MIRJALILI S M, LEWIS A. Grey wolf optimizer [J]. Advances in Engineering Software, 2014, 69: 46-61.

[7] ALI SYED M, SYED R. Weighted Salp Swarm Algorithm and its applications towards optimal sensor deployment [J]. Journal of King Saud University -Computer and Information Sciences, 2022, 34 (4): 1285-1295.

[8] 康贺磊. 哈里斯鹰算法的改进及应用研究 [D]. 长春: 长春师范大学, 2023.

[9] XIE J H, HUANG S C, WEI D Z, et al. Scheduling of multisensor for UAV cluster based on Harris Hawks optimization with an adaptive golden sine search mechanism [J]. IEEE Sensors Journal, 2022, 22 (10): 9621-9635.

[10] BLACKMAN S S. Multiple hypothesis tracking for multiple target tracking [J]. IEEE Aerospace and Electronic Systems Magazine, 2004, 19 (1): 5-18.

[11] 刘俊艺. 多无人机协同跟踪地面多目标状态融合估计研究 [D]. 长沙: 国防科技大学, 2019.

[12] RISTIC B, VO B N, CLARK D, et al. A metric for performance evaluation of multi-target tracking algorithms [J]. IEEE Transactions on Signal Processing, 2011, 59 (7): 3452-3457.

[13] MILAN A, SCHINDLER K, ROTH S. Challenges of ground truth evaluation of multi-target tracking [C]//2013 IEEE Conference on Computer Vision and Pattern Recognition Workshops. June 23-28, 2013, Portland, OR, USA. IEEE, 2013: 735-742.

[14] ZHOU L Y, LENG S P, LIU Q, et al. Intelligent UAV swarm cooperation for multiple targets tracking [J]. IEEE Internet of Things Journal, 2022, 9 (1): 743-754.

[15] OLIVEIRA T, AGUIAR A P, ENCARNAÇÃO P. Moving path following for unmanned aerial vehicles with applications to single and multiple target tracking problems [J]. IEEE Transactions on Robotics, 2016, 32 (5): 1062-1078.

[16] BEDNOWITZ N, BATTA R, NAGI R. Dispatching and loitering policies for unmanned aerial vehicles under dynamically arriving multiple priority targets [J]. Journal of Simulation, 2014, 8 (1): 9-24.

[17] AGARWAL S. A review of image scrambling technique using chaotic maps [J]. International Journal of Engineering and Technology Innovation, 2018, 8 (2): 77-98.

[18] PAREEK N K, PATIDAR V, SUD K K. Image encryption using chaotic logistic map [J]. Image and Vision Computing, 2006, 24 (9): 926-934.

[19] MAROTTO F R. Chaotic behavior in the Hénon mapping [J]. Communications in Mathematical Physics, 1979, 68 (2): 187-194.

[20] 汤安迪, 韩统, 徐登武, 等. 混沌多精英鲸鱼优化算法 [J]. 北京航空航天大学学报, 2021, 47 (7): 1481-1494.

[21] 许森, 陈伟建. ICMIC 混沌序列的产生及其性能分析 [C]//四川省通信学会2006年学术年会论文集 (二). 成都: 电子科技大学通信学院, 2006: 291.

[22] YU H L, QIAO S M, HEIDARI A A, et al. Laplace crossover and random replacement strategy boosted Harris Hawks optimization: Performance optimization and analysis [J]. Journal of Computational Design and Engineering, 2022, 9 (5): 1879-1916.

附　　录

附表 6-1　所提算法与引入策略的鲸鱼算法 30 次运行结果 1

次数	MPC+WOA	MPC+B-WOA	MPC+BD-WOA	MPC+BDAE-WOA
1	148.0	151.0	161.0	173.0
2	152.0	156.0	162.0	170.5
3	154.5	153.0	165.0	172.5
4	151.5	154.0	166.5	173.0
5	150.5	160.0	164.5	171.0
6	151.0	146.5	163.0	172.5
7	149.0	161.0	160.5	176.5
8	152.5	162.0	165.0	178.0
9	150.0	152.5	168.5	176.0
10	144.5	154.0	169.5	174.0
11	150.5	152.5	160.0	178.5
12	147.0	161.5	165.0	173.0
13	146.0	161.0	163.5	175.0
14	148.5	153.0	168.0	177.0
15	146.5	160.0	170.0	174.0
16	155.0	151.0	168.5	176.5
17	148.0	159.5	165.0	172.0
18	152.0	150.0	162.0	175.0
19	149.0	156.0	164.5	176.0
20	152.5	151.0	160.0	172.5
21	147.5	160.5	162.0	170.5
22	150.0	153.0	162.5	170.0
23	144.0	151.0	161.0	178.0
24	154.0	152.0	167.5	175.5
25	146.5	153.0	168.0	173.0
26	148.0	153.5	164.0	178.0
27	150.0	156.5	170.0	171.0
28	153.0	155.5	165.5	172.0
29	148.5	152.0	161.0	170.5
30	151.0	159.5	162.5	174.0

附表 6-2 所提算法与引入策略的鲸鱼算法 30 次运行结果 2

次数	MPC+GWO	MPC+SSA	MPC+HHO	MPC+BDAE-WOA
1	125.0	145.5	164.0	173.0
2	128.0	149.0	166.5	170.5
3	131.0	146.0	170.0	172.5
4	125.5	149.0	166.0	173.0
5	118.5	152.5	168.5	171.0
6	126.0	153.0	164.5	172.5
7	128.0	152.5	171.0	176.5
8	129.0	151.5	172.5	178.0
9	116.5	149.0	165.0	176.0
10	128.0	146.0	168.0	174.0
11	131.0	148.0	164.5	178.5
12	135.0	153.0	172.5	173.0
13	129.5	152.5	173.0	175.0
14	134.5	149.5	170.0	177.0
15	126.0	145.0	168.0	174
16	129.0	151.0	170.0	176.5
17	118.0	150.0	165.5	172.0
18	113.0	150.5	167.0	175.0
19	119.5	148.0	169.0	176.0
20	131.5	147.0	171.5	172.5
21	115.0	145.5	173.0	170.5
22	126.5	145.0	170.0	170.0
23	124.0	148.0	166.0	178.0
24	121.0	148.5	163.5	175.5
25	117.0	152.0	165.5	173.0
26	131.5	153.5	172.0	178.0
27	135.0	153.0	173.0	171.0
28	126.5	148.0	171.5	172.0
29	128.0	147.0	168.0	170.5
30	130.5	145.5	172.0	174.0

附表 6-3 所提算法与引入策略的鲸鱼算法 30 次运行结果 3

次数	目标	MPC+GWO	MPC+HHO	MPC+BDAE-GWO	MPC+CLBDAE-GWO
1	目标1	121.0	138.5	157.5	159.5
	目标2	132.5	152.0	162.0	168.5
2	目标1	130.0	134.0	153.0	162.5
	目标2	130.0	149.5	168.5	167.5
3	目标1	128.5	150.5	163.0	164.0
	目标2	128.0	147.5	163.5	163.0
4	目标1	129.5	138.0	156.5	166.0
	目标2	127.5	160.5	165.0	171.0
5	目标1	132.5	132.5	158.0	157.5
	目标2	134.5	156.5	168.5	164.0
6	目标1	133.0	148.0	154.0	162.5
	目标2	126.0	152.5	163.0	169.0
7	目标1	128.0	135.5	161.0	163.0
	目标2	129.0	161.0	159.5	173.0
8	目标1	129.5	146.0	162.5	164.0
	目标2	122.0	149.0	167.0	164.0
9	目标1	123.5	151.0	163.5	169.5
	目标2	135.0	148.5	166.5	162.5
10	目标1	128.5	151.0	152.5	158.5
	目标2	137.0	145.5	168.0	170.5
11	目标1	121.0	142.0	154.0	156.5
	目标2	126.0	160.0	162.5	168.0
12	目标1	128.0	149.5	156.0	158.5
	目标2	129.5	158.0	159.5	162.0
13	目标1	131.0	150.0	159.5	163.5
	目标2	135.0	148.5	164.0	166.5
14	目标1	134.5	138.5	162.5	159.5
	目标2	138.0	146.5	170.0	173.5
15	目标1	121.0	134.5	161.5	169.0
	目标2	140.5	159.0	162.5	174.0
16	目标1	123.5	133.5	150.5	161.0
	目标2	135.0	162.0	169.0	164.0
17	目标1	118.5	140.0	156.5	173.5
	目标2	132.5	162.5	161.5	163.0

续表

次数	目标	MPC+GWO	MPC+HHO	MPC+BDAE-GWO	MPC+CLBDAE-GWO
18	目标1	119.0	133.5	153.0	160.5
	目标2	133.0	155.5	171.5	173.0
19	目标1	125.5	143.0	164.0	166.0
	目标2	136.0	148.5	167.0	167.0
20	目标1	117.0	138.5	157.5	162.0
	目标2	130.5	156.0	170.0	169.5
21	目标1	119.5	132.5	154.5	164.5
	目标2	126.5	146.5	166.5	175.0
22	目标1	124.0	136.0	160.5	157.5
	目标2	131.0	159.5	164.5	162.0
23	目标1	123.5	134.5	163.0	167.0
	目标2	132.5	146.5	160.0	170.5
24	目标1	122.5	134.0	160.5	162.0
	目标2	134.0	153.5	165.5	165.0
25	目标1	128.0	137.5	159.5	165.0
	目标2	124.0	157.0	162.5	168.5
26	目标1	132.0	137.0	157.5	163.5
	目标2	428.0	160.5	163.0	174.5
27	目标1	124.5	140.0	155.5	164.5
	目标2	134.5	153.5	162.5	170.0
28	目标1	137.0	133.5	156.0	157.5
	目标2	132.5	156.5	161.5	166.0
29	目标1	128.0	137.0	162.0	162.5
	目标2	129.0	149.0	168.0	172.0
30	目标1	129.5	138.0	159.5	158.0
	目标2	131.5	164.0	167.5	163.5